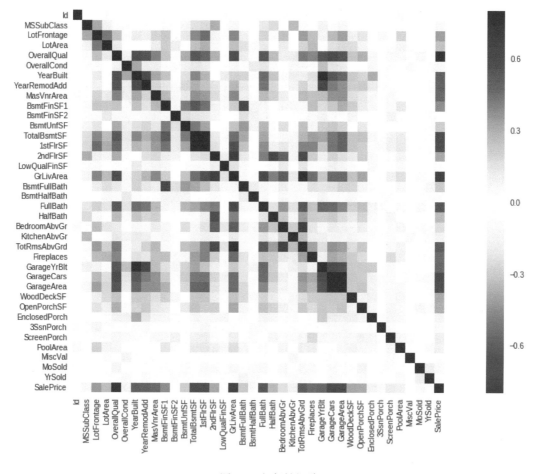

图 3.7　相似性矩阵

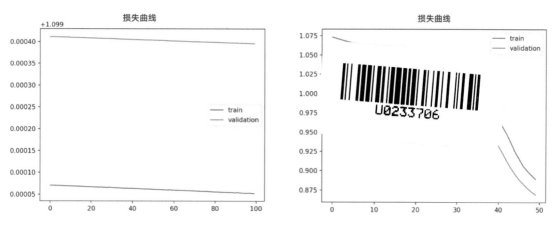

图 3.11　欠拟合学习曲线

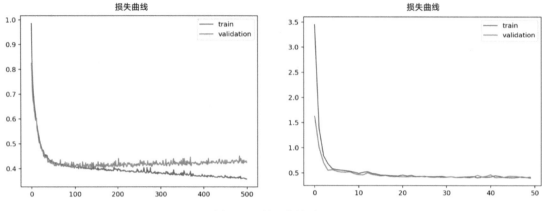

图 3.12 学习曲线对比

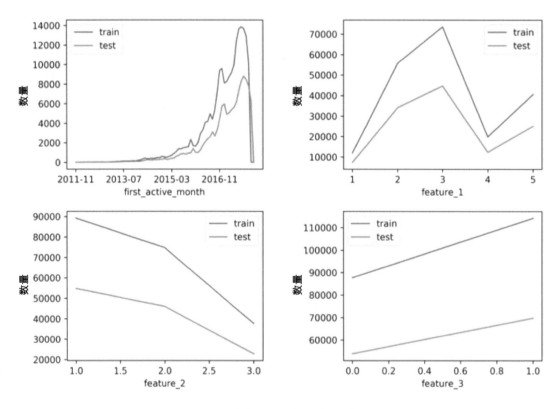

图 8.2 训练集和测试集中特征分布差异

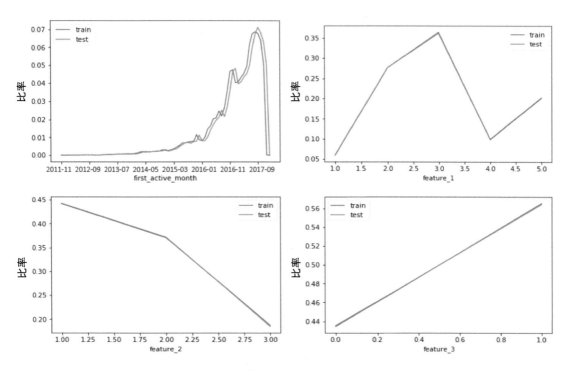

图 8.3　训练集和测试集中特征密度分布

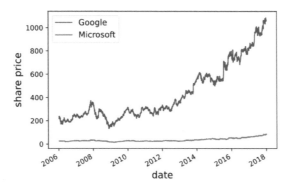

图 9.5　Google 和 Microsoft 的股价变化趋势

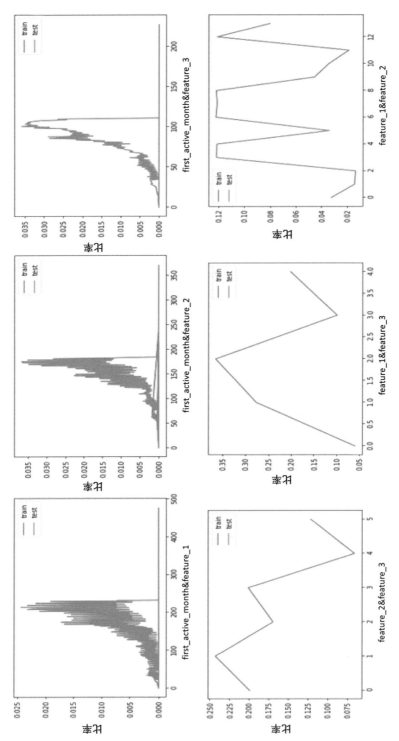

图 8.4　验证训练集和测试集分布

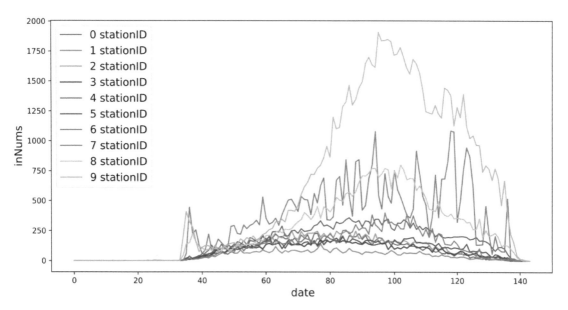

图 10.4　2019 年 1 月 1 日进站流量展示

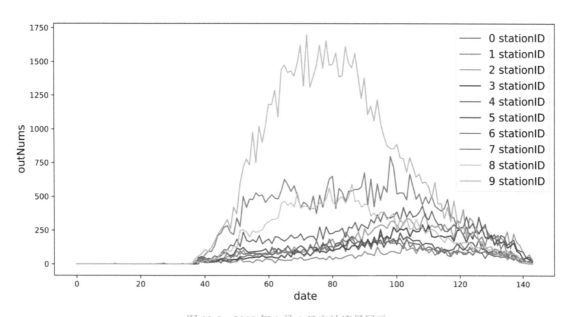

图 10.5　2019 年 1 月 1 日出站流量展示

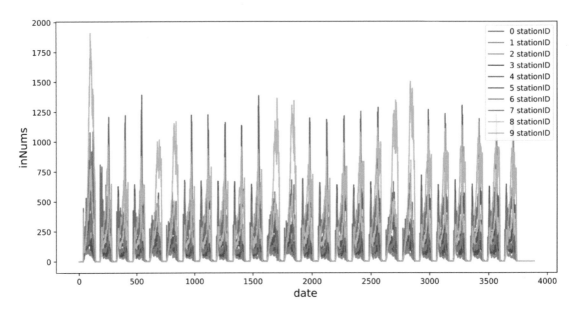

图 10.7　周期性可视化展示

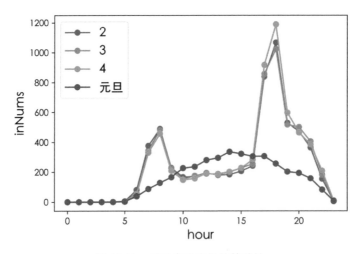

图 10.10　元旦当天流量的特殊性

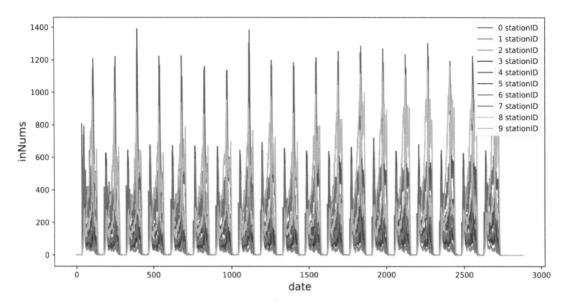

图 10.11 只保留工作日数据的可视化展示

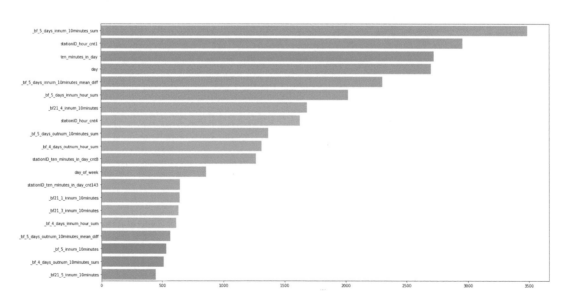

图 10.12 LightGBM 特征重要性得分

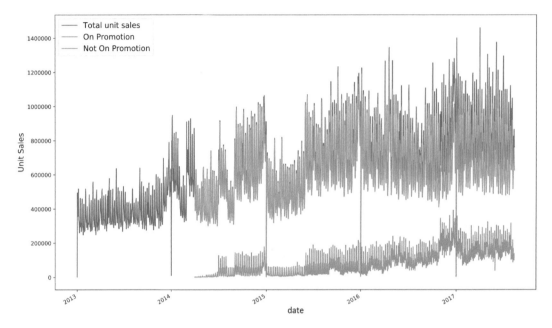

图 11.8　销量随日期的变化展示

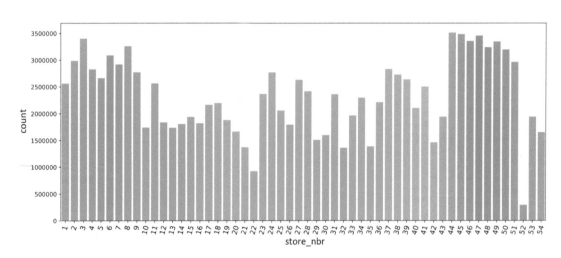

图 11.9　训练集中商店的交易频次

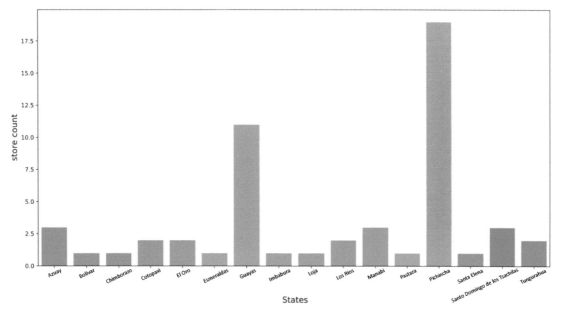

图 11.13　每个州的商店数量分布

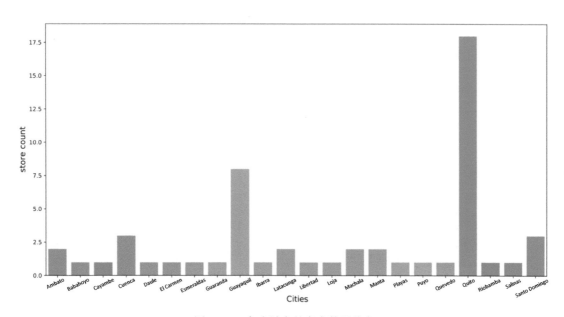

图 11.14　各个城市的商店数量分布

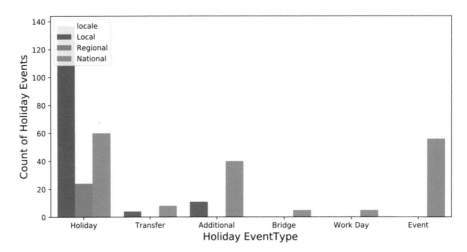

图 11.15　不同假期类型的地区分布

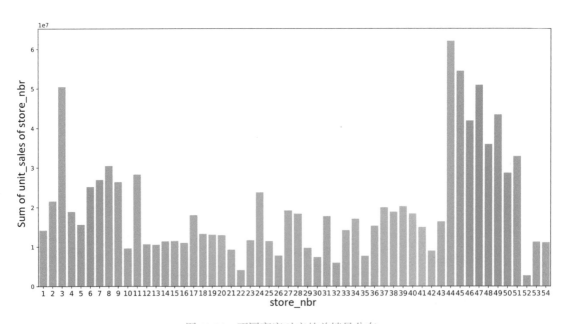

图 11.16　不同商店对应的总销量分布

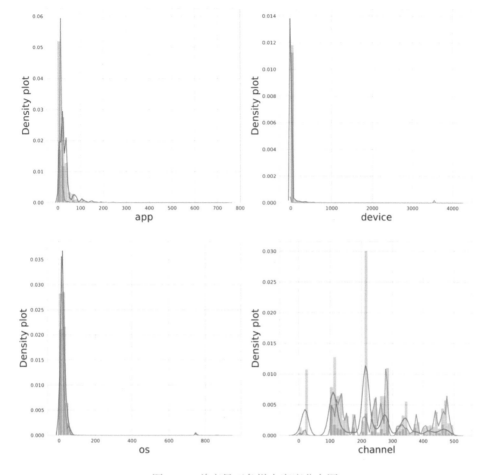

图 14.8　单变量正负样本密度分布图

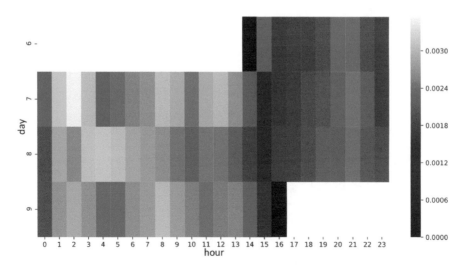

图 14.10　不同时刻下载率的展示

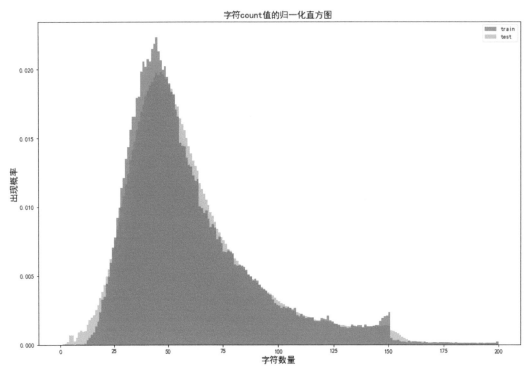

图 16.3　字符文本的长度分布

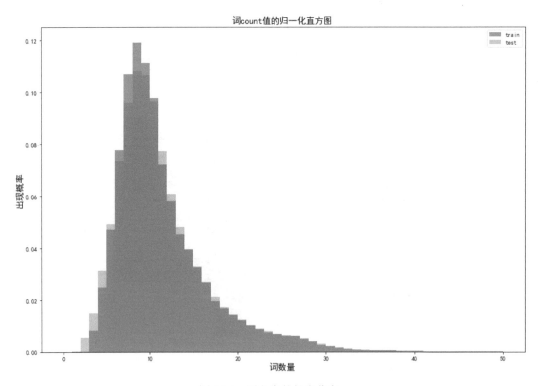

图 16.4　词文本的长度分布

竞赛实战

机器学习算法

王贺 刘鹏 钱乾 著

人民邮电出版社

北　京

图书在版编目（CIP）数据

机器学习算法竞赛实战 / 王贺，刘鹏，钱乾著. —— 北京：
人民邮电出版社，2021.9
（图灵原创）
ISBN 978-7-115-56959-2

Ⅰ．①机… Ⅱ．①王… ②刘… ③钱… Ⅲ．①机器学
习－算法－竞赛－自学参考资料 Ⅳ．①TP181

中国版本图书馆CIP数据核字(2021)第141017号

内 容 提 要

  本书系统介绍了算法竞赛，不仅包含竞赛的基本理论知识，还结合多个案例详细阐述了竞赛中的上分思路和技巧。全书分为五部分：第一部分以算法竞赛的通用化流程为主，介绍竞赛中各个部分的核心内容和具体工作；第二部分介绍了用户画像相关的问题，讲解了竞赛案例 Elo Merchant Category Recommendation；第三部分以时间序列预测问题为主，先讲述这类问题的常见解题思路和技巧，然后分析天池平台的全球城市计算 AI 挑战赛和 Kaggle 平台的 Corporación Favorita Grocery Sales Forecasting；第四部分主要介绍计算广告的核心技术和业务，包括广告召回、广告排序和广告竞价，其中两个实战案例是 2018 腾讯广告算法大赛——相似人群拓展和 Kaggle 平台的 TalkingData AdTracking Fraud Detection Challenge；第五部分基于自然语言处理相关的内容进行讲解，其中实战案例是 Kaggle 平台上的经典竞赛 Quora Question Pairs。

  本书适合对人工智能相关算法感兴趣的人阅读。

◆ 著　　　　王　贺　刘　鹏　钱　乾

　　责任编辑　王军花

　　责任印制　周昇亮

◆ 人民邮电出版社出版发行　　　北京市丰台区成寿寺路11号

　　邮编　100164　　电子邮件　315@ptpress.com.cn

　　网址　https://www.ptpress.com.cn

　　北京捷迅佳彩印刷有限公司印刷

◆ 开本：800×1000　1/16　　　　　彩插：6

　　印张：21　　　　　　　　　　　2021年9月第1版

　　字数：441千字　　　　　　　　2024年11月北京第10次印刷

定价：99.80元

读者服务热线：(010)84084456-6009　印装质量热线：(010)81055316

反盗版热线：(010)81055315

广告经营许可证：京东市监广登字 20170147 号

前　言

算法竞赛时代

2010 年，全球著名算法竞赛平台 Kaggle 举办了第一场竞赛 Forecast Eurovision Voting，奖金为 1000 美元。2015 年，国内第一场算法竞赛在天池举办，比赛题目是阿里移动推荐算法，奖金为 30 万元人民币，吸引了 7000 多人参加。虽然国内的算法竞赛起步时间晚于国外，但从 2015 年开始，在全球举办的一共 1000 多场赛事中，中国就举办了 400 多场，并且场次的年均增长率高达 108.8%，有累计超过 120 万人参加，奖金累计达到 2.8 亿元人民币。在算法竞赛的举办场次拥有如此高增长率的情况下，其技术价值、业务价值和创新价值自然不容小觑。

本书缘起

说起本书，便要追溯到 2019 年 4 月 19 日人民邮电出版社的策划编辑陈兴璐在知乎上发给我的一则信息，其中讲到她看过我很多有关算法竞赛的文章，而且多次在算法竞赛中获奖，因此期待我能出版一本关于算法竞赛的图书。大概在 2018 年年初，我就已经创建了专栏，开始分享竞赛相关的文章，一路走来持续输出，目前的文章总浏览量达到百万。这次收到来信以及希望出版算法竞赛图书的邀请，是对我分享竞赛知识和已取得成绩的莫大认可，我欣然答应了写作邀请，并确定以《机器学习算法竞赛实战》作为书名。

为了完成本书，我邀请了我的竞赛老队员刘鹏（国内多次竞赛的冠亚军），陈兴璐编辑向我推荐了钱乾（Kaggle 竞赛平台的 Grandmaster，国内最早一批竞赛选手之一）。另外，考虑到每个人擅长的点不同，我们进行了明确的章节分工，以保证每个章节的质量。

本书特色

对于本书的章节架构，我们除了进行仔细的讨论外，还采纳了国内多名顶尖竞赛选手的建议。算法竞赛本身涵盖的范围是很大的，我们的理念是剖析其最本质的内容，然后结合多个领域模块进行实战讲解，这也是本书的一大特色。本书分为以下五个部分。

第一部分——**磨刀事半，砍柴功倍**。这部分以算法竞赛的通用化流程为主，介绍竞赛中各个部分的核心内容和具体工作，且每章都配有具体的实战部分，以便加深理解。

第二部分——**物以类聚，人以群分**。这部分主要介绍用户画像相关的问题，构建完善的标签体系是用户画像的核心，也是解决用户画像类赛题的关键，比如个性化推荐和金融风控等问题都需要以用户画像作为支撑。为了帮助读者加快对此类竞赛问题的学习、理解，会讲解具体的竞赛案例，即 Kaggle 平台的 Elo Merchant Category Recommendation。

第三部分——**以史为鉴，未来可期**。这部分以时间序列预测问题为主，先讲述这类问题的常见解题思路和技巧，然后分析两个具体的实战案例，分别是天池平台的全球城市计算 AI 挑战赛和 Kaggle 平台的 Corporación Favorita Grocery Sales Forecasting。

第四部分——**精准投放，优化体验**。计算广告相关的业务大多是很好的竞赛题目，这部分主要介绍了计算广告的核心技术和业务，包括广告召回、广告排序和广告竞价。实战案例部分则包括两道赛题，分别是 2018 腾讯广告算法大赛——相似人群拓展，以及 Kaggle 平台的 TalkingData AdTracking Fraud Detection Challenge。

第五部分——**听你所说，懂你所写**。这部分基于自然语言处理相关的内容进行讲解，包括常见任务和常见技术，实战案例部分是 Kaggle 平台上的经典竞赛 Quora Question Pairs。

本书是算法竞赛领域一本系统性介绍竞赛的书，不仅包含竞赛的基本理论知识，还结合多个方向和案例详细阐述了竞赛中的上分思路和技巧。

本书的读者对象

本书的目标读者可以分为以下三类。

- □ **对算法竞赛感兴趣的人**。兴趣是最大的驱动力，为了让算法竞赛变得更加有趣和更加多样性，本书增加了很多扩展与探索性的内容，从多个方向、多个领域进行介绍和实战。
- □ **想要研究机器学习或深度学习算法实战的人**。实战的最佳方式之一是参加一场算法竞赛，加深对理论知识的理解，这也是本书的核心思想。
- □ **计算机相关专业的人**。机器学习或深度学习算法作为目前计算机行业一个火热的就业方向，值得去深入研究。本书提供了很好的实战讲解，帮助读者知其然，并知其所以然。

欢迎交流

鉴于作者水平有限，难免存在有纰漏的地方，如果你在阅读过程中遇到任何问题，欢迎跟我们联系，我们的联系方式如下。

微信公众号：Coggle 数据科学

知乎 ID：鱼遇雨欲语与余

邮箱：fish_ml@foxmail.com

由于篇幅限制，书中只放了部分代码，完整的代码资源欢迎大家到图灵社区（iTuring.cn）本书主页"随书下载"中获取。

致谢

本书的写作过程并不轻松，我利用的基本上是晚上下班之后的时间，还要定期和刘鹏、钱乾进行线上会议，讨论近期的写作进度，以及相互审阅内容。这里我非常感谢刘鹏和钱乾所做的巨大贡献，他们具备的丰富的竞赛经验也是促使本书能够更加高质量完成的一个重要因素。

此外，本书的成稿还离不开其他很多人的帮助，虽然这些人没有成为作者之一，但也对本书做出了很大的贡献，在此一并表示感谢。

在此，还要特别感谢人民邮电出版社图灵公司的编辑陈兴璐、王军花和王彦，她们不仅给我们充分的时间完成这本书，还提出了很多宝贵的建议，她们对这本书的成功出版功不可没。

最后，感谢我的妻子，她在我写书的过程中给予了我很多支持和照顾。

谢谢你们！

王贺

2021 年 5 月

目　　录

第四部分　精准投放，优化体验

第五部分　听你所说，懂你所写

第一部分

磨刀事半，砍柴功倍

第 1 章

初见竞赛

随着互联网时代的到来，以及计算机硬件性能的提升，人工智能在近几年可以说是得到了爆发式的增长。互联网时代带来了大量的信息，这些信息是名副其实的大数据。另外，性能极佳的硬件也使得计算机的计算能力大大增强，这二者结合到一起，人工智能的蓬勃兴盛就变成了自然而然的事情。机器学习作为一种传统的、可解释性较强的算法，在人工智能三驾马车之算法中也占有一席之地。本书几经商榷，最终定名为《机器学习算法竞赛实战》，意在帮助机器学习初学者通过实战的方法从虽然优美但是略显枯燥的各种公式和理论当中脱离出来，感受机器学习在实际应用中的奥秘，而竞赛则是一种最特殊的实战。

之所以强烈推荐用竞赛作为机器学习实战的重要方式，是因为它实在是一个快速入门机器学习的极佳方式。对于初学者来说，他们的水平并不足以支撑他们直接进到企业接触实际的应用场景，而从书里得来的知识终究有些浅薄。提起竞赛，大家总是不免会想起高中时期的各种数学、物理、化学竞赛，这些竞赛门槛极高且国内国外都有，能拿到好名次的同学甚至能够直接保送国内外知名院校，因此竞赛二字总有一种令人望而生畏的感觉。但是近几年，人工智能的兴起催生出的各种算法竞赛则相对友好许多，也有意思许多。在时代的洪流之下，各行各业都在寻求生存之道，利用先进的技术完成转型则是一个很好的办法，有些企业就开始寻求人工智能的助力，开始向社会征求优秀的算法解决方案；此外，在学术领域的研究者们也渴望获得企业的场景和数据用于算法研究，这就催生出了各种竞赛平台。本书主要给读者介绍机器学习相关算法的竞赛经验。

对于有志于进军机器学习相关领域从事研究或者相关工作的初学者来说，竞赛是性价比极高的一个实战选择，可以说是零门槛，任何人都能参加。当然，一般主办方自己的员工是不允许参赛的，即使参赛，也不能参与排名。各种各样的竞赛可以说能够覆盖很多行业的典型应用场景，让参赛者不仅能够得到实战的锻炼，也能体会到机器学习在各个行业下沉应用带来的魔力，甚至还能在竞赛中见到很多行业大佬，结交一些志同道合的朋友。

本章主要从竞赛平台、竞赛流程以及竞赛类型这三个部分给大家做竞赛的相关介绍。1.1 节旨在介绍国内外知名的算法竞赛平台，以帮助读者快速了解竞赛渠道。1.2 节则讲述了完成一次机器学习算法竞赛的大致流程，以及每个模块的功能和作用，更详细的内容会在第 2 章到第 6章中给出。1.3 节则会为读者介绍常见的竞赛类型，帮助读者了解机器学习算法竞赛适用的场景以及业界需求。

1.1 竞赛平台

我们参加的各种竞赛都是由大大小小的竞赛平台发布的，如国际的 Kaggle 和国内的阿里云天池竞赛平台，你可以在这些平台上找到自己擅长或喜欢的赛题。

1.1.1 Kaggle

机器学习领域的大牛吴恩达老师曾经讲过，机器学习在大多数时候就只是数学统计，数据相关的特征工程直接决定了模型的上限，而算法只是不断地去逼近这个上限而已。在机器学习领域，有一个十分生动的比喻，建模的过程就好比做饭，数据代表食材，算法则代表烹饪过程，最终饭菜的可口程度就是模型的效果。观看众多的美食影像，比如央视著名的美食纪录片《舌尖上的味道》《风味人间》等可以发现，这些影像都用众多的篇幅来讲述如何获取新鲜食材，而且古话里也讲巧妇难为无米之炊，由此可见食材的重要性。类比到机器学习算法竞赛，数据的重要性不言而喻，这也就是下面将介绍的国际竞赛平台 Kaggle 对自身的定位：数据科学之家。

打开 Kaggle 的网站首页，点击上方的 Compete，出现的界面如图 1.1 所示，左侧边栏除Home 和 More 外有 5 个主要部分，即 Compete（竞赛单元）、Data（数据集）、Code（代码笔记）、Communities（社区讨论）以及 Courses（在线课程）。作为全世界最受欢迎的数据科学竞赛网站，其首页也介绍了这里你可以找到完成数据科学工作需要的所有数据与代码。截至2020 年 10 月 5 日，这里已经有 50 000 份以上的数据集以及超过 400 000 个公开代码笔记。本书将着重介绍 Kaggle 的竞赛单元。点击 Compete，这里从上到下罗列着历史上所有进行过的竞赛，最上面那部分永远都存在着正在进行的各种竞赛，随便点开其中一个，同样可以看见竞赛的相关信息，大致有 Overview（概况）、Data（数据）、Code（代码笔记）、Discussion（社区讨论）、Leaderboard（排行榜）、Rules（竞赛规则）等。接下来，我们将以竞赛 Microsoft Malware Prediction 为例介绍一场竞赛的主要内容，其赛题主页见图 1.2。

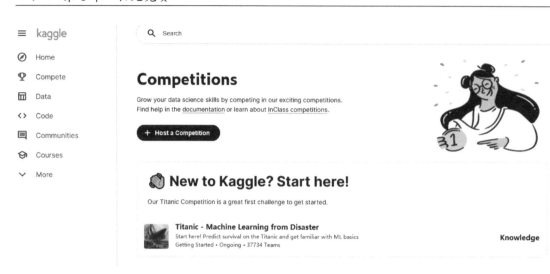

图 1.1　Kaggle 页面

图 1.2　Microsoft Malware Prediction 赛题主页

- ☐ **Overview**。即概况，这里会简要介绍这场竞赛，其中包括四个部分：Description（描述）、Evaluation（评分）、Prizes（奖项）和 Timeline（时间轴）。

  - ■ Description：竞赛的背景介绍以及主办方信息。竞赛 Microsoft Malware Prediction 中写到，恶意软件致力于规避传统的安全措施。一旦计算机受到恶意软件的感染，犯罪分子就会从很多方面伤害消费者和企业。微软拥有超过 10 亿的企业和消费者客户，所以非常重视这个问题，并且投入了大量资金来提高安全性。作为其整体安全策略的一部分，微软正在挑战数据科学界开发技术，以预测一台机器是否很快会受到恶意软件的攻击。与之前的恶意软件挑战（Malware Challenge，2015）一样，微软正在向 Kaggle 提供一个前所未有的恶意软件数据集，以鼓励其在预测恶意软件的有效技术方面取得开源进展。你能帮助保护超过 10 亿台机器不受损害吗？

- Evaluation：这里会列出本次竞赛的评判标准以及提交文件的格式，竞赛 Microsoft Malware Prediction 采用的是预测概率与真实标签的 ROC 曲线下面积（即 AUC）作为模型得分，因此本次竞赛是一个二分类问题。

- Prizes：这里展示了本次竞赛的总奖金是 25 000 美元，其中冠军的奖励 12 000 美元几乎占了一半。通常来说，25 000 美元是 Kaggle 有奖竞赛里面比较常见的金额，多的能有 100 000 美元。需要注意的是，这个竞赛对获奖者会有一定的要求，竞赛结束后获奖者需要在规定时间内提交建模方案文档，且不允许微软内部员工参赛。这些基本上也是大多数竞赛会要求的。

- Timeline：主要对竞赛的时间线进行介绍，比较关键的是组队截止时间和提交截止时间。一般竞赛周期在两个月到三个月之间，合理安排时间是非常必要的。

☐ Data。了解了竞赛的背景与任务之后，参赛者就可以开始熟悉数据了，通常的数据格式都会是 CSV 宽表形式。Data 部分有个单独的 Data Description，这里通常会给出所有表格的数据信息，包括采集来源、任务说明以及详细的各个字段含义等。以竞赛 Microsoft Malware Prediction 为例，其 Data Description 如下。

> 这场竞赛的目标是根据一台 Windows 机器的不同特性，预测它被各种恶意软件家族感染的概率。主办方结合微软的端点保护解决方案——Windows Defender 收集的心跳和威胁报告，生成包含相关属性和机器感染的遥测数据集。此数据集中的每一行各对应一台机器，由 MachineIdentifier 唯一标识。HasDetections 则是机器的标签，表明是否在机器上检测到了恶意软件。参赛者需要利用 train.csv 中的信息和标签训练集，预测 test.csv 中每台计算机的 HasDetections 值。用于创建此数据集的采样方法旨在满足某些业务限制，包括用户隐私以及机器运行的时间段。检测恶意软件本质上是一个时间序列预测问题，但由于引入新机器、在线和离线机器、接收补丁的机器、接收新操作系统的机器等，它变得更加复杂。而这里提供的数据集已经大致按时间划分好，以上提到的复杂性和抽样要求意味着你可能会看到自己的交叉验证、公开榜和私人榜单分数不完全一致！此外，这个数据集并不能代表微软客户的机器，因为它是经过抽样的，包含更大比例的恶意软件机器。

参赛者在参加竞赛时首先应该做到的就是熟悉题目与数据，这里面往往会包含很多重要的细节信息。拿上面的题目为例，数据看上去非常简单，主办方已经分清楚了训练集与测试集、标准的特征字段与标签字段。赛题任务也很明确，就是预测机器是否会被恶意软件感染。但不可忽视的一点是介绍中提到的，这个题目本质上是一个时间序列预测问题，训练集与测试集只是大致按照时间进行了划分，而为了突出恶意软件，机器更是对正样本进行了一定的升采样。因此,这种复杂性与抽样性会给建模带来极大的不确定性,导致交叉验证、公开榜和私人榜单分数的上下波动不会完全一致,这一点在竞赛结束后的私人榜单上就有所体现,相比公开榜单,其排名波动异常剧烈。

- ❑ Code。这部分是本次竞赛的开源社区所在,Kaggle 能成为全球最大的数据竞赛平台之一,其开源的特性与讨论的氛围功不可没。在这里,你可以看到各式各样的数据探索(EDA)、特征工程、建模方法以及截然不同的代码风格与个人偏好,有的代码标题下方甚至会显示本代码在榜单上的得分成绩。在这里,参赛者可以尽情学习各种工具和代码写法,为了达成同样的目的,参赛者也会在这里发现更为简洁、优雅、快速的实现方式,同时可以将各种建模方法进行融合,博采众长。甚至竞赛圈里流传着:只要开源融合得好,得一块银牌不是问题。

- ❑ Discussion。和承担代码笔记功能的 Code 不同,Discussion 是参赛者之间真正交流讨论的地方,这里代码很少,有各种 QA(问答)以及对赛事的理解、发现。在这里参赛者可以自由地和全世界的数据科学爱好者共同讨论竞赛的相关心得,甚至是对理论的探索验证,可以见到各种 Master 乃至 Grandmaster 的身影,他们之间的互动也十分精彩。

- ❑ Leaderboard。用于展示排行榜,所有成功提交过结果文件的参赛者都可以在这里找到自己的位置。榜单实时刷新,对于争分夺秒挠破头皮的参赛者来说,可以说十分刺激。Kaggle 的竞赛通常分为 Public Leaderboard 和 Private Leaderboard,即竞赛圈子里常说的A 榜和 B 榜。这也展现了机器学习领域中非常重要的一个概念,就是模型泛化性。实时榜单的存在虽然方便了参赛者,使他们可以不停地验证自己的想法,并对比出不同方案的得分,但这只是在公开榜上的成绩。机器学习建模很注重的一点就是模型的泛化性能,也可以说是它的健壮性,健壮性强的模型才可以在未来的预测中始终保持良好的效果,这对于实际应用来说非常重要,因此才有了 A 榜、B 榜这样的划分。一般来讲,把同一批数据切分成两份,一份用来评估 A 榜分数,另一份用来评估 B 榜分数。参赛者通常需要在竞赛的第一阶段不断根据 A 榜的得分来修正并改善建模方案,最后有两次机会可以选择用于计算 B 榜得分的结果文件,最终排名依据的是 B 榜得分。机器学习建模的泛化性往往是一个难点、痛点,对于有些竞赛,其 A 榜、B 榜的排名可以说会发生翻天覆地的变化,经常会有参赛者的模型过拟合 A 榜,也就是模型会对 A 榜以外的数据表现得十分差劲,这也是大家有时会将机器学习等人工智能建模称为丹炉炼丹或者玄学的原因所在。

- ❑ Rules。这部分给出了本次竞赛的相关规则,是比 Overview 部分更加详细的补充,通常需要关注其中几个重要的时间点,比如竞赛开始时的 A 榜评测开放时间、队伍合并的截止时间以及 B 榜的切换时间。此外,还有对队伍人数、队伍提交总次数的限制,关于竞赛作弊方式的判定以及其他不允许发生的行为等。建议参赛者不仅要熟悉竞赛背景、竞赛内容,更要对竞赛规则了如指掌,以免不小心违反竞赛规则而导致努力白费。

1.1.2 天池

天池是国内较大的大数据众智平台，面向社会开放高质量脱敏数据集（阿里数据及第三方授权数据）和计算资源，吸引全球高水平人才创造优秀解决方案，有效帮助行业、政府解决业务痛点，并为企业招聘输送人才。作为中国 AI 产业的排头兵，天池提供集品牌、生态、人才、算力为一体的数据智能解决方案，为产业创造价值。2014 年至今，天池已成功运作 400 余场高规格数据类竞赛，覆盖全球 98 个国家和地区的 60 万数据开发者。天池平台上的竞赛课题以解决实际场景中的业务痛点为主，实战性和应用性极强，除了本书涉及的机器学习算法竞赛外，还有创新应用大赛、程序设计大赛等，奖励也非常丰厚。天池大数据竞赛平台见图 1.3。

图 1.3 天池大数据竞赛平台

- 注册

和大多数的竞赛网站一样，为了防止建立小号等作弊行为，保证比赛公平、公正，天池等平台都需要通过邮箱或者手机号注册，并且需要上传个人证件进行实名认证。

- 赛制

天池同样由赛题介绍、开源社区等板块组成，也都设有 A 榜、B 榜。和 Kaggle 不同的是，天池通常会设置初赛和复赛，且各自有 A 榜、B 榜。天池的 B 榜通常是换数据测试，并且会持续几天，因此相比于 A 榜，它只是时间上有所缩短，而 Kaggle 的测试数据是预先全部给出，只是在评分的时候只计算 A 榜部分，最后选定两个作为 B 榜计算的结果文件。此外，天池在初赛，也就是离线赛阶段，是固定时间点评测；在复赛，也就是平台赛阶段，选手在本地调试算法并完成模型训练，提交推断过程的 Docker 镜像，由镜像产生预测结果，将会进行实时评测。天池也会限制参赛者每一天的提交次数，限制次数一方面是为了缩短不同参赛者的资源配置之间的差距，防止有些参赛者凭借其强大的计算资源获取不当优势，另一方面是为了避免参赛者过多地依赖于测试结果进行建模，导致模型陷入过拟合的泥沼，使得模型的泛化性较弱，做许多无用功。

- 积分

天池设计有积分规则，根据积分或者条件为参赛者设计了五个等级称号，从低到高分别是数据新手、数据极客、数据大神、数据科学家以及数据大师，天池会显示出积分排名前一百的选手，这也是天池的一个特别做法。其他各个竞赛平台基本只显示排行榜的前一百名。

1.1.3　DF

DF（DataFountain）是 CCF（即中国计算机学会）指定的专业大数据及人工智能竞赛平台，与学术界联系紧密。DF 平台按照技术（比如数据挖掘、自然语言处理和计算机视觉等）以及行业（比如金融、医疗、互联网、安全、电力、娱乐、交通、智慧城市、通信、工业、零售、社会、汽车、教育、物流、地产、大数据等）对竞赛进行区分，将学术界和工业界紧密联系在一起，虽然奖金金额可能比不上大平台，但其对行业的细分理解以及落地场景的多样化还是非常诱人的。

1.1.4　DC

DC 竞赛平台的全名为 DataCastle，即数据城堡，是一家坐落于成都的公司。其网站架构和竞赛举办方式与 Kaggle、天池相似，独特的一点在于其专门设有政企办赛的部分。通常，参赛者可以在 DC 平台上看见许多由政府、国企、央企扶持的相关创业竞赛项目。除了本书专注的算法竞赛之外，还有创意赛等。

1.1.5　Kesci

Kesci 的中文名为和鲸社区，是每年中国高校计算机大赛——大数据挑战赛的战略合作平台。相比于 DF 平台和 DC 平台，Kesci 还能提供在线的 notebook 训练环境，这点对一些没有足够硬件资源的参赛者来说比较友好。

1.1.6　JDATA

JDATA 智汇平台是京东旗下的竞赛平台，其板块设置大多和天池、Kaggle 类似，只是细节方面有所不同。每年的春季是京东自家出赛题的高峰时段。有意思的是，京东的竞赛主要涉及电商以及物流，它们通常会自定义一些评价指标，参赛者在拿到宽表数据之后需要自行考虑建模方案，包括搭建训练集与测试集、选取样本标签等，数据质量和赛题难度都极高。当然，奖金也不少，而且在校大学生还有获得校招绿色通道的机会。

1.1.7　企业网站

除了上述列举的国内外主流竞赛平台外，有些企业会自己举办竞赛，他们不与平台合作，而是自己单独建立一个简易网站，比如腾讯的社交广告算法大赛，虽然只是有个网站，但此竞赛依然十分火爆。此外，还有 FlyAI、AI Challenger 等。参赛者不必面面俱到地了解，可以通过关注一些公众号来了解赛事的最新相关信息，如 Coggle 数据科学、Kaggle 竞赛宝典、麻婆豆腐 AI 等。

1.2　竞赛流程

要想成功完成一次竞赛，一共需要几个步骤呢？答案是 3 个。首先下载数据，其次用代码运行出结果，最后提交结果。当然，这只是仿照把大象关进冰箱需要几步编的一个笑话，搏君一笑而已。机器学习算法竞赛也逃脱不了所谓的套路，我们通过总结大量的实战经验后，将完成一次竞赛的整个流程大致分为 5 个部分，即问题建模、数据探索、特征工程、模型训练、模型融合，如图 1.4 所示。当然，赛前还有一些准备工作要做，比如注册账号、完善个人信息甚至实名认证，然后点击想参加的竞赛进行报名。本节只简单介绍各个竞赛流程，详细内容会在本书第 2 章到第 6 章中讲到。

图 1.4　竞赛流程

1.2.1　问题建模

我们相信大家都还记得高考前期，老师们耳提面命地强调审题的重要性，理解题目永远是最先也是最重要的一步。准确理解题目想要表达的意思能够避免我们走许多弯路。在机器学习的问题建模中，并不是所有数据都是特征加标签这种已经可以直接加入模型训练的形式，很多时候还需要分析数据进而抽象出建模目标与方案。虽然通常来说竞赛的目标明确，但也不是所有竞赛的数据都是那种可以直接加入训练的形式。有些竞赛（如 JDATA 智汇平台）就常常会有一些不同于一般分类和回归评价指标的评估方式，参赛者往往需要根据对赛题的理解自行利用主办方提供的数据构造训练集与测试集，这种竞赛极大地考验参赛者的问题建模水平，这也是这类竞赛的难点所在。此时问题建模方式的选取在很大程度上影响着参赛者的成绩好坏。

1.2.2　数据探索

数据探索是机器学习领域最重要的概念之一，习惯上被大家称为 EDA（Exploratory Data Analysis，探索性数据分析）。在理解赛题并大致知道了问题建模的方式之后，就需要结合对赛题背景业务的理解去看看数据长什么样子、数据是否和描述相符、数据包含哪些信息、数据质量如何等。首先,要对数据有一个清晰的认知,主要是宽表中各个字段的取值含义、范围和数据结构等。然后更深层次的是要结合标签分析特征的分布状态、训练集与测试集的同分布情况、特征之间的业务关联以及隐含信息表征等。总的来说,数据探索是承上启下的一步,可以帮助参赛者更好地理解问题建模,并为接下来将进行的特征工程做好准备。

1.2.3   特征工程

同 EDA 一样,特征工程(Feature Engineering)也是机器学习领域一个重要的概念,由其命名就可以看出这是一项可以被称为工程的模块。机器学习泰斗吴恩达老师在他著名的斯坦福大学 CS229 机器学习课程上曾经说过,机器学习大多数时候是在进行特征工程,特征决定了机器学习预测效果的上限,而算法只是不断地去逼近这个上限而已,由此可见特征工程的重要性。事实上,无论是在竞赛中还是在实际应用中,特征工程都是花费时间最多的模块,会占去建模者的大部分精力。

1.2.4   模型训练

根据问题建立好模型方案后,根据业务理解进行相关的数据探索,继而逐步完善特征工程,就可以得到标准的训练集与测试集结构,接下来就可以考虑如何进行模型训练了。在一般的机器学习算法竞赛中,参赛者大多偏爱 GDBT 类的树模型。当然,这也是由于它们的效果确实好,常使用的树模型主要有 XGBoost 和 LightGBM,这两种模型都有 scikit-learn 的接口函数,非常便于使用。此外,有时参赛者需要用到 LR、SVM 和 RF 等算法,有时需要用到 DNN、CNN、RNN 等深度学习模型以及它们的衍生模型,以及广告领域流行的 FFM 等。如果说之前的步骤花费的是参赛者本人的时间与精力,那么这一步则主要依赖于参赛者的计算资源。当然,如果不是特别大量级的数据,模型训练一般会很快。模型训练这个模块除了选择合适的模型之外,还有一部分需要花时间的就是参数调优。虽然只要参数不是设置得很离谱,效果都差别不太大,但对于众多参赛者来说,即使是一点点的成绩提升,也可能意味着排名的上升。

1.2.5   模型融合

经过前期烦琐艰辛的各种尝试之后,终于可以来到喜闻乐见的模(寻)型(觅)融(队)合(友)阶段了。每一种算法都有其自身的优势和局限性,扬长避短,综合各个算法的优势可以使得模型的效果更好。模型融合有许多种办法,诸如 Stacking、加权投票等,第 6 章会详细介绍这部分内容。之所以将模型融合称作寻觅队友,是因为在竞赛当中,不同参赛者之间的个人差异很大,涉及问题建模、特征工程、模型训练等流程时都会有差异,这就导致不同参赛者之间的方案存在着巨大差异，而差异带来的模型融合效果却是极佳的，并且差异越大，效果提升就越大。这里也建议各位参赛者如果没有特别熟悉的队友，可以先自己做，一个人走完全部流程，这也是对自己的一种锻炼，到后期实在没有想法了，就可以考虑找成绩相近的参赛者进行组队。团队力量在竞赛当中的重要性不言而喻，而且后期组队相当于队伍前期是各自提交结果的，变相意味着多了验证思路的机会。合理地利用规则进行竞赛是被允许和提倡的。

1.3 竞赛类型

各种眼花缭乱的竞赛令人跃跃欲试，门类众多的数据竞赛可以满足众多参赛者的不同需求，同时也促进 AI + 行业的发展，让社会各界积极探索人工智能。因此，有必要介绍一下当今常见的数据竞赛类型。下面将分别从数据类型、任务类型以及应用场景这三个方面展开。

1.3.1 数据类型

人工智能领域大致可以分为计算机视觉（CV）、自然语言处理（NLP）和数据挖掘（DM）三个主要方向。从数据类型的角度看，又可以对三者进行简单区分，计算机视觉领域多是处理图像方面的数据，当然这其中也包括视频；自然语言处理多是文本数据，涉及各种语言的分词等。这二者都是近几年随着计算机硬件性能的不断提升，以及宽带网络的快速发展而得到了学术界以及工业界的共同关注。Kaggle 上面的竞赛会在题目下方给出数据类型，如图片数据、音频数据、文本数据、宽表数据等，本书将着重介绍传统宽表数据类型的相关竞赛。在传统宽表的数据中，通常匹配有样本的唯一 id 索引以及特征列。根据含义，特征又可分为类别特征（如用户性别）和数值特征（如年龄、身高、体重等）。上述这些特征的形式都是单值特征，此外还有多值特征，如用户的兴趣爱好列可以同时包含健身、跑步和摄影等。针对这种特殊的多值特征，我们有特别的处理技巧，这部分也将在第 13 章中为大家进行详细讲解。

1.3.2 任务类型

机器学习相关竞赛以算法为主，偶尔也有方案创新设计赛等，本书将专注于讲解机器学习算法相关竞赛，主要是监督学习的相关内容，即根据任务要求，通过已有的、带标签的训练集数据进行建模，从而对测试集数据进行预测并给出相应标签的结果，从而进行得分评价。任务类型按照问题类型大致可分为分类以及回归，第 2 章会具体给出相应任务的评价指标。

1.3.3 应用场景

提起应用场景，我们自然而然想到的是机器学习在各个行业的应用、行业的需求和痛点。纵观各大竞赛平台，涉及的主要有医学、制造业产品线、金融、电商、互联网等。其中互联网行业用户数据的丰富性和多样性，以及较少遇到的如医学方面的伦理道德等挑战产生出了很多应用场景，如广告、搜索和推荐等，都是当今人工智能涉足较多的场景。

1.4　思考练习

1. 请在 Kaggle、天池、DF、DC、Kesci 以及 JDATA 等网站分别注册账号并浏览，体会本章介绍的内容。
2. 完整的竞赛流程包括哪几个主要部分，每个部分在流程中的角色是怎么样的？
3. 以日常生活接触到的场景为例，列举 5 项可能使用了机器学习算法的应用。

第**2**章

问题建模

当参赛者拿到竞赛题目的时候，首先应该考虑的事情就是问题建模，同时完成基线（baseline）模型的管道（pipeline）搭建，从而能够第一时间获得结果上的反馈，帮助后续工作的进行。此外，竞赛的存在都依赖于真实的业务场景和复杂的数据，参赛者通常对此会有很多想法，但是线上提交结果验证的次数往往有限。因此，合理地切分训练集和验证集，以及构建可信的线下验证就变得十分重要，这也是保障模型具有泛化性的基础。

竞赛中的问题建模主要可以分为赛题理解、样本选择、线下评估策略三个部分，本章先从这三个部分介绍问题建模的对应工作，同时给出相应的使用技巧和应用代码。然后带领读者进行一个实战案例的演练，以帮助读者理解和应用本章内容。

2.1 赛题理解

赛题理解其实是从直观上梳理问题，分析问题可解的方法、赛题背景、赛题的主要痛点。厘清一道赛题要从赛题背景引发的赛题任务出发，理解其中的业务逻辑以及可能对赛题有意义的外在数据有哪些，并对于赛题数据有一个初步的了解，如知道现在和任务相关的数据有哪些，其中数据之间的关联逻辑是什么样的。通常，赛题任务会给出赛题背景、赛题数据和评价指标。赛题理解的这一部分工作会成为竞赛的重要组成部分和先决条件，通过对赛题的理解，对真实业务的分析，我们可以用自身的先验知识进行初步分析，很好地为接下来的部分做出铺垫。

2.1.1 业务背景

- 深入业务

竞赛本身是因特定场景而存在的，同时很多操作也会因场景的不同而大不一样。这里提到的场景指的就是业务，那么该如何分析业务呢？

比如，分析用户的购买行为，这里就需要知道用户购买的目的、所购买产品能够吸引用户的地方、公司能够提供的产品、产品与用户需求是否一致、目标用户定位、用户复购情况、用户的购买能力和支付方式。简而言之，就是把自己当作商家或者用户来换位思考和梳理这个过程。

接下来，进行一次更直观的业务理解，以此展示出实际竞赛中的分析过程，如图 2.1 所示。这是一个以互联网金融信贷业务为背景的赛题，目标是预测用户的还款金额与日期，也就是预测用户的还款情况。如果从商家的角度考虑，用户的还款意愿和还款能力将成为影响还款情况的关键因素。接下来，我们一起串一下业务线。首先，用户去借贷，商家就会考虑用户借贷的金额、用户是否有欺诈倾向和历史借贷情况；然后，用户借贷成功，商家要考虑用户当前的负债情况、距离还款时间以及工资日；最后，用户成功还款，商家要分析用户逾期情况、所剩欠款和当前期数等。这样就模拟出了基础的业务线。

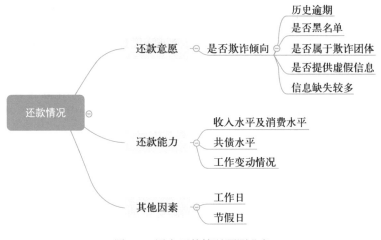

图 2.1　用户还款情况预测业务

上文介绍了如何进行业务理解，在接下来的内容中，我们将阐述如何将赛题目标与业务紧密联合起来，为竞赛成绩带来收益。

● 明确目标

真实业务涵盖的内容通常来说比竞赛涉及的更加广泛，因此赛题目标只是其中的一部分，真实业务还包括主办方提供的数据。在上面的例子中，赛题目标是预测用户还款金额与日期，那么参赛者可以先根据此目标来分析相关业务，即影响用户还款的因素等；然后再将业务中的信息反馈到赛题目标中，即工资日、总借款次数等。将赛题目标与真实业务紧密连接在一起的是数据，有了具体的数据，才能根据业务提取出特征来显性表示用户还款的情况，所以为了进一步深入理解赛题，还需要对数据有一个初步的认识。

2.1.2 数据理解

我们可以将数据理解分为两个部分,分别是数据基础层和数据描述层。当然,在问题建模阶段,并不需要对数据有特别深的理解,只需要做基本的分析即可。在后面的数据探察阶段,再深入理解数据,从数据中发现关键信息。

- **数据基础层**。各种竞赛主办方提供的原始数据质量良莠不齐,数据形态如数据类型、存储格式等也是多种多样。为了进一步分析和建模,往往需要对原始数据进行清洗、加工和计算等处理。数据基础层重点关注的是每个数据字段的来源、生产过程、取数逻辑、计算逻辑等,了解了这些才能正确地理解、选取并使用每一个原始字段,从而加工计算得出所需的更多衍生字段,数据最终的呈现方式通常是数据表格。
- **数据描述层**。数据描述层主要是在处理好的数据基础层上进行统计分析和概括描述,这个层面的重点在于尽可能地通过一些简单统计量(如均值、最值、分布、增幅、趋势等)来概括整体数据的状况,也使得参赛者能够清晰地知晓数据的基本情况。然而具体使用哪些统计量,并没有统一的标准,这要根据数据呈现的具体场景而定。比如,对于时间序列问题,可以统计其增幅、趋势和周期;对于常规的数值特征,则可以观察其均值、最值和方差等统计量;对于存在多类别的样本集合,则可以使用分布、分位点等进行描述。

基于以上这两个层面的数据探索,参赛者可以对数据有一个基本的认识,这些理解将会对之后进行的数据预处理、特征提取等起到关键性的作用。

2.1.3 评价指标

1. 分类指标

分类问题不仅是竞赛中常出现的一种核心问题,也是实际应用中常见的一种机器学习问题。评价分类问题的效果要比评价回归问题的效果困难很多,这两类问题都包含各式各样的评价指标。本书将会撇开传统的介绍方式,结合实际应用出发,总结评价指标的特性和优缺点,帮助参赛者在竞赛中获得一定收益。

竞赛中常见的分类指标包括错误率、精度、准确率(precision,也称查准率)、召回率(recall,也称查全率)、F1-score、ROC 曲线、AUC 和对数损失(logloss)等。其实这些指标衡量的都是模型效果的好坏程度,且相互之间是有关系的,只是各自的侧重点不同。在我们理解了各指标的定义后,就能找出它们的区别与联系。下面将对上述指标进行简单的介绍,并给出一个例子来解释这些指标。

- 错误率与精度

在分类问题中,错误率是分类结果错误的样本数占样本总数的比例,精度则是分类结果正确的样本数占样本总数的比例。即，错误率 = 1− 精度。

- 准确率与召回率

以最简单的二分类为例，图 2.2 给出了混淆矩阵的定义来源，其中 TP、FN、FP、TN 分别表示各自群体的样本数量。

		真实类别	
		1	0
预测类别	1	True Positive(TP)	False Positive(FP)
	0	False Negative(FN)	True Negative(TN)

图 2.2　混淆矩阵

其中基本的逻辑是，对模型预测出的概率值给定一个阈值。若概率值超过阈值，则将样本预测为 1（Positive，正类），否则预测为 0（Negative，负类）。

- True Positive（TP）：预测类别为 1，真实类别为 1，预测正确。
- False Positive（FP）：预测类别为 1，真实类别为 0，预测错误。
- True Negative（TN）：预测类别为 0，真实类别为 0，预测正确。
- False Negative（FN）：预测类别为 0，真实类别为 1，预测错误。

准确率 P 是指被分类器判定为正的样本中真正的正类样本所占的比重，即被分类器判为正类的所有样本中有多少是真正的正类样本，其公式定义见式 (2-1)：

$$P = \frac{TP}{TP + FP} \tag{2-1}$$

由此易知，如果只做一个单独的正样本预测，并且预测类别正确，则通过此公式可得到 100% 的准确率。但这没有什么意义，这会使得分类器忽略除正样本之外的数据，因此还需考虑另一个指标，即召回率 R。

召回率是指被分类器正确判定的正类样本占总的正类样本的比重，即所有正类样本中有多少被分类器判为正类样本，定义如式 (2-2)：

$$R = \frac{TP}{TP + FN} \tag{2-2}$$

准确率和召回率反映了分类器性能的两个方面，单依靠其中一个并不能较为全面地评价一个分类器的性能。一般来说，鱼与熊掌不可兼得，你的准确率越高，召回率越低；反之，召回率越高，准确率越低。继而为了平衡准确率和召回率的影响，较为全面地评价一个分类器，便有了 F1-score 这个综合了这两者的指标。

- F1-score

很多机器学习分类问题都希望准确率和召回率能同时都高，所以可以考虑使用调和平均公式，以均衡这两个指标，从而避免在使用算术平均时，由于其中一个较高，另一个较低，出现均值虚高的现象。F1-score 就能起到这样一个作用，其定义如式 (2-3)：

$$\text{F1-score} = 2 \times \frac{P \times R}{P + R} \tag{2-3}$$

我们很容易看出，其最大值是 1，最小值是 0。构建一个计算准确率、召回率和 F1-score 的评价代码也很简单，具体实现代码如下：

```
from sklearn.metrics import precision_score, recall_scroe, f1_score
precision = precision_score(y_train, y_pred)
recall = recall_scroe(y_train, y_pred)
f1 = f1_score(y_train, y_pred)
```

- ROC 曲线

除了上述几种评价指标之外，还有一种常用于度量分类中的非均衡性的工具，即 ROC 曲线（接受者操作特征曲线）。ROC 曲线用于绘制采用不同分类阈值时的 TP 率与 FP 率。降低分类阈值会导致更多样本被归为正类别，从而增加假正例和真正例的个数。图 2.3 是一个比较典型的 ROC 曲线。另外，ROC 曲线与 AUC 常被用来评价一个二值分类器的优劣，那么这里就有一个问题：既然已经有了这么多评价指标，那么为什么还要使用 ROC 曲线呢？

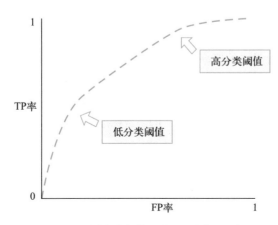

图 2.3　不同分类阈值下的 TP 率与 FP 率

在实际的数据集中，经常会出现正负样本不均衡的现象，即负样本比正样本多很多（或者相反），而且测试集中正负样本的分布也可能随着时间发生变化。ROC 曲线有一个很好的特质，那就是在这种情况下，它依然能够保持不变。不过 ROC 曲线在竞赛中倒是不常见，反而 AUC 可以说是我们的老朋友，在分类问题中经常出现。

- AUC

在互联网的搜索、推荐和广告的排序业务中，AUC 是一个极其常见的评价指标。它定义为 ROC 曲线下的面积，因为 ROC 曲线一般都处于 $y = x$ 这条直线的上方，所以取值范围在 0.5 和 1 之间。之所以使用 AUC 作为评价指标，是因为 ROC 曲线在很多时候并不能清晰地说明哪个分类器的效果更好，而 AUC 作为一个数值，其值越大就代表分类器的效果越好。

值得一提的是 AUC 的排序特性。相对于准确率、召回率等指标，AUC 指标本身和模型预测的概率绝对值无关，它只关注样本间的排序效果，因此特别适合用作排序相关问题建模的评价指标。AUC 是一个概率值，我们随机挑选一个正样本和一个负样本，由当前的分类算法根据计算出的分数将这个正样本排在负样本前面的概率就是 AUC 值。所以，AUC 值越大，当前的分类算法就越有可能将正样本排在负样本值前面，即能够更好地分类。

> **深度思考**
>
> 既然 AUC 与模型预测的分数值无关，那这为何是很好的特性？假设你采用的是准确率、F1-score 等指标，而模型预测的分数是个概率值，那么就必须选择一个阈值来决定把哪些样本预测为 1，哪些预测为 0。阈值的选择不同，准确率、召回率与 F1-score 的值就会不同，而 AUC 可以直接使用模型预测分数本身，参考的是相对顺序，更加好用。在竞赛任务中，参赛者更是省去了试探阈值的麻烦。

- 对数损失

该指标可用于评价分类器的概率输出。对数损失通过惩罚错误的分类来实现对分类器的准确度的量化。最小化对数损失基本等价于最大化分类器的准确度。为了计算对数损失，分类器必须提供概率结果，即把输入样本喂入模型后，预测得到每个类别的概率值（0 和 1 之间），而不只是预测最可能的类别。对数损失函数[①]的函数标准形式见式 (2-4)：

$$\text{logloss} = -\log P(Y \mid X) \tag{2-4}$$

对于样本点 (x, y) 来说，y 是真实标签，在二分类问题中，其取值只可能为 0 或 1。假设某个样本点的真实标签为 y_i，该样本点取 $y_i = 1$ 的概率为 y_p，则该样本点的损失函数如式 (2-5)：

---

① 如无特殊说明，本书中的 log 函数表示以 e 为底的对数

$$\text{logloss} = -\frac{1}{N}\sum_{i=1}(y_i \log p_i + (1-y_i)\log(1-p_i))\tag{2-5}$$

我们不妨想想，AUC 同样是只需要给出模型预测的概率值，就能计算并衡量模型效果，那么对数损失与它的区别在哪里呢？

对数损失主要是评价模型预测的概率是否足够准确，它更关注和观察数据的吻合程度，而 AUC 评价的则是模型把正样本排到前面的能力。由于两个指标评价的侧重点不一样，因此参赛者考虑的问题不同，所选择的评价指标就会不同。对于广告 CTR 预估问题，如果考虑广告排序效果，就可以选择 AUC，这样也不会受到极端值的影响。此外，对数损失反映了平均偏差，更偏向于将样本数量多的那类划分准确。

深度思考

在各种数据竞赛的分类问题中，AUC 和对数损失基本是最常见的模型评价指标。通常来说，AUC 和对数损失比错误率、精度、准确率、召回率、F1-score 更常用，这是为什么呢？因为很多机器学习模型对分类问题的预测结果都是概率值，如果要计算上述这些指标，就需要先把概率转化成类别，这需要人为设置一个阈值，如果对一个样本的预测概率高于这个阈值，就把这个样本判到相应类别里面；如果低于这个阈值，则放进另一个类别里面。所以阈值的选取在很大程度上影响了分值的计算，不利于准确评价参赛者的模型效果，而使用 AUC 或者对数损失则可以避免把预测概率转换成类别的麻烦。

2. 回归指标

● 平均绝对误差

首先考虑一个问题，如何去衡量一个回归模型的效果呢？大家自然而然地会想到采用残差（真实值与预测值的差值）的均值，即式 (2-6)：

$$\text{residual}(y, y') = \frac{1}{m}\sum_{i=1}^{n}(y_i - y_i')\tag{2-6}$$

可是这里会存在一个问题，当真实值分布在拟合曲线两侧时，对于不同样本而言，残差有正有负，直接相加就会相互抵消，因此考虑采用真实值和预测值之间的距离来衡量模型效果，即平均绝对误差（MAE，Mean Absolute Error），又被称为 L1 范数损失，其定义如式 (2-7)：

$$\text{MAE}(y, y') = \frac{1}{m}\sum_{i=1}^{n}|y_i - y_i'|\tag{2-7}$$

平均绝对误差虽然解决了残差加和的正负抵消问题，能较好衡量回归模型的好坏，但是绝对值的存在导致函数不光滑，在某些点上不能求导，即平均绝对误差不是二阶连续可微的，同时二阶导数总为 0。

扩展学习

在 XGBoost 里面，可以使用平均绝对误差作为损失函数进行模型训练，但是由于其存在局限性，大家通常会选择 Huber 损失进行替换。那为何要使用 Huber 损失呢？由于平均绝对误差并不是连续可导的（在 0 处不可导），所以需要使用可导目标函数来逼近平均绝对误差。而对于下述将会讲到的均方误差（MSE），梯度又会随着损失的减小而减小，使预测结果更加精确。在这种情况下，Huber 损失就非常有用，它会由于梯度的减小而落在最小值附近。比起均方误差，Huber 损失对异常点更具健壮性。因此，Huber 损失结合了平均绝对误差和均方误差的优点。但是，Huber 损失的问题可能需要我们不断地调整超参数 `delta`。

- 均方误差

和平均绝对误差对应的还有均方误差（MSE，Mean Squared Error），又被称为 L2 范数损失，其定义如式 (2-8)：

$$\text{MSE}(y, y') = \frac{1}{m} \sum_{i=1}^{n} (y_i - y_i')^2 \tag{2-8}$$

由于均方误差与数据标签的量纲不一致，因此为了保证量纲一致性，通常需要对均方误差进行开方，这也就出现了**均方根误差**（RMSE）。

深度思考

那么平均绝对误差与均方误差有何区别呢？均方误差对误差（真实值 − 预测值）取了平方，因此若误差 > 1，则均方误差会进一步增大误差。此时如果数据中存在异常点，那么误差值就会很大，而误差的平方则会远大于误差的绝对值。因此，相对于使用平均绝对误差计算损失，使用均方误差的模型会赋予异常点更大的权重。也就是说，均方误差对异常值敏感，平均绝对误差对异常值不敏感。

- 均方根误差

均方根误差用来评价回归模型的好坏，是对均方误差进行开方，缩小了误差的数值，其定义如式 (2-9)：

$$\text{RMSE}(y, y') = \sqrt{\frac{1}{m} \sum_{i=1}^{n} (y_i - y_i')^2} \tag{2-9}$$

上面介绍的几种衡量标准的取值大小都与具体的应用场景有关,因此很难定义统一的规则来衡量模型的好坏。同样,均方根误差也存在一定的局限性。例如,在计算广告的应用场景中,需要预测广告的流量情况时,某些离群点可能导致均方根误差指标变得很差,即使模型在 95% 的数据样本中,都能预测得很好。如果我们不选择过滤掉离群点,就需要找一个更合适的指标来评价广告流量的预测效果。下面将介绍平均绝对百分百误差(MAPE),它是比均方根误差更加健壮的评价指标,相当于把每个点的误差进行了归一化,降低了个别离群点对绝对误差带来的影响。

- 平均绝对百分比误差

平均绝对百分比误差(MAPE)与平均绝对误差的二阶导数都是不存在的。但不同于平均绝对误差,平均绝对百分比误差除了考虑预测值与真实值的误差,还考虑了误差与真实值之间的比例,比如 2019 腾讯广告算法大赛,虽然预测值与真实值的差值是一样的,但是由于使用了平均绝对百分比误差来评测,因此其真实值越大,误差反而越小,平均绝对百分比误差的定义如式 (2-10):

$$\text{MAPE}(y, y') = \frac{1}{m} \sum_{i=1}^{n} \frac{|y_i - y_i'|}{y_i'} \tag{2-10}$$

2.2 样本选择

即使是在实际的竞赛当中,主办方提供的数据也有可能存在令参赛者们十分头疼的质量问题。这无疑会对最终预测结果造成很大的影响,因此需要考虑如何选择出合适的样本数据进行训练,那么如何才能够选择出合适的样本呢?在回答这个问题之前,先来看看影响结果的具体原因又是什么,这里总结出四个主要原因:分别是数据集过大严重影响了模型的性能,噪声和异常数据导致准确率不够高,样本数据冗余或不相关数据没有给模型带来收益,以及正负样本分布不均衡导致数据存在倾斜。

2.2.1 主要原因

- 数据集过大

机器学习算法相关竞赛由于涉及各行各业的应用场景,数据量也是多寡不一。类似搜索推荐以及广告等相关竞赛的数据量级达到千万级甚至亿级,过大的数据集会严重影响各种特征工程和建模方式的快速验证。在大多数情况下,我们的计算资源有限,需要考虑数据采样处理,然后在小数据集上建模分析。此外，在特定的业务场景下，也许可以过滤掉一些对建模没有意义的数据，这样可以帮助提高模型性能。

- 数据噪声

数据的噪声主要有两种来源，一种是采集数据时操作不当导致信息表征出现错误，另一种则是数据本身的特性存在合理范围内的抖动导致噪声与异常。数据噪声的存在具有两面性，一方面，噪声的存在会导致数据质量变低，影响模型的效果；但另一方面，我们也能通过在训练集中引入噪声数据的方法使得模型的健壮性更强。此外，若是噪声数据的来源为第一种，则需要对应地去看是否能够解码出正确数据，这种情况有时会极大地提升建模效果。因此，当需要处理噪声数据的时候，首先考虑是否为采集错误导致的，其次再去权衡模型的泛化性和模型的当前效果。有时候去噪反而会导致模型的泛化性能变差，在换了数据集之后，模型的效果无法得到很好的保证。

要去噪，首先要识别出噪声，然后采取直接过滤或者修改噪声数据等多种办法。噪声数据可能是特征值不对，比如特征值缺失、超出特征值域范围等；也可能是标注不对，比如二分类问题的正样本标注成了负样本。数据去噪很多是检测和去除训练数据中标注带噪声的实例。3.1节将展示去除噪声或异常数据的具体处理办法。

- 数据冗余

通常来说，数据冗余与数据集过大是不同的概念。提到数据集，会自然而然地想到是样本的集合，它的大小通常表示纵向的样本数量，而数据冗余则侧重于描述数据特征的冗余。数据中存在的冗余不仅会影响到模型性能，更会引入噪声与异常，有可能为模型带来反效果。数据冗余的一个典型解决方案就是进行特征选择，这部分会在 4.4 节中着重进行讲解。

- 正负样本分布不均衡

在二分类正负样本不均衡的机器学习场景中，数据集往往是比较大的，为了让模型可以更好地学习数据中的特征，让模型效果更佳，有时需要进行数据采样，这同时也避免了因为数据集较大而导致计算资源不足的麻烦。这是比较浅层的理解，更本质上，数据采样就是模拟随机现象，根据给定的概率分布去模拟一个随机事件。另外，有一种说法是用少量的样本点去近似一个总体分布，并刻画总体分布中的不确定性。大多数竞赛提供的数据都是主办方从真实完整的数据中提取出来的一部分，并且会保证数据分布的一致性，降低竞赛难度，保证效率。更进一步，也可以从总体样本数据中抽取出一个子集（训练集）来近似总体分布，然后训练模型的目的就是最小化训练集上的损失函数，训练完成后，需要用另一个数据集（测试集）来评价模型。数据采样也有一些高级用法，比如对样本进行过采样或者欠采样，或者在目标信息保留不变的情况下，不断改变样本的分布来适应模型训练与学习，这常用于解决样本不均衡的问题。

2.2.2 准确方法

在竞赛中,若是在拿到数据后发现数据存在数据集过大以及正负样本不均衡这两种情况,则需要在一开始就针对性地给出解决方案。即如何处理以下两个问题:在数据量非常大的情况下,为了降低成本,如何提高模型训练速度;针对正负样本分布不均衡的场景,如何通过数据采样解决这类问题。

首先,针对第一个问题,主要推荐以下两种解决办法。

- **简单随机抽样**。这里分为无放回和有放回两种,做法均比较简单,不做具体介绍。
- **分层采样**。该方法分别对每个类别进行采样。这是从一个可以分成不同子集(或称为层、类别)的数据集中,按规定的比例从不同类别中随机抽取样本的方法。其优点是样本的代表性比较好,抽样误差比较小;缺点是抽样过程比简单随机抽样要繁杂些。

针对第二个问题,则主要有以下三种解决方法。

- **评分加权处理**。分布不均衡的问题时有出现,包括欺诈交易识别和垃圾邮件识别等,其正负样本的数量分布差距极大。图 2.4 给出了某个竞赛正负样本的分布情况,正样本的比例只有 2% 左右。考虑到正样本的重要性高于负样本,在模型训练以及评价的时候就可以设计相应的得分权重,使得模型能够学习到需要获得关注的部分。评分加权处理的办法是比较常见的一种。当然,在不同的应用场景中可以选择不同的加权方式,例如多分类问题中的 Micro Fscore 指标以及 KDD CUP 2019 竞赛中采用的 Weighted Fscore 指标,这两种评价指标对不同类别的权重是不一样的,通过对不同类别进行加权的方式可以提升模型的预测效果。

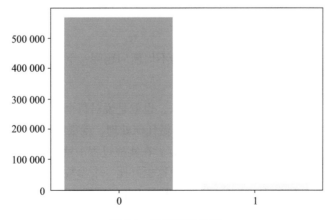

图 2.4　目标变量分布

此方法具体的操作步骤是，首先遍历所有样本，根据样本是否满足某个要求来给予其权重。例如，在不均衡的二分类中，如果样本的标签为 1，我们就将其权重设置为 w_1（自定义）；如果样本标签为 0，就将其权重设置为 w_2（自定义）。然后将样本权重代入模型进行训练和测试。

加权的直观含义从业务上理解就是认为一个正样本的价值大于多个负样本的，因此希望模型在训练的时候能更多地从正样本身上学到关键信息，当它学得不好的时候，就要对它加大惩罚力度。

- 欠采样。就是从数量较多的一类样本中随机选取一部分并剔除，使得最终样本的目标类别不太失衡。常用的方法有随机欠采样和 Tomek Links，其中 Tomek Links 先是找出两个各项指标都非常接近的相反类样本，然后删除这类样本中标签（label）占比高的，这类算法能够为分类器提供一个非常好的决策边界。
- 过采样。主要是对样本较少的类别进行重新组合，构造新样本。常用的方法有随机过采样和 SMOTE 算法。SMOTE 算法并不是简单复制已有的数据，而是在原有数据的基础上，通过算法产生新生数据。欠采样与过采样的示意图见图 2.5。

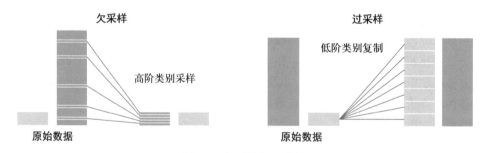

图 2.5　欠采样与过采样

2.2.3　应用场景

那么，在什么样的场景下需要处理样本的不均衡问题呢? 下面给出了一些具体的场景，以帮助参赛者更好地应对这类问题。

- 如果竞赛任务对于召回有特别大的需求，也就是说对每个正样本的预测都远远比对负样本的预测更重要，那么这个时候如果不做任何处理，就很难取得比较好的建模结果。
- 如果竞赛的评价指标是 AUC，那么参赛者在实战过程中就会发现，这个时候处理和不处理样本不均衡问题的差别没那么大。但这也好比一个参数的波动，将处理后的结果和不处理的结果进行融合后，评价指标一般都是有细微提升的。
- 如果在竞赛任务中正样本和负样本是同等重要的，即预测正确一个正样本和预测正确一个负样本是同等重要的，那么其实不做其他的处理也影响不大。

2.3 线下评估策略

通常在数据竞赛中，参赛者是不能将全部数据都用于训练模型的，因为这会导致没有数据集对该模型的效果进行线下验证，从而无法评估模型的预测效果。为了解决这一问题，就需要考虑如何对数据进行切分，构建合适的线下验证集。针对不同类型的问题，需要不同的线下验证方式，本书将这些问题大致分为强时序性和弱时序性两类，然后以此来确定线下验证方式。

2.3.1 强时序性问题

对于含有明显时间序列因素的赛题，可将其看作强时序性问题，即线上数据的时间都在离线数据集之后，这种情况下就可以采用时间上最接近测试集的数据做验证集，且验证集的时间分布在训练集之后。图 2.6 为时间序列分割验证方式。

图 2.6 时间序列分割验证

例如，天池平台上的"乘用车零售量预测"竞赛，初赛提供 2012 年 1 月至 2017 年 10 月盐城分车型销量配置数据，需要参赛者预测 2017 年 11 月的盐城分车型销量数据。这是一个很明显的含时间序列因素的问题，那么我们可以选择数据集的最后一个月作为验证集，即 2017 年 10 月的数据。

2.3.2 弱时序性问题

这类问题的验证方式主要为 K 折交叉验证（K-fold Cross Validation），根据 K 的取值不同，会衍生出不同的交叉验证方式，具体如下。

(1) 当 $K = 2$ 时，这是最简单的 K 折交叉验证，即 2 折交叉验证。这个时候将数据集分成两份：D1 和 D2。首先，D1 当训练集，D2 当验证集；然后，D2 当训练集，D1 当验证集。2 折交叉验证存在很明显的弊端，即最终模型与参数的选取将在极大程度上依赖于事先对训练集和验证集的划分方法。对于不同的划分方式，其结果浮动是非常大的。

(2) 当 $K = N$ 时，也就是 N 折交叉验证，被称作留一验证（Leave-one-out Cross Validation）。

具体做法是只用一个数据作为测试集，其他数据都作为训练集，并重复 N 次（N 为数据集的数据量）。这种方式的优点和缺点都是很明显的。其优点在于，首先它不受测试集和训练集划分方法的影响，因为每一个数据都单独做过测试集；其次，它用了 N–1 个数据训练模型，也几乎用到了所有的数据，从而保证模型的偏差更小。同时，其缺点也很明显，那就是计算量过大。如果数据集是千万级的，那么就需要训练千万次。

(3) 为了解决 (1) 和 (2) 的缺陷，我们一般取 K = 5 或 10，作为一种折中处理，这也是最常用的线下验证方式。比如，K = 5，如图 2.7 所示，我们把完整的训练数据分为 5 份，用其中的 4 份数据来训练模型，用剩余的 1 份来评价模型的质量。然后将这个过程在 5 份数据上依次循环，并对得到的 5 个评价结果进行合并，比如求平均值或投票。下面给出通用的交叉验证代码，其中参数 NFOLDS 用来控制折数，具体代码如下：

```
from sklearn.model_selection import KFold
NFOLDS = 5
folds = KFold(n_splits= NFOLDS, shuffle=True, random_state=2021)
for trn_idx, val_idx in folds.split(X_train, y_train):
    train_df, train_label = X_train.iloc[trn_idx, :] , y_train[trn_idx]
    valid_df, valid_label = X_train.iloc[val_idx, :] , y_train[val_idx]
```

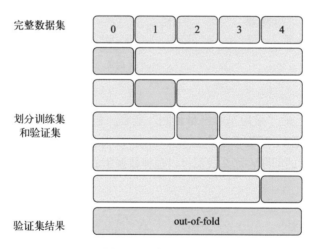

图 2.7   五折交叉验证

2.4   实战案例

作为本章的总结，下面将引领读者对本章内容学以致用，进行一个 Kaggle 经典入门竞赛实战——房价预测，赛题主页如图 2.8 所示。本节包含赛题理解和线下验证。希望读者在理解本章内容、认真分析业务、完善线下评估工作后，能够快速搭建起一个 baseline（基线），并得到令自己满意的结果。

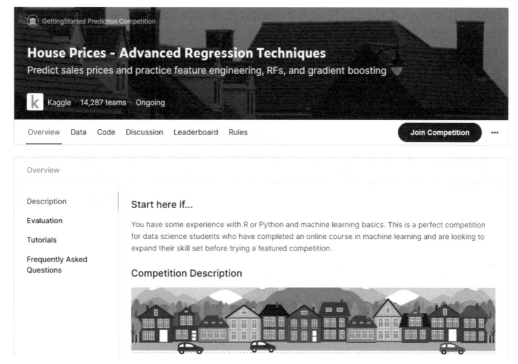

图 2.8　赛题主页展示

2.4.1　赛题理解

首先，熟悉下赛题的业务背景，本赛题要求预测最终的房价，其数据集中有 79 个变量，几乎涵盖了爱荷华州艾姆斯（Ames, Iowa）住宅的方方面面，可以看到影响房价的因素有很多，具体如图 2.9 所示。

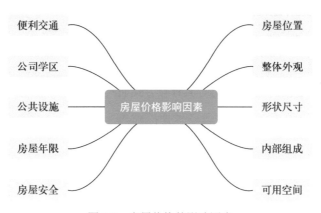

图 2.9　房屋价格的影响因素

在上面影响房价的因素中，有如下几个关键的价值影响因素。

- □ **房屋位置**。位置是高估值的关键，比如靠近大型商圈、重点学校或者接近市中心的位置，一般房价是比较高的。
- □ **形状尺寸**。房子包含的空间、房间和土地越多，估价就越高。
- □ **内部组成**。最新的公用设施和附加设施（如车库）是非常可取的价值影响因素。

这些初步的认识和业务分析对于第 4 章有很大的帮助。接下来，我们将导入数据，并观察数据的基本信息，以得到一个基本的认识，这些都将对之后的数据预处理、特征提取等起到关键性的作用。

首先，导入基本的模块：

```
import numpy as np
import pandas as pd
from sklearn.model_selection import KFold
from sklearn.metrics import mean_squared_error
from sklearn.preprocessing import OneHotEncoder
import lightgbm as lgb
```

接着，加载数据：

```
train = pd.read_csv('train.csv')
test = pd.read_csv('test.csv')
```

然后，看下数据的基本信息：

```
train.describe()
```

最后，对数据进行基本处理：

```
all_data = pd.concat((train,test))
all_data = pd.get_dummies(all_data)
# 填充缺失值
all_data = all_data.fillna(all_data.mean())
# 数据切分
X_train = all_data[:train.shape[0]]
X_test = all_data[train.shape[0]:]
y = train.SalePrice
```

本赛题使用均方误差作为评价指标，其计算方式如式 (2-11)：

$$\text{MSE}(y, y') = \frac{1}{m} \sum_{i=1}^{n} (y_i - y_i')^2 \tag{2-11}$$

2.4.2　线下验证

验证的代码如下：

```
# K 折交叉验证
from sklearn.model_selection import KFold
folds = KFold(n_splits= 5, shuffle=True, random_state=2021)
# 模型参数
params = {'num_leaves': 63, 'min_child_samples': 50, 'objective': 'regression',
    'learning_rate': 0.01, 'boosting_type': 'gbdt', 'metric': 'rmse'}
for trn_idx, val_idx in folds.split(X_train, y):
    trn_df, trn_label = X_train.iloc[trn_idx, :], y[trn_idx]
    val_df, val_label = X_train.iloc[val_idx, :], y[val_idx]
    dtrn = lgb.Dataset(trn_df, label = trn_label)
    dval = lgb.Dataset(val_df, label = val_label)
    bst = lgb.train(params,dtrn, num_boost_round=1000,valid_sets=[dtrn, dval],
        early_stopping_rounds=100, verbose_eval=100)
```

至此就完成了基本的问题建模，我们不仅对赛题有了初步的理解，同时还搭建出了 baseline，可以快速地反馈预测结果。根据初步的结果对模型进行不断的优化就是之后的重要工作。在接下来的章节中，我们将带着大家进行数据探索，发现数据特征，从中挖掘更多有用的信息。

2.5　思考练习

1. 对于多分类问题，可否将其看作回归问题进行处理，对类别标签又有什么要求？
2. 目前给出的都是已有的评价指标，那么这些评价指标（分类指标和回归指标）的损失函数如何实现？
3. 解决样本分布不均衡问题时，尝试用代码实现样本加权、类别加权和采样算法等几种方式，并对比使用权重前后的分数变化。
4. 在对不均衡的数据集进行采样时，是否会影响训练集和测试集之间的独立同分布关系？
5. 在进行 K 折交叉验证的时候，对于 K 值的选取，是否越大越好呢？
6. 在大多数情况下，我们会选择使用 K 折交叉验证，那么 K 折交叉验证为什么能够帮助提升效果呢？

第 **3** 章

数据探索

　　数据探索，是竞赛的核心模块之一，贯穿竞赛始终，也是很多竞赛胜利的关键。那么，数据探索又是什么呢？可以解决哪些问题？首先应该明确三点，即如何确保自己准备好竞赛使用的算法模型，如何为数据集选择最合适的算法，如何定义可用于算法模型的特征变量。

　　数据探索可以帮助回答以上这三点，并能确保竞赛的最佳结果。它是一种总结、可视化和熟悉数据集中重要特征的方法。一般而言，数据探索可以分为三个部分：首先是赛前数据探索（即数据初探），帮助我们对数据有个整体性的认识，并发现数据中存在的问题，比如缺失值、异常值和数据冗余等；其次是竞赛中的数据探索，通过分析数据发现变量的特点，帮助提取有价值的特征，这里可以从单变量、多变量和变量分布进行分析；最后是模型的分析，可以分为特征重要性分析和结果误差分析，帮助我们从结果发现问题，并进一步优化。

　　数据探索有利于我们发现数据的一些特征、数据之间的关联性，有助于后续的特征构建。本章将结合实际竞赛案例来讲解数据探索。

3.1　数据初探

　　数据初探可以看作赛前数据探索，主要包含分析思路、分析方法和明确目的。通过系统化的探索，我们可以加深对数据的理解。

3.1.1　分析思路

　　在实际竞赛中，最好使用多种探索思路和方法来探索每个变量并比较结果。在完全理解数据集后，就可以进入数据预处理阶段和特征提取阶段了，以便根据所期望的业务结果转换数据集。此步骤的目标是确信数据集已准备好应用于机器学习算法。

3.1.2　分析方法

数据探索的分析主要采用以下方法。

- □ **单变量可视化分析**：提供原始数据集中每个字段的摘要统计信息。
- □ **多变量可视化分析**：用来了解不同变量之间的交互关系。
- □ **降维分析**：有助于发现数据中特征变量之间方差最大的字段，并可以在保留最大信息量的同时减少数据维度。

通过这些方法，可以验证我们在竞赛中的假设，并确定尝试方向，以便理解问题和选择模型，并验证数据是否是按预期方式生成的。因此，可以检查每个变量的分布，定义一些丢失值，最终找到替换它们的可能方法。

3.1.3　明确目的

在竞赛中跳过数据探索阶段将会是一个很不理智的决定。由于急于进入算法模型阶段，很多选手往往要么完全跳过数据探索过程，要么只做一项非常肤浅的分析工作，这是大多数选手的一个非常严重且常见的错误。这种不考虑因素的行为可能会导致数据倾斜，出现异常值和过多的缺失值。对竞赛来说，这样会产生如下一些糟糕的结果。

- □ 生成不准确的模型。
- □ 在错误的数据上生成精确的模型。
- □ 为模型选择错误的变量。
- □ 资源的低效利用，包括模型的重建。

熟知可能会产生的不好影响有助于我们明确数据探索的主要目的。一方面，数据探索用于回答问题，测试业务假设，生成进一步分析的假设。另一方面，你也可以使用数据探索来准备建模数据。这两者有一个共同点，那就是使你对你的数据有一个很好的了解，要么得到你需要的答案，要么发展出一种直觉来解释未来建模的结果。

更进一步，将数据探索的目的具象化。这里整理出来了数据探索阶段必须要明确的 7 件事情，具体如下。

(1) **数据集基本情况**：比如数据有多大，每个字段各是什么类型。

(2) **重复值、缺失值和异常值**：去除重复值，缺失值是否严重，缺失值是否有特殊含义，如何发现异常值。

(3) **特征之间是否冗余**：比如身高的单位用 cm 和 m 表示就存在冗余。我们可以通过特征间相似性分析来找出冗余特征。

(4) **是否存在时间信息**：当存在时间信息时，通常要进行相关性、趋势性、周期性和异常点的分析，同时还有可能涉及潜在的数据穿越问题。

(5) **标签分布**：对于分类问题，是否存在类别分布不均衡。对于回归问题，是否存在异常值，整体分布如何，是否需要进行目标转换。

(6) **训练集与测试集的分布**：是否有很多在测试集中存在的特征字段在训练集中没有。

(7) **单变量 / 多变量分布**：熟悉特征的分布情况，以及特征和标签的关系。

当我们知道了为什么要进行数据探索，了解了数据探索必须要明确的事情后，会让数据探索变得更有目的性。

要开始探索数据，首先需要导入基本的库，然后加载给出的数据集。你可能已经知道了这样去做，但是不知从何下手。多亏 pandas 库，这变成了一个非常简单的任务，首先将包导入为 pd，然后使用 read_csv() 函数，并将数据所在的路径和参数传递给该函数，其中的参数可用于确保函数可以正确读取数据，数据的第一行不会被解释为数据的列名。

数据探索最基本的步骤之一是获取对数据的基本描述，通过获取对数据的基本描述从而获得对数据的基本感觉。下面的一些方法用于帮助我们认识数据。

- ❑ DataFrame.describe()：查看数据的基本分布，具体是对每列数据进行统计，统计值包含频次、均值、方差、最小值、分位数、最大值等。它有助于我们快速了解数据分布，并发现异常值等信息。
- ❑ DataFrame.head()：可以直接加载数据集的前五行。
- ❑ DataFrame.shape：得到数据集的行列情况。
- ❑ DataFrane.info()：可以快速获得对数据集的简单描述，比如每个变量的类型、数据集的大小和缺失值情况。

以上方法可以帮助我们了解数据的基本信息。接下来，我们将通过具体的操作来展现这些方法的强大功能。首先，通过一段代码展示 nunique 和缺失值的情况：

```
stats = []
for col in train.columns:
    stats.append((col, train[col].nunique(),
                  train[col].isnull().sum() * 100 / train.shape[0],
                  train[col].value_counts(normalize=True,
                  dropna=False).values[0] * 100, train[col].dtype))
    stats_df = pd.DataFrame(stats, columns=['Feature', 'Unique_values',
                            'Percentage of missing values',
                            'Percentage of values in the biggest category', 'type'])
stats_df.sort_values('Percentage of missing values', ascending=False)[:10]
```

图 3.1 展示了经过上述代码生成的数据基本信息，我们从中找到特殊变量进行细致分析，这里选择 nunique 值低和缺失值多的变量进行观察。一般而言，nunique 为 1 是不具备任何意义的，表示所有值都一样，不存在区分性，需要进行删除。可以发现，有些变量的缺失值很多，

比如缺失比例达到 95% 以上，我们可以考虑将其删除。

	Feature	Unique_values	Percentage of missing values	Percentage of values in the biggest category	type
72	PoolQC	3	99.520548	99.520548	object
74	MiscFeature	4	96.301370	96.301370	object
6	Alley	2	93.767123	93.767123	object
73	Fence	4	80.753425	80.753425	object
57	FireplaceQu	5	47.260274	47.260274	object
3	LotFrontage	110	17.739726	17.739726	float64
59	GarageYrBlt	97	5.547945	5.547945	float64
64	GarageCond	5	5.547945	90.821918	object
58	GarageType	6	5.547945	59.589041	object
60	GarageFinish	3	5.547945	41.438356	object

图 3.1 数据的基本分布

如图 3.2 所示，用柱状图的形式可以更加直观地展现变量的缺失值分布情况。下面是变量缺失值可视化图的具体生成代码：

```
missing = train.isnull().sum()
missing = missing[missing > 0]
missing.sort_values(inplace=True)
missing.plot.bar()
```

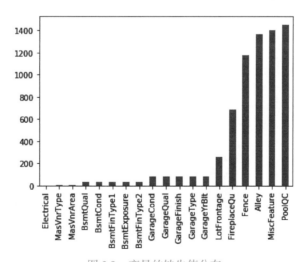

图 3.2 变量的缺失值分布

3.2 变量分析

接下来，我们再进行更细致的分析，不单是针对每个变量，更是分析变量之间的联系以及变量和标签的相关性，并进行假设检验，帮助我们提取有用特征。

3.2.1　单变量分析

单变量可以分为标签、连续型和类别型。

● 标签

毫无疑问，标签是最重要的变量，也是一次竞赛所追求的目标，我们首先应该观察标签的分布情况。对于房屋价格预测，其标签 SalePrice 为连续型变量，对该标签的基本描述见图 3.3。基本信息生成代码如下：

```
count     1460.000000
mean    180921.195890
std      79442.502883
min      34900.000000
25%     129975.000000
50%     163000.000000
75%     214000.000000
max     755000.000000
Name: SalePrice, dtype: float64
```

图 3.3　对标签 SalePrice 的基本描述

```
train['SalePrice'].describe()
```

在图 3.3 中，SalePrice 看起来还蛮正常的。接下来，我们通过可视化的方式更细致地观察 SalePrice 的分布情况，相关代码如下：

```
plt.figure(figsize=(9, 8))
sns.distplot(train['SalePrice'], color='g', bins=100, hist_kws={'alpha': 0.4})
```

得到的结果如图 3.4 所示。

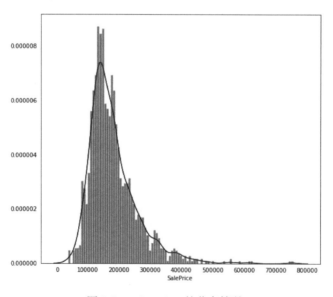

图 3.4　SalePrice 的分布情况

在图 3.4 中可以看到，SalePrice 呈偏离正态分布，属于向右倾斜类型，存在峰值状态，一些异常值在 500 000 以上。我们最终会想办法去掉这些异常值，得出能够让算法模型很好地学习的、符合正态分布的变量。下面的代码将对 SalePrice 进行对数转换，并生成可视化图，转换结果如图 3.5 所示：

```
plt.figure(figsize=(9, 8))
sns.distplot(np.log(train['SalePrice']), color='b', bins=100, hist_kws={'alpha': 0.4})
```

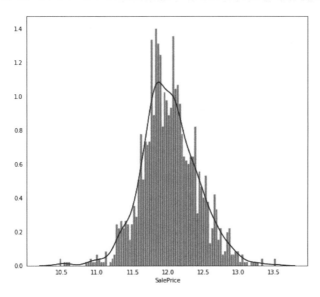

图 3.5　对 SalePrice 进行对数转换

- 连续型

这里我们可以先观察连续型变量的基本分布，如图 3.6 所示。

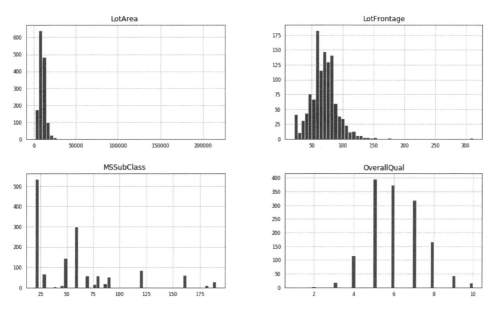

图 3.6　连续型变量的分布

类似于标签的查看方式，这里主要使用直方图这种可视化方式观察值的分布、每个值出现的频率等。下面为连续型变量的分布可视化图的生成代码：

```
df_num = train.select_dtypes(include = ['float64', 'int64'])
df_num = df_num[df_num.columns.tolist()[1:5]]
df_num.hist(figsize=(16, 20), bins=50, xlabelsize=8, ylabelsize=8)
```

接下来进行更加科学的分析，首先是相关性分析。值得注意的是，相关性分析只能比较数值特征，所以对于字母或字符串特征，需要先进行编码，并将其转换为数值，然后再看特征之间到底有什么关联。在实际竞赛中，相关性分析可以很好地过滤掉与标签没有直接关系的特征，并且这种方式在很多竞赛中均有很好的效果。

当我们看一个相关性分析的可视化图时，需要了解这个图代表什么，能够从中获取什么信息。先学习最基本的概念：正相关和负相关。

- **正相关**：如果一个特征增加导致另一个特征增加，则它们呈正相关。值 1 表示完全正相关。
- **负相关**：如果一个特征增加导致另一个特征减少，则它们呈负相关。值 −1 表示完全负相关。

现在假设特征 A 和特征 B 完全正相关，这意味着这两个特征包含高度相似的信息，信息中几乎没有或者完全没有差异。这称为多重线性，因为两个特征包含几乎相同的信息。

在搭建或训练模型时，如果同时使用这两个特征，可能其中一个会是多余的。我们应该尽量消除冗余特征，因为它会使训练时间变长，同时其他一些优势也会变没。下述代码用于生成有关 SalePrice 的相似性矩阵图：

```
corrmat = train.corr()
f, ax = plt.subplots(figsize=(20, 9))
sns.heatmap(corrmat, vmax=0.8, square=True)
```

生成的相似性矩阵图如图 3.7 所示，从中可以找出与房价相关性强的变量，其中 OverallQual（总评价）、GarageCars（车库）、TotalBsmtSF（地下室面积）、GrLivArea（生活面积）等特征与 SalePrice 呈正相关，这也非常符合我们对业务的直觉。从相似性矩阵中，不仅能够发现房价与变量的关系，还能发现变量之间的关系，那么如何利用相似性矩阵进行分析就成为了关键。

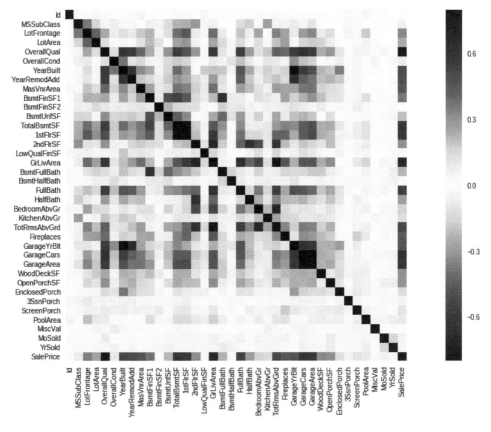

图 3.7 相似性矩阵（另见彩插）

● 类别型

要知道，数据探索的目的是帮助我们了解数据并且构建有效特征。比如，我们找到了与标签有着强相关的特征，那么就可以围绕这个强相关特征进行一系列的扩展，具体可以进行交叉组合，比如强相关加弱相关、强相关加强相关等组合，挖掘更高维度的潜在信息。

首先，观察类别型变量的基本分布情况，即观察每个属性的频次。根据频次，我们不仅能够很快地发现热点属性和极少出现的属性，还可以进一步分析出现这种情况的原因，比如淘宝网的女性用户多于男性用户，这主要是由于平台在服饰和美妆业务方面拥有强大的影响力。这是从业务的角度考虑，当然也有可能是数据采样的原因。对部分类别型变量的分布进行可视化展示，如图 3.8 所示。

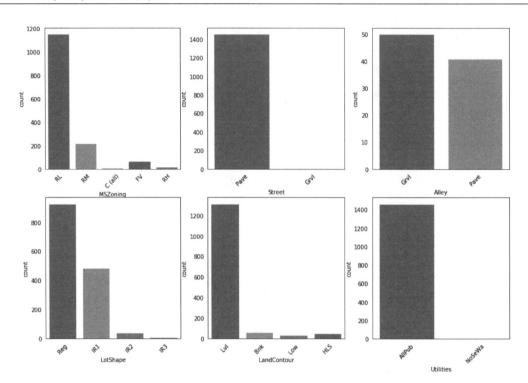

图 3.8   类别型变量的基本分布

3.2.2   多变量分析

单变量分析太过单一，不足以挖掘变量之间的内在联系，获取更加细粒度的信息，所以多变量分析就成了必须。分析特征变量与特征变量之间的关系有助于构建更好的特征，同时降低构建冗余特征的概率。此处我们选取本赛题中需要特别关注的特征变量进行分析。

从上面的相似性矩阵中，我们了解到房屋评价与 **SalePrice** 呈正相关。进一步扩展分析，考虑房屋评价和房屋位置是否存在某种联系呢？接下来，我们将通过可视化的方式来展现这两者的联系，具体实现代码如下：

```
plt.style.use('seaborn-white')
type_cluster = train.groupby(['Neighborhood','OverallQual']).size()
type_cluster.unstack().plot(kind='bar',stacked=True, colormap= 'PuBu', figsize=(13,11),
                            grid=False)
plt.xlabel('OverallQual', fontsize=16)
plt.show()
```

图 3.9 给出了不同房屋位置的评价分布条状图，我们可以发现颜色越深代表评价越高，**NoRidge**、**NridgHt** 和 **StoneBr** 都有不错的评价。

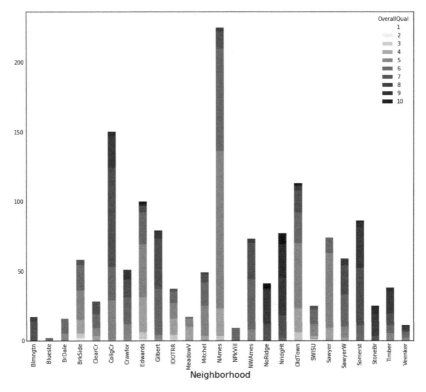

图 3.9 不同房屋位置的评价分布条状图

通过图 3.10，我们能够进一步看看不同位置房屋的 SalePrice 如何。

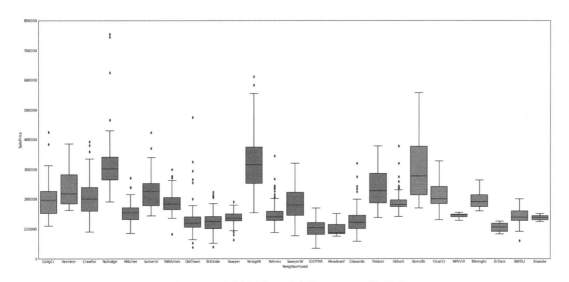

图 3.10 不同房屋位置对应的 SalePrice 箱形图

完全符合我们的直觉，高评价位置（**NoRidge**、**NridgHt** 和 **StoneBr**）对应高 **SalePrice**，这也说明房屋位置评价与房屋售价有比较强的相关性。除了能通过这样的分析证明原始特征与 **SalePrice** 强相关外，如何通过分析来构建新的特征呢？

既然房屋位置和房屋评价的组合能够出现更高售价的房屋，那么我们可以构造这两个类别特征的交叉组合特征来进行更细致的描述，也可以构造这个组合特征下的房屋均价等。

3.3 模型分析

3.3.1 学习曲线

学习曲线是机器学习中被广泛使用的效果评估工具，能够反映训练集和验证集在训练迭代中的分数变化情况，帮助我们快速了解模型的学习效果。我们可以通过学习曲线来观察模型是否过拟合，通过判断拟合程度来确定如何改进模型。

学习曲线广泛应用于机器学习中的模型评估，模型会随着训练迭代逐步学习（优化其内部参数），例如神经网络模型。这时用于评估学习的指标可能会最大化（分类准确率）或者最小化（回归误差），这也意味着得分越高（低）表示学习到的信息越多（少）。接下来，一起看一下在学习曲线图中观察到的一些常见形状。

- 欠拟合学习曲线

欠拟合是指模型无法学习到训练集中数据所展现的信息，这里可以通过训练损失的学习曲线来确定是否发生欠拟合。在通常情况下，欠拟合学习曲线可能是一条平坦的线或有着相对较高的损失，这也就表明该模型根本无法学习训练集。

图 3.11 展示了两类常见的欠拟合学习曲线，左图表示模型的拟合能力不够，右图表示需要通过进一步训练来降低损失。

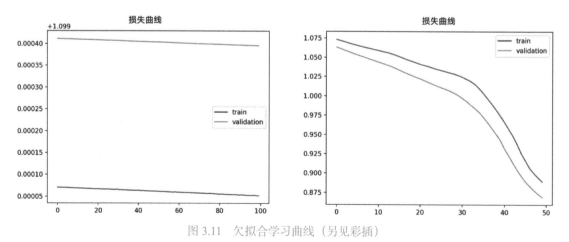

图 3.11 欠拟合学习曲线（另见彩插）

- 过拟合学习曲线

过拟合是指模型对训练集学习得很好，包括统计噪声或训练集中的随机波动。过拟合的问题在于，模型对训练数据的专业化程度越高，对新数据的泛化能力就越差，这就会导致泛化误差增加。泛化误差的增加可以通过模型在验证集上的表现来衡量。如果模型的容量超出了问题所需的容量，而灵活性又过多，则会经常发生这种情况；如果模型训练时间过长，也会发生这种情况。

如图 3.12 所示，左图展现的是过拟合学习曲线，可以看出验证集损失曲线减小到一个点时又开始增加，训练集的损失却在不停地减少。右图则是一个正常的学习曲线，既不存在欠拟合，也不存在过拟合。训练集和验证集的损失都可以降低到稳定点，并且两个最终损失值之间的差距很小，从而可以确定拟合程度良好。

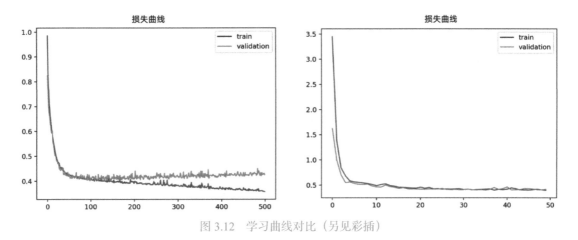

图 3.12　学习曲线对比（另见彩插）

3.3.2　特征重要性分析

通过模型训练可以得到特征重要性。对于树模型（比如 LightGBM 和 XGBoost），通过计算特征的信息增益或分裂次数得到特征的重要性得分。对于模型 LR 和 SVM，则是使用特征系数作为特征重要性得分，例如 LR，每个特征各对应一个特征系数 w，w 越大，那么该特征对模型预测结果的影响就会越大，就可以认为该特征越重要。我们假定特征重要性得分和特征系数 w 都是在衡量特征在模型中的重要性，都可以起到特征选择的作用。

对特征重要性的分析可用于业务理解，有些奇怪的特征在模型中起着关键的作用，可以帮助我们更好地理解业务。同时如果有些特征反常规，那么我们也可以看出来，可能它们就是过拟合的特征等。图 3.13 是 Lasso 模型训练中每个特征的系数情况，可以看出既有特征系数高的，也有特征正负相关的。

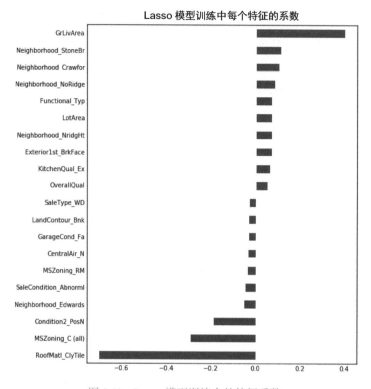

图 3.13 Lasso 模型训练中的特征系数

在图 3.13 中，与 **SalePrice** 具有最高正相关的特征是 **GrLivArea**（房屋居住面积），这是非常符合我们直觉的，房屋面积越大，售价自然也就越高。还有一些位置特征，比如街道 **StoneBr**、**NridgHt** 和 **NoRidge** 也起到了正向作用。当然，也存在很多负向的特征，这些消极的特征是没有太多意义的，通常可以直接剔除掉。

3.3.3 误差分析

误差分析是我们通过模型预测结果来发现问题的关键。一般而言，在回归问题中就是看预测结果的分布，在分类问题中就是看混淆矩阵等。这么做可以帮助我们找到模型对于哪些样本或哪类样本预测能力不够从而导致结果不准确，然后分析造成结果误差的可能因素，最终修正训练数据和模型。

在真实的问题中，误差分析会变得更加细致。比如，在进行一个用户违约预估的二分类任务中，验证集结果中有 200 个错误分类样本，进一步分析发现有 70% 的错误分类样本是由于大量特征缺失而导致的误判，这时就需要进行调整，既可以通过挖掘更多能够描述这些误判样本的特征信息帮助增强模型的预测能力，还可以在模型训练中赋予这些误判样本更高的权重。

3.4 思考练习

1. 本章只绘制了部分变量的可视化图，请尝试绘制其余变量的分布图，并进行观察。

2. 数据可视化的图表类型繁多，选择适合某种数据特点或分析目标的图表就变得有些困难，这里面包括趋势分析、多类比较、数据联系、数据分布等不同的分析目标，可以试着总结下不同图表所针对的数据特点和所展现的目标。

3. 如何绘制混淆矩阵的图像？怎么发现错误高的类别？

第4章

特征工程

在本章中，我们将向大家介绍在算法竞赛中工作量最大、决定参赛者能否拿到较好名次的关键部分——特征工程（Feature Engineering）。吴恩达老师在斯坦福大学 CS229 机器学习的课程中曾提到一句话："机器学习在本质上还是特征工程，数据和特征决定了机器学习的上限，而模型和算法只是逼近这个上限而已。"由此可见特征工程的重要性，基本上参赛者会将 80% 的时间和精力用来搭建特征工程。在机器学习应用中，特征工程介于数据和算法之间，特征工程是将原始数据转化为特征，进而使我们能够从各种各样新的维度来对样本进行刻画。特征可以更好地向预测模型描述潜在的问题，从而提高模型对未见数据进行预测分析的准确性。高质量的特征有助于提高模型整体的泛化性能，特征在很大程度上与基本问题相关联。特征工程既是一门科学，也是一门有趣的艺术，这也是数据科学家在建模之前要把大量时间花在数据准备上的原因，并且乐此不疲。

特征工程主要分为数据预处理、特征变换、特征提取、特征选择这四个部分。在本章中，我们也将从这四个部分介绍特征工程的对应工作，同时给出使用技巧和应用代码。

4.1 数据预处理

在算法竞赛中，我们拿到的数据集可能包含大量错漏信息，既可能因为人工录入错误导致异常点存在使得数据变"脏"，也可能有些样本信息没办法在实际中采集到，这些错漏信息非常不利于模型训练，会使模型没办法从数据集中学到较为准确的规律。所以在大多数情况下，初始数据基本上是不能直接用于模型训练的，或者即使用了，也只能得到一个比较糟糕的结果。如果主办方提供的数据足够好，那么参赛者真的是十分幸福了。数据质量直接决定了模型的准确性和泛化能力的高低，同时在构造特征时也会影响其顺畅性。因此，在竞赛提供的数据质量不高的情况下，就需要对数据进行预处理，对各种脏数据进行对应方式的处理，从而得到标准的、干净的、连续的数据，供数据统计、数据挖掘等使用。同时，我们也要视情况尝试对缺失值进行处理，比如是否需要进行填补，如果填补的话，是填补均值还是中位数等。此外，有些竞赛提供的数据以及对应的存储方式可能使得需要占用超过参赛者本身硬件条件的内存，因此有必要进行一定的内存优化，这也有助于在有限的内存空间中对更大的数据集进行操作。

4.1.1　缺失值处理

无论是在竞赛还是在实际问题中，经常会遇到数据集存在数据缺失的情况。例如，信息无法收集、系统出现故障或者用户拒绝分享他们的信息等导致数据缺失。面对数据缺失问题，除了 XGBoost 和 LightGBM 等算法在训练时可以直接处理缺失值以外，其他很多算法（如 LR、DNN、CNN、RNN 等）并不能对缺失值进行直接处理。在数据准备阶段，要比构建算法阶段花费更多的时间，因为像填补缺失值这样的操作需要细致处理，以免在处理过程中出现错误并影响模型训练效果。

- 区分缺失值

首先，参赛者需要找到缺失值的表现形式。缺失值的表现除了 None、NA 和 NaN 这些，还包括其他用于表示数值缺失的特殊数值，例如使用 –1 或者 –999 来填充的缺失值。还有一种是看着像缺失值，却有实际意义的业务，这种情况就需要特殊对待。例如，没有填写"婚姻状态"这一项的用户可能对自己的隐私比较敏感，应为其单独设为一个分类，比如用值 1 表示已婚，值 0 表示未婚，值 –1 表示未填；没有填写"驾龄"这一项的用户可能是没有车，为其填充 0 比较合理。当找出缺失值后，就需要根据不同应用场景下缺失值可能包含的信息进行合理填充。

- 处理方法

数据缺失可以分为类别特征的缺失和数值特征的缺失两种，它们的填充方法存在很大的差异。对于类别特征，通常会填充一个新类别，可以是 0、–1、负无穷等。对于数值特征，最基本的方法是均值填充，不过这个方法对异常值比较敏感，所以可以选择中位数进行填充，这个方法对异常值不敏感。另外，就是在进行数据填充的时候，一定要考虑所选择的填充方法会不会影响数据的准确性。对填充方法的总结如下。

- □ **对于类别特征**：可以选择最常见的一类填充方法，即填充众数；或者直接填充一个新类别，比如 0、–1、负无穷。
- □ **对于数值特征**：可以填充平均数、中位数、众数、最大值、最小值等。具体选择哪种统计值，需要具体问题具体分析。
- □ **对于有序数据（比如时间序列）**：可以填充相邻值 next 或者 previous。
- □ **模型预测填充**：普通的填充只是一个结果的常态，并未考虑其他特征之间相互作用的影响，可以对含有缺失值的那一列进行建模并预测其中缺失值的结果。虽然这种方法比较复杂，但是最后得到的结果直觉上比直接填充要好，不过在实际竞赛中的效果则需要具体检验。

4.1.2　异常值处理

在实际数据中，常常会发现某个或某些字段（特征）根据某个变量（比如时间序列问题中的时间）排序后，经观察发现存在一些数值远远高于或低于其一定范围内的其他数值。还有一些不符合常态的存在，例如广告点击用户中出现年龄为 0 或超过 100 的情况。这些我们都可以当作异常值，它们的存在可能会给算法性能带来负作用。

● 寻找异常值

在处理异常值之前，首先需要找出异常值，这里我们针对数值特征的异常值总结了两种常用的方法。

第一种是通过可视化分析的方法来发现异常值。简单使用散点图，我们能很清晰地观察到异常值的存在，严重偏离密集区域的点都可以当作异常值来处理，如图 4.1 所示。

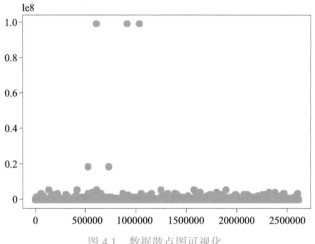

图 4.1　数据散点图可视化

第二种是通过简单的统计分析来发现异常值，即根据基本的统计方法来判断数据是否存在异常。例如，四分位数间距、极差、均差、标准差等，这种方法适合于挖掘单变量的数值型数据，如图 4.2 所示。

扩展考虑

离散型异常值（离散属性定义范围以外的所有值均为异常值）、知识型异常值（比如身高 10 米）等，都可以当作类别缺失值来处理。

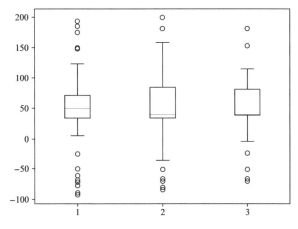

图 4.2　四分位数间距箱形图

- 处理异常值

  - **删除含有异常值的记录**。这种办法的优点是可以消除含有异常值的样本带来的不确定性，缺点是减少了样本量。

  - **视为缺失值**。将异常值视为缺失值，利用缺失值处理的方法进行处理。这种办法的优点是将异常值集中化为一类，增加了数据的可用性；缺点是将异常值和缺失值混为一谈，会影响数据的准确性。

  - **平均值（中位数）修正**。可用对应同类别的数值使用平均值修正该异常值，优缺点同"视为缺失值"。

  - **不处理**。直接在具有异常值的数据集上进行数据挖掘。这种办法的效果好坏取决于异常值的来源，若异常值是录入错误造成的，则对数据挖掘的效果会产生负面影响；若异常值只是对真实情况的记录，则直接进行数据挖掘能够保留最真实可信的信息。

4.1.3　优化内存

在参加机器学习相关竞赛时，赛题涉及的数据往往较大，并且参赛者自身的计算机硬件条件有限，所以常常会因为内存不够导致代码出现 memory error，给参赛者带来困扰。因此，有必要介绍一些有助于优化内存的方法，最大限度地运行代码。这里我们将介绍 Python 的内存回收机制和数值类型优化这两种常见方法。

  - **内存回收机制**。在 Python 的内存回收机制中，gc 模块主要运用"引用计数"来跟踪和回收垃圾。在引用计数的基础上，还可以通过"标记清除"解决容器对象可能产生的循环引用问题，通过"隔代回收"以空间换取时间来进一步提高垃圾回收的效率。一般来说，在我们删除一些变量时，使用 `gc.collect()` 来释放内存。

□ **数值类型优化**。竞赛中常使用的数据保存格式是 csv 以及 txt，在进行处理时，需要将其读取为表格型数据，即 DataFrame 格式。这就需要利用 pandas 工具包进行操作，pandas 可以在底层将数值型数据表示成 NumPy 数组，并使之在内存中连续存储。这种存储方式不仅消耗的空间较少，并且允许我们快速访问数据。由于 pandas 使用相同数量的字节来表示同一类型的每一个值，并且 NumPy 数组存储着这些值的数量，所以 pandas 能够快速、准确地返回数值型列消耗的字节量。

pandas 中的许多数据类型具有多个子类型，它们可以使用较少的字节表示不同数据。比如，float 类型有 float16、float32 和 float64 这些子类型。这些类型名称的数字部分表明了这种类型使用多少比特来表示数据。一个 int8 类型的数据使用 1B（8bit）存储一个值，可以表示 256（2^8）个二进制数值，这意味着我们可以用这种子类型去表示 –128 和 127（包括 0）之间的数值。

我们可以用 np.iinfo 类来确认每一个 int 型子类型的最小值和最大值，代码如下：

```
import numpy as np
np.iinfo(np.int8).min
np.iinfo(np.int8).max
```

然后，我们可以通过选择某列特征的最小值和最大值来判断特征所属的子类型，代码如下：

```
c_min = df[col].min()
c_max = df[col].max()
if c_min > np.iinfo(np.int8).min and c_max < np.iinfo(np.int8).max:
    df[col] = df[col].astype(np.int8)
```

此外，在不影响模型泛化性能的情况下，对于类别型的变量，若其编码 ID 的数字较大、极不连续而且种类较少，则可以重新从 0 开始编码（自然数编码），这样也能减少变量的内存占用。而对于数值型的变量，常常由于存在浮点数使得内存占用过多，可以考虑先将其最小值和最大值归一化，然后乘以 100、1000 等，之后取整，这样不仅可以保留同一变量之间的大小关系，还极大地减少了内存占用。

4.2 特征变换

数据预处理结束之后，有时参赛者还需要对特征进行一些数值变换，且在实际竞赛中，很多原始特征并不能直接使用，这时就需要进行一定的调整，以帮助参赛者更好地构造特征。

4.2.1 连续变量无量纲化

无量纲化指的是将不同规格的数据转换到同一规格。常见的无量纲化方法有标准化和区间缩放法。标准化的前提是特征值服从正态分布，标准化后，特征值服从标准正态分布。区间缩放法利用了边界值信息，将特征的取值区间缩放到某个特定的范围，例如 [0, 1]。

单特征转换是构建一些模型（如线性回归、KNN、神经网络）的关键，对决策树相关模型没有影响，这也是决策树及其所有衍生算法（随机森林、梯度提升）日益流行的原因之一。还有一些纯粹的工程原因，即在进行回归预测时，对目标取对数处理，不仅可以缩小数据范围，而且压缩变量尺度使数据更平稳。这种转换方式仅是一个特殊情况，通常由使数据集适应算法要求的愿望驱动。

然而，数据要求不仅是通过参数化方法施加的。如果特征没有被规范化，例如当一个特征的分布位于 0 附近且范围不超过 (−1, 1)，而另一个特征的分布范围在数十万数量级时，会导致分布位于 0 附近的特征变得完全无用。

举一个简单的例子：假设任务是根据房间数量和到市中心的距离这两个变量来预测公寓的成本。公寓房间数量一般很少超过 5 间，而到市中心的距离很容易达到几千米。此刻，使用线性回归或者 KNN 这类模型是不可以的，需要对这两个变量进行归一化处理。

- **标准化**。最简单的转换是标准化（或零－均值规范化）。标准化需要计算特征的均值和标准差，其公式表达如式 (4-1)：

$$x' = \frac{x - \mu}{\sigma} \tag{4-1}$$

其中 μ 是均值，σ 是标准差。

- **区间缩放**。区间缩放的思路有多种，常见的一种是利用两个最值进行缩放，可使所有点都缩放在预定的范围内，即 [0, 1]。区间缩放的公式表达如式 (4-2)：

$$X_{\mathrm{norm}} = \frac{X - X_{\min}}{X_{\max} - X_{\min}} \tag{4-2}$$

4.2.2　连续变量数据变换

- log 变换

进行 log 变换可以将倾斜数据变得接近正态分布，这是因为大多数机器学习模型不能很好地处理非正态分布的数据，比如右倾数据。可以应用 $\log(x+1)$ 变换来修正倾斜，其中加 1 的目的是防止数据等于 0，同时保证 x 都是正的。取对数不会改变数据的性质和相关关系，但是压缩了变量的尺度，不仅数据更加平稳，还削弱了模型的共线性、异方差性等。

扩展学习

cbox-cox 变换——自动寻找最佳正态分布变换函数的方法。此方法在竞赛中并不常用，有兴趣的读者可以了解一下。

● 连续变量离散化

离散化后的特征对异常数据有很强的健壮性，更便于探索数据的相关性。例如，把年龄特征离散化后的结果是：如果年龄大于 30，则为 1，否则为 0。如果此特征没有离散化，那么一个异常数据"年龄 300 岁"会给模型造成很大的干扰。离散化后，我们也能对特征进行交叉组合。常用的离散化分为无监督和有监督两种。

□ **无监督的离散化**。分桶操作可以将连续变量离散化，同时使数据平滑，即降低噪声的影响。一般分为等频和等距两种分桶方式。

■ **等频**。区间的边界值要经过选择，使得每个区间包含数量大致相等的变量实例。比如分成 10 个区间，那么每个区间应该包含大约 10% 的实例。这种分桶方式可以将数据变换成均匀分布。

■ **等距**。将实例从最小值到最大值，均分为 N 等份，每份的间距是相等的。这里只考虑边界，每等份的实例数量可能不等。等距可以保持数据原有的分布，并且区间越多对数据原貌保持得越好。

□ **有监督的离散化**。这类方法对目标有很好的区分能力，常用的是使用树模型返回叶子节点来进行离散化。在图 4.3 所示的 GBDT + LR 经典模型中，就是先使用 GDBT 来将连续值转化为离散值。具体方法：用训练集中的所有连续值和标签输出来训练 LightGBM，共训练两棵决策树，第一棵树有 4 个叶子节点，第二棵树有 3 个叶子节点。如果某一个样本落在第一棵树的第三个叶子节点上，落在第二棵树的第一个叶子节点上，那么它的编码就是 0010 100，一共 7 个离散特征，其中会有两个取值为 1 的位置，分别对应每棵树中样本落点的位置。最终我们会获得 num_trees*num_leaves 维特征。

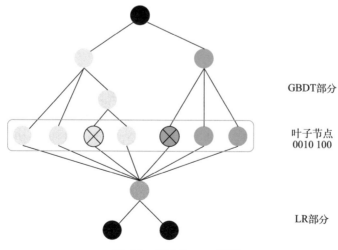

图 4.3 GBDT + LR 模型

4.2.3 类别特征转换

在实际数据中，特征并不总是数值，还有可能是类别。对于离散型的类别特征进行编码，一般分为两种情况：自然数编码（特征有意义）和独热编码（特征没有意义）。

❑ **自然数编码**。一列有意义的类别特征（即有顺序关系）可以用自然数进行编码，利用自然数的大小关系可以保留其顺序关系。此外，当特征不是用数字而是用字母或符号等表示时，是无法直接被"喂"到模型里作为训练标签的，比如年龄段、学历等，这时候就需要先把特征取值转换成数字。如果一列类别特征里有 K 个取值，那么经过自然数编码后，可以得到取值为 $\{0, 1, 2, 3, \cdots, K-1\}$ 的数字，即给每一个类别分别分配一个编号。这样做的优点是内存消耗小、训练时间快，缺点是可能会丢失部分特征信息。下面将给出两种自然数编码的常用方式。

■ 调用 sklearn 中的函数：

```python
from sklearn import preprocessing
for f in columns:
    le = preprocessing.LabelEncoder()
    le.fit(data[f])
```

■ 自定义实现（速度快）：

```python
for f in columns:
    data[f] = data[f].fillna(-999)
    data[f] = data[f].map(dict(zip(data[f].unique(), range(0, data[f].nunique()))))
```

❑ **独热编码**。当类别特征没有意义（即没有顺序关系）时，需要使用独热编码。例如，红色＞蓝色＞绿色不代表任何东西，进行独热编码后，每个特征的取值对应一维特征，最后得到的是一个样本数 × 类别数大小的 0~1 矩阵。可以直接调用 sklearn 中的 API。

4.2.4 不规则特征变换

除了数值特征与类别特征之外，还有一类不规则特征可能包含样本的很多信息，比如身份证号。由百度百科查得，根据《中华人民共和国国家标准 GB 11643—1999》中有关公民身份号码的规定，公民身份号码是特征组合码，由十七位数字本体码和一位数字校验码组成，排列顺序从左至右依次为：六位数字地址码、八位数字出生日期码、三位数字顺序码和一位数字校验码。其中顺序码的奇数分给男性，偶数分给女性。校验码是根据前面十七位数字码，按照 ISO 7064:1983.MOD 11-2 校验码计算出来的检验码。因此，我们可以从身份证号获得用户的出生地、年龄、性别等信息。当然，身份证号涉及用户隐私，在竞赛中主办方不可能提供这个信息，在此仅作为举例。

4.3 特征提取

机器学习模型很难识别复杂的模式，特别是很难学习到由不同特征组合交互的信息，所以我们可以基于对数据集的直觉分析和业务理解创建一些特征来帮助模型有效学习。下面我们将介绍结构化数据的特征提取方式。（结构化数据由明确定义的数据类型组成，非结构化数据由音频、视频和图片等不容易搜索的数据组成。）

4.3.1 类别相关的统计特征

类别特征又可以称为离散特征，除了每个类别属性的特定含义外，还可以构造连续型的统计特征，以挖掘更多有价值的信息，比如构造目标编码、count、nunique 和 ratio 等特征。另外，也可以通过类别特征间的交叉组合构造更加细粒度的特征。

- 目标编码

目标编码可以理解为用目标变量（标签）的统计量对类别特征进行编码，即根据目标变量进行有监督的特征构造。如果是分类问题，可以统计正样本个数、负样本个数或者正负样本的比例；如果是回归问题，则可以统计目标均值、中位数和最值。目标编码方式可以很好地替代类别特征，或者作为新特征。

使用目标变量时，非常重要的一点是不能泄露任何验证集的信息。所有基于目标编码的特征都应该在训练集上计算，测试集则由完整的训练集来构造。更严格一点，我们在统计训练集的特征时，需要采用 K 折交叉统计法构造目标编码特征，从而最大限度地防止信息泄露。如图 4.4 所示，我们将样本划分为五份，对于其中每一份数据，我们都将用另外四份来计算每个类别取值对应目标变量的频次、比例或者均值，简单来说就是未知的数据（一份）在已知的数据（四份）里面取特征。

图 4.4 五折交叉统计构造特征

目标编码方法对于基数较低的类别特征通常很有效，但对于基数较高的类别特征，可能会有过拟合的风险。因为会存在一些类别出现频次非常低，统计出来的结果不具有代表性。一般我们会加入平滑性来降低过拟合风险。在处置妥当的情况下，无论是线性模型，还是非线性模型，目标编码都是最佳的编码方式和特征构造方式。为了帮助大家更好地理解，下面给出五折交叉统计的代码实现：

```
folds = KFold(n_splits=5, shuffle=True, random_state=2020)
for col in columns:
    colname = col+'_kfold'
    for fold_, (trn_idx, val_idx) in enumerate(folds.split(train, train)):
        tmp = train.iloc[trn_idx]
        order_label = tmp.groupby([col])['label'].mean()
        train[colname] = train[col].map(order_label)
    order_label = train.groupby([col])['label'].mean()
    test[colname] = test[col].map(order_label)
```

- count、nunique、ratio

这三类是竞赛中类别特征经常使用的构造方式。count（计数特征）用于统计类别特征的出现频次。nunique 和 ratio 的构造相对复杂一些，经常会涉及多个类别特征的联合构造，例如在广告点击率预测问题中，对于用户 ID 和广告 ID，使用 nunique 可以反映用户对广告的兴趣宽度，也就是统计用户 ID 看过几种广告 ID；使用 ratio 可以反映用户对某类广告的偏好程度，也就是统计用户 ID 点击某类广告 ID 的频次占用户点击所有广告 ID 频次的比例。当然，这也适用于其他问题，比如恶意攻击、反欺诈和信用评分这类需要构造行为信息或分布信息描述的问题。

- 类别特征之间交叉组合

交叉组合能够描述更细粒度的内容。对类别特征进行交叉组合在竞赛中是一项非常重要的工作，这样可以进行很好的非线性特征拟合。如图 4.5 所示，用户年龄和用户性别可以组合成"年龄_性别"这样的新特征。一般我们可以对两个类别或三个类别特征进行组合，也称作二阶组合或三阶组合。简单来说，就是对两个类别特征进行笛卡儿积的操作，产生新的类别特征。在实际数据中，可能会有很多类别特征。如果有 10 种类别特征并考虑所有的二阶交叉组合，则能够产生 45 种组合。

并非所有组合都是需要考虑的，我们会从两个方面进行分析。首先是业务逻辑方面，比如用户操作系统版本与用户所在城市的组合是没有实际意义的。然后是类别特征的基数，如果基数过大，那么可能会导致很多类别只会出现一次，在一轮训练中，每个类别只会被训练一次，显然特征对应权重的置信度是很低的。

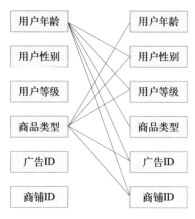

图 4.5   类别特征之间交叉组合

4.3.2   数值相关的统计特征

这里所说的数值特征，我们认为是连续的，例如房价、销量、点击次数、评论次数和温度等。不同于类别特征，数值特征的大小是有意义的，通常不需要处理就可以直接"喂"给模型进行训练。除了在前面对数值特征进行各种变换外，还存在一些其他常见的数值特征构造方式。

- **数值特征之间的交叉组合**。不同于类别特征之间的交叉组合，一般对数值特征进行加减乘除等算术操作类的交叉组合。这需要我们结合业务理解和数据分析进行构造，而不是一拍脑袋式的暴力构造。例如给出房屋大小（单位为平方米）和售价，就可以构造每平方米的均价；又或者给出用户过去三个月每月的消费金额，就可以构造这三个月的总消费金额和平均消费金额，以反映用户的整体消费能力。
- **类别特征和数值特征之间的交叉组合**。除了类别特征之间和数值特征之间的交叉组合外，还可以构造类别特征与数值特征之间的交叉组合。这类特征通常是在类别特征的某个类别中计算数值特征的一些统计量，比如均值、中位数和最值等。
- **按行统计相关特征**。这种方式有点类似特征交叉，都是将多列特征的信息组合起来。但是行统计在构造时会包含更多的列，直接对多列按行进行统计，例如按行统计 0 的个数、空值个数和正负值个数，又或是均值、中位数、最值或者求和等。多列特征可能是每个月的消费金额、用电量，在工业数据上可以是化学实验各阶段的温度、浓度等。对于这些含有多列相关特征的数据，我们都需要分析多列数值的变化情况，并从中提取有价值的特征。

4.3.3   时间特征

在实际数据中，通常给出的时间特征是时间戳属性，所以首先需要将其分离成多个维度，比如年、月、日、小时、分钟、秒钟。如果你的数据源来自不同的地理数据源，还需要利用时区将数据标准化。除了分离出来的基本时间特征以外，还可以构造时间差特征，即计算出各个样本的时间与未来某一个时间的数值差距，这样这个差距是 UTC 的时间差，从而将时间特征转化为连续值，比如用户首次行为日期与用户注册日期的时间差、用户当前行为与用户上次行为的时间差等。

4.3.4 多值特征

在实际竞赛中，可能会遇到某一列特征中每行都包含多个属性的情况，这就是多值特征。例如 2018 腾讯广告算法大赛中的兴趣（interest）类目，其中包含 5 个兴趣特征组，每个兴趣特征组都包含若干个兴趣 ID。对于多值特征，通常可以进行稀疏化或者向量化的处理，这种操作一般出现在自然语言处理中，比如文本分词后使用 TF-IDF、LDA、NMF 等方式进行处理，这里则可以将多值特征看作文本分词后的结果，然后做相同的处理。

如图 4.6 所示，对多值特征最基本的处理办法是完全展开，即把这列特征所包含的 n 个属性展开成 n 维稀疏矩阵。使用 sklearn 中的 CountVectorizer 函数，可以方便地将多值特征展开，只考虑每个属性在这个特征的出现频次。

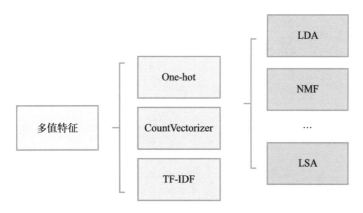

图 4.6　多值特征处理方法

还有一种情况，比如在 2020 腾讯广告算法大赛中，需要根据用户的历史点击行为预测用户的属性标签。这时候用户的点击序列尤为重要，当我们构造好用户对应的历史点击序列后，除了使用上述的 TF-IDF 等方法外，还可以提取点击序列中商品或广告的嵌入表示，比如用 Word2Vec、DeepWalk 等方法获取 embedding 向量表示。因为要提取用户单个特征，所以可以对序列中的嵌入向量进行聚合统计，这种方法本质上是假设用户点击过的商品或广告同等重要，是一种比较粗糙的处理方式。我们可以引入时间衰减因素，或者使用序列模型，如 RNN、LSTN、GRU，套用 NLP 的方法进行求解。

到目前，已经给出了基本类型特征的构造方式。当然，还有很多类型没有讲到，比如空间特征、时间序列特征和文本特征，以及聚类和降维等方法，我们将在后面的章节中结合具体问题再详细介绍。

4.4   特征选择

如图 4.7 所示，当我们添加新特征时，需要验证它是否确实能够提高模型预测的准确度，以确定不是加入了无用的特征，因为这样只会增加算法运算的复杂度，这时候就需要通过特征选择算法自动选择出特征集中的最优子集，帮助模型提供更好的性能。特征选择算法用于从数据中识别并删除不需要、不相关以及冗余的特征，这些特征可能会降低模型的准确度和性能。特征选择的方法主要有先验的特征关联性分析以及后验的特征重要性分析。

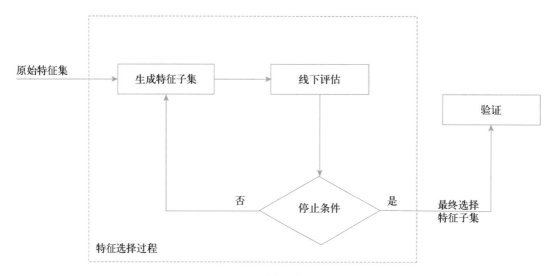

图 4.7   特征选择过程

4.4.1   特征关联性分析

特征关联性分析是使用统计量来为特征之间的相关性进行评分。特征按照分数进行排序，要么保留，要么从数据集中删除。关联性分析方法通常是针对单变量的，并且独立考虑特征或者因变量。常见的特征关联性分析方法有皮尔逊相关系数、卡方检验、互信息法和信息增益等。这些方法的速度非常快，用起来也比较方便，不过忽略了特征之间的关系，以及特征和模型之间的关系。

❑ **皮尔逊相关系数**（Pearson correlation coefficient）。这种方法不仅可以衡量变量之间的线性相关性，解决共线变量问题，还可以衡量特征与标签的相关性。共线变量是指变量之间存在高度相关关系，这会降低模型的学习可用性、可解释性以及测试集的泛化性能。很明显，这三个特性都是我们想要增加的，所以删除共线变量是一个有价值的步骤。我们将为删除共线变量建立一个基本的阈值（根据想要保留的特征数量来定），然后从高于该阈值的任何一对变量中删除一个。

下面的代码用于解决特征与标签不具有相关性的问题，根据皮尔逊相关系数的计算提取top300 的相似特征：

```
def feature_select_pearson(train, features):
    featureSelect = features[:]
    # 进行皮尔逊相关性计算
    corr = []
    for feat in featureSelect:
        corr.append(abs(train[[feat, 'target']].fillna(0).corr().values[0][1]))

    se = pd.Series(corr, index=featureSelect).sort_values(ascending=False)
    feature_select = se[:300].index.tolist()
    # 返回特征选择后的训练集
    return train[feature_select]
```

❑ **卡方检验**。它用于检验特征变量与因变量的相关性。对于分类问题，一般假设与标签独立的特征为无关特征，而卡方检验恰好可以进行独立性检验，所以适用于特征选择。如果检验结果是某个特征与标签独立，则可以去除该特征。卡方公式如式 (4-3)：

$$\chi^2 = \sum \frac{(A-E)^2}{E} \tag{4-3}$$

❑ **互信息法**。互信息是对一个联合分布中两个变量之间相互影响关系的度量，也可以用来评价两个变量之间的相关性。互信息法之所以能用于特征选择，可以从两个角度进行解释：基于 KL 散度和基于信息增益。互信息越大说明两个变量相关性越高。互信息公式如式 (4-4)：

$$\mathrm{MI}(x_i, y) = \sum_{x_i \in \{0,1\}} \sum_{y \in \{0,1\}} p(x_i, y) \log\left(\frac{p(x_i, y)}{p(x_i)p(y)}\right) \tag{4-4}$$

这里的 $p(x_i, y)$、$p(x_i)$ 和 $p(y)$ 都是从训练集上得到的。想把互信息直接用于特征选择其实不是太方便，其主要原因有以下两点。

■ 它不属于度量方式，也没有办法归一化，无法对不同数据集上的结果进行比较。

■ 对于连续变量的计算不是很方便（X 和 Y 都是集合，x_i、y 都是离散的取值），通常连续变量需要先离散化，而互信息的结果对离散化的方式很敏感。

4.4.2　特征重要性分析

在实际竞赛中，经常用到的一种特征选择方法是基于树模型评估特征的重要性分数。特征的重要性分数越高，说明特征在模型中被用来构建决策树的次数越多。这里我们以 XGBoost 为例来介绍树模型评估特征重要性的三种计算方法（weight、gain 和 cover）。（LightGBM 也可以返回特征重要性。）

- weight 计算方式。该方法比较简单，计算特征在所有树中被选为分裂特征的次数，并将此作为评估特征重要性的依据，代码示例如下：

```
params = {
    'max_depth': 10,
    'subsample': 1,
    'verbose_eval': True,
    'seed': 12,
    'objective':'binary:logistic'
}
xgtrain = xgb.DMatrix(x, label=y)
bst = xgb.train(params, xgtrain, num_boost_round=10)
importance = bst.get_score(fmap = '',importance_type='weight')
```

- gain 计算方式。gain 表示平均增益。在进行特征重要性评估时，使用 gain 表示特征在所有树中作为分裂节点的信息增益之和再除以该特征出现的频次。代码示例如下：

```
importance = bst.get_score(fmap = '',importance_type='gain')
```

- cover 计算方式。cover 较复杂些，其具体含义是特征对每棵树的覆盖率，即特征被分到该节点的样本的二阶导数之和，而特征度量的标准就是平均覆盖率值。代码示例如下：

```
importance = bst.get_score(fmap = '',importance_type='cover')
```

使用技巧

虽然特征重要性可以帮助我们快速分析特征在模型训练过程中的重要性，但不能将其当作绝对的参考依据。一般而言，只要特征不会导致过拟合，我们就可以选择重要性高的特征进行分析和扩展，对于重要性低的特征，可以考虑将之从特征集中移除，然后观察线下效果，再做进一步判断。

4.4.3　封装方法

封装方法是一个比较耗时的特征选择方法。可以将对一组特征的选择视作一个搜索问题，在这个问题中，通过准备、评估不同的组合并对这些组合进行比较，从而找出最优的特征子集。

搜索过程可以是系统性的，比如最佳优先搜索；也可以是随机的，比如随机爬山算法，或者启发式方法，比如通过向前和向后搜索来添加和删除特征（类似前剪枝和后剪枝算法）。下面介绍两种常用的封装方法。

❑ **启发式方法**。启发式方法分为两种：前向搜索和后向搜索。前向搜索说白了就是每次增量地从剩余未选中的特征中选出一个并将其加入特征集中，待特征集中的特征数量达到初设阈值时，意味着贪心地选出了错误率最小的特征子集。既然有增量加，就会有增量减，后者称为后向搜索，即从特征全集开始，每次删除其中的一个特征并评价，直到特征集中的特征数量达到初设阈值，就选出了最佳的特征子集。

我们还可以在此基础上进行扩展。因为启发式方法会导致局部最优，所以加入模拟退火方式进行改善，这种方式不会因为新加入的特征不能改善效果而舍弃该特征，而是对其添加权重后放入已选特征集。

这种启发式方法在竞赛中尝试过，是比较耗时、耗资源的操作，一般而言可以在线上线下增益一致且数据集量级不大的情况下使用。

❑ **递归消除特征法**。递归消除特征法使用一个基模型来进行多轮训练，每轮训练都会先消除若干权值系数的特征，再基于新特征集进行下一轮训练。可以使用 `feature_selection` 库的 RFE 类来进行特征选择。代码示例如下：

```
from sklearn.feature_selection import RFE
from sklearn.linear_model import LogisticRegression
# 递归消除特征法，返回特征选择后的数据
# 参数 estimator 为基模型
# 参数 n_features_to_select 为选择的特征个数
RFE(estimator=LogisticRegression(),n_features_to_select=2).fit_transform(data, target)
```

使用技巧

在使用封装方法进行特征选择时，用全量数据训练并不是最明智的选择。应先对大数据进行采样，再对小数据使用封装方法。

上述三种特征选择方法需要根据实际问题选择或者组合使用，建议优先考虑特征重要性，其次是特征关联性。另外，还有一些不常见的特征选择方法，比如 Kaggle 上非常经典的 null importance 特征选择方式。

模型有时其实很蠢，很多和目标标签根本没有关联的特征，它也可以将之和目标标签关联上，这种被虚假关联到测试集上的特征会导致过拟合，从而产生负面影响。之后特征重要性分析就会变得不那么可靠，那么该如何在特征重要性分析中区分某个特征是否有用呢？

null importance 的思想其实很简单，就是将构建好的特征和正确的标签喂入树模型得到一个特征重要性分数，再将特征和打乱后的标签喂入树模型得到一个特征重要性分数，然后对比这两个分数，如果前者没有超过后者，那么这个特征就是一个无用的特征。

4.5 实战案例

有了第 2 章和第 3 章的内容铺垫，接下来我们就可以进行特征工程部分的实战操作了。这里主要是对本章所学内容的简单回顾，但也存在很多平时用不到的特征工程技巧，不过请放心，在后面的竞赛实战环节，我们会进行更加详细的应用演练。

4.5.1 数据预处理

本阶段的主要工作是数据清洗，对缺失值和异常值进行及时处理。执行下面的代码进行基本的数据读取，删除缺失值比例大于 50% 的特征列，并对 object 型的缺失特征进行填充：

```
test = pd.read_csv("../input/test.csv")
train = pd.read_csv("../input/train.csv")
ntrain = train.shape[0]
ntest = test.shape[0]

data = pd.concat([train, test], axis=0, sort=False)
# 删除缺失值比例大于 50% 的特征列
missing_cols = [c for c in data if data[c].isna().mean()*100 > 50]
data = data.drop(missing_cols, axis=1)

# 对 object 型的缺失特征进行填充
object_df = data.select_dtypes(include=['object'])
numerical_df = data.select_dtypes(exclude=['object'])

object_df = object_df.fillna('unknow')
```

接下来，对数值型特征用中位数进行填充：

```
missing_cols = [c for c in numerical_df if numerical_df[c].isna().sum() > 0]
for c in missing_cols:
    numerical_df[c] = numerical_df[c].fillna(numerical_df[c].median())
```

对于特征中属性的分布极其不均衡，比如存在某个属性占比超过 95%，这时也要考虑是否将其删除。图 4.8 所示的街道（Street）就是这一类特征，其他的比如有 Heating、RoofMatl、Condition2 和 Utilities。

图 4.8 街道分布展示

下面为特征删除代码:

```
object_df = object_df.drop(['Heating','RoofMatl','Condition2','Street','Utilities'],axis=1)
```

4.5.2 特征提取

特征提取阶段将从多个角度进行具体的特征构造,并且构造的每个特征都具有实际的意义。

● 基本特征构造

房屋建筑年龄也是影响房屋价格的一个因素,在构建这个特征时,发现存在销售日期(YrSold)小于建造日期(YearBuilt)的数据,针对这种异常情况需要进行调整。具体地,将异常数据的销售日期改为数据集中销售日期的最大年份(2009)。下面是构建特征的具体代码:

```
numerical_df.loc[numerical_df['YrSold'] < numerical_df['YearBuilt'], 'YrSold' ] = 2009
numerical_df['Age_House']= (numerical_df['YrSold'] - numerical_df['YearBuilt'])
```

接下来构造业务相关特征,比如对原始特征中的浴池(BsmtFullBath)和半浴池(BsmtHalfBath)进行求和,对全浴(FullBath)和半浴(HalfBath)求和,对一楼面积(1stFlrSF)和二楼面积(2ndFlrSF)以及地下室面积求和,来表示房屋的结构信息。代码如下:

```
numerical_df['TotalBsmtBath'] = numerical_df['BsmtFullBath'] +
    numerical_df['BsmtHalfBath']*0.5
numerical_df['TotalBath'] = numerical_df['FullBath'] + numerical_df['HalfBath']*0.5
numerical_df['TotalSA'] = numerical_df['TotalBsmtSF'] + numerical_df['1stFlrSF'] +
    numerical_df['2ndFlrSF']
```

● 特征编码

由于 object 类特征不能直接参与模型训练,需要先进行编码处理,而类别特征的编码方法非常多,因此如何选择编码方法就成为了关键。

首先，需要区分类别特征：对于存在大小关系的序数特征，可以进行 0-*N* 的映射转换，即自然数编码；对于没有大小关系的特征，则可以进行独热编码（one-hot）处理，或者频次（count）编码。特征提取的代码如下：

```python
bin_map   = {'TA':2,'Gd':3, 'Fa':1,'Ex':4,'Po':1,'None':0,
             'Y':1,'N':0,'Reg':3,'IR1':2,'IR2':1,
             'IR3':0,"None" : 0,"No" : 2, "Mn" : 2,
             "Av": 3,"Gd" : 4,"Unf" : 1, "LwQ": 2,
             "Rec" : 3,"BLQ" : 4, "ALQ" : 5, "GLQ" : 6}
object_df['ExterQual'] = object_df['ExterQual'].map(bin_map)
object_df['ExterCond'] = object_df['ExterCond'].map(bin_map)
object_df['BsmtCond'] = object_df['BsmtCond'].map(bin_map)
object_df['BsmtQual'] = object_df['BsmtQual'].map(bin_map)
object_df['HeatingQC'] = object_df['HeatingQC'].map(bin_map)
object_df['KitchenQual'] = object_df['KitchenQual'].map(bin_map)
object_df['FireplaceQu'] = object_df['FireplaceQu'].map(bin_map)
object_df['GarageQual'] = object_df['GarageQual'].map(bin_map)
object_df['GarageCond'] = object_df['GarageCond'].map(bin_map)
object_df['CentralAir'] = object_df['CentralAir'].map(bin_map)
object_df['LotShape'] = object_df['LotShape'].map(bin_map)
object_df['BsmtExposure'] = object_df['BsmtExposure'].map(bin_map)
object_df['BsmtFinType1'] = object_df['BsmtFinType1'].map(bin_map)
object_df['BsmtFinType2'] = object_df['BsmtFinType2'].map(bin_map)

PavedDrive = {"N" : 0, "P" : 1, "Y" : 2}
object_df['PavedDrive'] = object_df['PavedDrive'].map(PavedDrive)
# 选择剩余的 object 特征
rest_object_columns = object_df.select_dtypes(include = ['object'])
# 进行 one-hot 编码
object_df = pd.get_dummies(object_df, columns = rest_object_columns.columns)

data = pd.concat([object_df, numerical_df], axis=1, sort=False)
```

我们并没有进行各式各样的暴力提取操作，主要是带着大家从业务中提取特征，目的是使大家掌握特征提取的技巧和使用方法，在后面的案例中会有更多特征提取的方式。

4.5.3 特征选择

这部分将使用相关性评估的方式进行特征选择，这种方式是相关性分析的一种，可以过滤掉相似性大于一定阈值的特征，减少特征冗余。下面创建了一个相关性评估的辅助函数：

```python
def correlation(data, threshold):
    col_corr = set()
    corr_matrix = data.corr()
    for i in range(len(corr_matrix.columns)):
        for j in range(i):
            if abs(corr_matrix.iloc[i, j]) > threshold:  # 相似性分数与阈值对比
                colname = corr_matrix.columns[i]  # 获取列名
                col_corr.add(colname)
```

```
return col_corr

all_cols = [c for c in data.columns if c not in ['SalePrice']]
corr_features = correlation(data[all_cols], 0.9)
```

对于阈值的确定一般很难量化，可以从总特征量和整体相似分数这两个角度进行考虑，比如我们的机器不允许使用太多特征，就可以以此为依据确定特征保留量，这也是个相对灵活的值。可以保留不同阈值下的特征集进行训练，辅助提升模型融合结果。

4.6   思考练习

1. 在对数值型特征进行缺失值填充时，该如何从平均数、中位数和众数中选择？
2. 在特征选择中，还有一类是基于惩罚项的特征选择法，里面包含 L1 正则和 L2 正则，那么这两种正则有什么区别？该如何选择？
3. 整个特征工程主要分为几个部分？每个部分主要包含哪些内容？
4. 数值型特征、类别型特征与不规则特征各自是怎么定义的？请举例说明。
5. 在数据清洗过程中，应该如何选择异常值处理方式？
6. 为什么要优化内存，可供选择的优化方式是什么？
7. 请举例说明 count、nunique、ratio 三种统计特征的含义。
8. 在什么情况下，我们需要进行特征变换？
9. 在进行特征选择时，该选择特征关联性分析方法还是特征重要性分析方法呢？

第5章

模型训练

本章将向大家介绍算法竞赛中的常用模型，好的模型能够帮我们逼近分数的上限。可选择的模型主要分为线性模型、树模型和神经网络三种。有一句话是没有最好的模型，只有最适合的模型，所以在本章中，我们将分别介绍不同模型适合的应用场景，同时给出使用技巧和应用代码。

5.1　线性模型

本节将介绍两种线性缩减方法：Lasso 回归和 Ridge 回归。这两种线性回归模型的区别仅在于如何进行惩罚、如何解决过拟合问题。然后对两种模型的数学形式、优缺点和应用场景进行相应介绍。

5.1.1　Lasso 回归

Lasso 的全称是 Least absolute shrinkage and selection operator，是对普通的线性回归使用 L1 正则进行优化，通过惩罚或限制估计值的绝对值之和，可以使某些系数为零，从而达到特征稀疏化和特征选择的效果。当我们需要一些自动的特征、变量选择，或者处理高度相关的预测因素时，这是很方便的，因为标准回归的回归系数通常太大。Lasso 回归的数学形式如式 (5-1)：

$$\min(\| Y - X\theta \|_2^2 + \lambda \| \theta \|_1) \tag{5-1}$$

其中，λ 是正则项（惩罚项）的系数，通过改变 λ 的值，基本上可以控制惩罚项，即 θ 的 L1 范数。当 λ 的值越高，惩罚项的影响程度越大，反之越小。

- 代码实现

可以直接调用 sklearn 库来实现 Lasso 回归，这里选择的 L1 正则参数是 0.1。

```
from sklearn.linear_model import Lasso
lasso_model = Lasso(alpha = 0.1, normalize = True)
```

5.1.2 Ridge 回归

Ridge 回归是对普通的线性回归使用 L2 正则进行优化，对特征的权重系数设置了惩罚项。

其数学形式如式 (5-2)：

$$\min(\| Y - X\theta \|_2^2 + \lambda \| \theta \|_2^2) \tag{5-2}$$

与 Lasso 回归的损失函数基本一致，只是将惩罚项修改成了 θ 的 L2 范数。

- 代码实现

可以直接调用 sklearn 库来实现 Ridge 回归：

```
from sklearn.linear_model import Ridge
Ridge_model = Ridge(alpha=0.05, normalize=True)
```

- 问题讨论

现在我们已经对 Lasso 回归和 Ridge 回归有了基本的了解，接下来我们考虑一个例子。假设现在有一个非常大的数据集，其中包含 10 000 个特征。这些特征中仅有部分特征是相关的。然后思考一下，应该用哪个回归模型进行训练，是 Lasso 回归还是 Ridge 回归？

如果我们用 Lasso 回归进行训练，那么遇到的困难主要是当存在相关特征时，Lasso 回归只保留其中一个特征，而将其他相关特征设置为零。这可能会导致一些信息丢失，从而降低模型预测的准确性。

如果选择 Ridge 回归，虽然能降低模型的复杂性，但并不会减少特征的数量，因为 Ridge 回归从不会使系数为零，而只会使系数最小化，可是这并不利于特征缩减。在面对 10 000 个特征时，模型仍然会很复杂，因此可能会导致模型性能不佳。

综合考虑，这个问题的解决办法是什么呢？可以选择 Elastic Net Regression 进行扩展学习。

5.2 树模型

本节将介绍竞赛中常见的树模型，这些模型简单易用，能够带来高收益。可将树模型分为随机森林（Random Forest，RF）和梯度提升树（GBDT），这两者最大的差异是前者并行、后者串行。在梯度提升树部分我们将介绍如今竞赛中大火的三种树模型：XGBoost、LightGBM 和 CatBoost。能够灵活运用这三种模型是竞赛中的必备技能。接下来将详细介绍各种树模型的数学形式、优缺点、使用细节和应用场景。

5.2.1 随机森林

简言之，随机森林算法就是通过集成学习的思想将多个决策树集成在一起。这里的决策树可以是一个分类器，各个决策树之间没有任何关联，随机森林算法对多个决策树的结果进行投票得到最终结果，这也是最简单的 Bagging 思想。随机森林是一个基于非线性树的模型，通常可以提供准确的结果。

- 随机森林的构造过程

随机森林的构造过程如图 5.1 所示。

图 5.1 随机森林的构造过程

具体过程如下。

(1) 假设训练集中的样本数为 N。有放回的随机抽取 N 个样本，即样本可以重复，然后用得到的这 N 个样本来训练一棵决策树。

(2) 如果有 M 个输入变量（特征），则指定一个远小于 M 的数字 m（列采样），以便在每次分裂时，都从 M 个输入变量中随机选出 m 个。然后从选出的这 m 个变量中选择最佳分裂变量（分裂依据信息增益、信息增益比、基尼指数等）。

(3) 重复步骤 (2)，对每个节点都进行分裂，并且不修剪，使节点最大限度地生长（停止分裂的条件为节点的所有样本均属于同一类）。

(4) 通过步骤 (1) 到 (3) 构造大量决策树，然后汇总这些决策树以预测新数据（对分类问题进行投票选择，对回归问题进行均值计算）。

- 随机森林的优缺点

随机森林优点非常明显：不仅可以解决分类和回归问题，还可以同时处理类别特征和数值特征；不容易过拟合，通过平均决策树的方式，降低过拟合的风险；非常稳定，即使数据集中出现了一个新的数据点，整个算法也不会受到过多影响，新的数据点只会影响到一棵决策树，很难对所有决策树都产生影响。

很多缺点都是相对而言的，随机森林算法虽然比决策树算法更复杂，计算成本更高，但是其拥有天然的并行特性，在分布式环境下可以很快地训练。梯度提升树需要不断地训练残差，所以结果准确度更高，但是随机森林更不容易过拟合，更加稳定，这也是因为其 Bagging 的特性。

- 代码实现

```
from sklearn.ensemble import RandomForestClassifier
rf = RandomForestClassifier(max_features='auto', oob_score=True, random_state=1, n_jobs=-1)
```

5.2.2 梯度提升树

梯度提升树（GBDT）是基于 Boosting 改进而得的，在 Boosting 算法中，一系列基学习器都需要串行生成，每次学习一棵树，学习目标是上棵树的残差。和 AdaBoost 一样，梯度提升树也是基于梯度下降函数。梯度提升树算法已被证明是 Boosting 算法集合中最成熟的算法之一，它的特点是估计方差增加，对数据中的噪声更敏感（这两个问题都可以通过使用子采样来减弱），以及由于非并行操作而导致计算成本显著，因此要比随机森林慢很多。

梯度提升树作为 XGBoost、LightGBM 和 CatBoost 的基础，这里将对其原理进行简单介绍。我们知道梯度提升树是关于 Boosting 的加法模型，由 K 个模型组合而成，其形式如式 (5-3)：

$$\hat{y}_i = \sum_{k=1}^{K} f_k(x_i), f_k \in F \tag{5-3}$$

一般而言，损失函数描述的是预测值 y 与真实值 $\hat{y}$ 之间的关系，梯度提升树是基于残差（$y_i - F_{x_i}$，F_{x_i} 为前一个模型）来不断拟合训练集的，这里使用平方损失函数。那么对于 n 个样本来说，则可以写成式 (5-4)：

$$L = \sum_{i=1}^{n} l(y_i, \hat{y}_i) \tag{5-4}$$

更进一步，目标函数可以写成式 (5-5)：

$$\text{Obj} = \sum_{i=1}^{n} l(y_i, \hat{y}_i) + \sum_{k=1}^{K} \Omega(f_k) \tag{5-5}$$

其中 Ω 代表基模型的复杂度，若基模型是树模型，则树的深度、叶子节点数等指标均可以反映树的复杂度。

对于 Boosting 来说，它采用的是前向优化算法，即从前往后逐渐建立基模型来逼近目标函数，具体过程如式 (5-6)：

$$\hat{y}_i^0 = 0$$
$$\hat{y}_i^1 = f_1(x_i) = \hat{y}_i^0 + f_1(x_i)$$
$$\hat{y}_i^2 = f_1(x_i) + f_2(x_t) = \hat{y}_i^1 + f_2(x_i) \tag{5-6}$$
$$\vdots$$
$$\hat{y}_i^t = \sum_{k=1}^{t} f_k(x_i) = \hat{y}_i^{t-1} + f_t(x_i)$$

那么在逼近过程的每一步中，如何学习一个新的模型呢，答案的关键还是在梯度提升树的目标函数上，即新模型的加入总是以优化目标函数为目的。重写目标函数如式 (5-7)：

$$\text{Obj}^t = \sum_{i=1}^{n} l(y_i, \hat{y}_i^t) + \sum_{i=1}^{t} \Omega(f_i)$$
$$\text{Obj}^t = \sum_{i=1}^{n} l(y_i, \hat{y}_i^{t-1} + f_t(x_i)) + \Omega(f_t) + \text{constant} \tag{5-7}$$

将式 (5-6) 泰勒展开到二阶如式 (5-8)：

$$\text{Obj}^t = \sum_{i=1}^{n} \left[l(y_i, \hat{y}_i^{t-1}) + g_i f_t(x_i) + \frac{1}{2} h_i f_t^2(x_i) \right] + \Omega(f_t) + \text{constant} \tag{5-8}$$

移除常数项，得到式 (5-9)：

$$\text{Obj}^t \approx \sum_{i=1}^{n} \left[g_i f_t(x_i) + \frac{1}{2} h_i f_t^2(x_i) \right] + \Omega(f_t) \tag{5-9}$$

之所以要移除常数项，是因为函数中的常量在函数最小化的过程中不起作用。这样一来，梯度提升树的最优化目标函数就变得非常统一，它只依赖于每个数据点在误差函数上的一阶导数和二阶导数，然后根据加法模型得到一个整体模型。

5.2.3　XGBoost

XGBoost 是基于决策树的集成机器学习算法，它以梯度提升（Gradient Boost）为框架。在 SIGKDD 2016 大会上，陈天奇和 Carlos Guestrin 发表的论文"XGBoost: A Scalable Tree Boosting System"在整个机器学习领域都引起了轰动，并逐渐成为 Kaggle 和数据科学界的主导。XGBoost 同样也引入了 Boosting 算法。

XGBoost 除了在精度和计算效率上取得成功的性能外，还是一个可扩展的解决方案。由于对初始树 Boost GBM 算法进行了重要调整，因此 XGBoost 代表了新一代的 GBM 算法。

- 主要特点

☐ 采用稀疏感知算法，XGBoost 可以利用稀疏矩阵，节省内存（不需要密集矩阵）和节省计算时间（零值以特殊方式处理）。

☐ 近似树学习（加权分位数略图），这类学习方式能得到近似的结果，但比完整的分支切割探索要省很多时间。

☐ 在一台机器上进行并行计算（在搜索最佳分割阶段使用多线程），在多台机器上进行类似的分布式计算。

☐ 利用名为核外计算的优化方法，解决在磁盘读取数据时间过长的问题。将数据集分成多个块存放在磁盘中，使用一个独立的线程专门从磁盘读取数据并加载到内存中，这样一来，从磁盘读取数据和在内存中完成数据计算就能并行运行。

☐ XGBoost 还可以有效地处理缺失值，训练时对缺失值自动学习切分方向。基本思路是在每次的切分中，让缺失值分别被切分到决策树的左节点和右节点，然后通过计算增益得分选择增益大的切分方向进行分裂，最后针对每个特征的缺失值，都会学习到一个最优的默认切分方向。

- 代码实现

输入：训练集 X_train，训练集标签 y_train
　　　验证集 X_valid，验证集标签 y_valid
　　　测试集 X_test

输出：训练好的模型 model，测试集结果 y_pred

```
import xgboost as xgb
params = {'eta': 0.01, 'max_depth': 11,'objective': 'reg:linear', 'eval_metric': 'rmse' }
dtrain = xgb.DMatrix(data=X_train, label=y_train)
dtest = xgb.DMatrix(data=X_valid, label=y_valid)
watchlist = [(train_data, 'train'), (valid_data, 'valid_data')]
model=xgb.train(param, train_data,
                num_boost_round=20000,
                evals=watchlist,
                early_stopping_rounds=200,
                verbose_eval=500)
y_pred = model.predict(xgb.DMatrix(X_test), ntree_limit=model.best_ntree_limit)
```

5.2.4　LightGBM

LightGBM 是微软的一个团队在 Github 上开发的一个开源项目，高性能的 LightGBM 算法具有分布式和可以快速处理大量数据的特点。LightGBM 虽然基于决策树和 XGBoost 而生，但它还遵循其他不同的策略。XGBoost 使用决策树对一个变量进行拆分，并在该变量上探索不同的切割点（按级别划分的树生长策略），而 LightGBM 则专注于按叶子节点进行拆分，以便获得更好的拟合（这是按叶划分的树生长策略）。这使得 LightGBM 能够快速获得很好的数据拟合，并生成能够替代 XGBoost 的解决方案。从算法上讲，XGBoost 将决策树所进行的分割结构作为一个图来计算，使用广度优先搜索（BFS），而 LightGBM 使用的是深度优先搜索（DFS）。

- 主要特点

　❑ 比 XGBoost 准确性更高，训练时间更短。

　❑ 支持并行树增强，即使在大型数据集上也能提供比 XGBoost 更好的训练速度。

　❑ 通过使用直方图算法将连续特征提取为离散特征，实现了惊人的快速训练速度和较低的内存使用率。

　❑ 通过使用按叶分割而不是按级别分割来获得更高精度，加快目标函数收敛过程，并在非常复杂的树中捕获训练数据的底层模式。使用 num_leaves 和 max_depth 超参数控制过拟合。

- 代码实现

```
import lightgbm as lgb
params = {'num_leaves': 54,'objective': 'regression','max_depth': 18,
    'learning_rate': 0.01,'boosting': 'gbdt','metric': 'rmse','lambda_l1': 0.1}
model = lgb.LGBMRegressor(**params, n_estimators = 20000, nthread = 4, n_jobs = -1)
model.fit(X_train, y_train,
    eval_set=[(X_train, y_train), (X_valid, y_valid)],
    eval_metric='rmse',
    verbose=1000, early_stopping_rounds=200)
y_pred = model.predict(X_test, num_iteration=model.best_iteration_)
```

5.2.5　CatBoost

CatBoost 是由俄罗斯搜索引擎 Yandex 在 2017 年 7 月开源的一个 GBM 算法，它最强大的一点是能够采用将独热编码和平均编码混合的策略来处理类别特征。

CatBoost 用来对类别特征进行编码的方法并不是新方法，是均值编码，该方法已经成为一种特征工程方法，被广泛应用于各种数据科学竞赛中，如 Kaggle。均值编码，也称为似然编码、影响编码或目标编码，可将标签转换为基于它们的数字，并与目标变量相关联。如果是回归问题，则基于级别典型的平均目标值转换标签；如果是分类问题，则仅给定标签的目标分类概率（目标概率取决于每个类别值）。均值编码可能看起来只是一个简单而聪明的特征工程技巧，但实际上它也有副作用，主要是过拟合，因为会把目标信息带入预测中。

- 主要特点

　❑ 支持类别特征，因此我们不需要预处理类别特征（例如通过 label encoding 或独热编码）。事实上，CatBoost 文档中讲到不要在预处理期间使用独热编码，因为"这会影响训练速度和结果质量"。

□ 提出了一种全新的梯度提升机制（Ordered Boosting），不仅可以减少过拟合的风险，也大大提高了准确性。

□ 支持开箱即用的 GPU 训练（只需设置 task_type="GPU"）。

□ 训练中使用了组合类别特征，利用了特征之间的联系，极大丰富了特征维度。

● 深入理解特征组合

CatBoost 另一个强大的功能是在树分裂选择节点的时候能够将所有类别特征之间的组合考虑进来，即能够对两个类别特征进行组合。具体做法是，第一次分裂时不考虑类别特征的组合，之后分裂时会考虑类别特征之间的组合，使用贪心算法生成最佳组合，然后将组合后的类别特征转化为数值型特征。CatBoost 会把分裂得到的两组值作为类别型特征参与后面的特征组合，以实现更细粒度的组合。

● 代码实现

```
from catboost import CatBoostRegressor
params = {'learning_rate': 0.02,'depth': 13,'bootstrap_type': 'Bernoulli',
          'od_type': 'Iter', 'od_wait': 50, 'random_seed': 11}
model = CatBoostRegressor(iterations=20000,  eval_metric='RMSE', **params)
model.fit(X_train, y_train, eval_set=(X_valid, y_valid),
          cat_features=[], use_best_model=True, verbose=False)
y_pred = model.predict(X_test)
```

每类树模型都其与众不同的地方，接下来将从决策树的生长策略、梯度偏差、类别特征处理和参数对比四个方面深入理解这些树模型，帮助参赛者更好地将它们应用到竞赛中。

● 更多功能

CatBoost 目前还支持输入文本特征，因此不需要像以前那样先进行烦琐的操作获得标准化输入，再喂给模型。文本特征跟类别特征的标记方式一样，只需在训练时把文本变量名的列表赋给 text_features 即可。那么 CatBoost 内部是怎么处理文本特征的呢？操作其实非常常规，CatBoost 内部将输入的文本特征转化为了数值特征，具体过程是分词、创建字典、将文本特征转化为多值的数值特征，接下来的处理方法可选择项就比较多了，比如完全展开成布尔型 0/1特征，或者进行词频统计等。

5.2.6　模型深入对比

XGBoost、LightGBM 和 CatBoost 是三个非常核心的树模型，本节将对它们进行分析，因为三者之间有着千丝万缕的关系，只有厘清其中的关系，才能更好地运用这三个模型。

- 决策树生长策略

图 5.2 列出了三种决策树的生长方式。

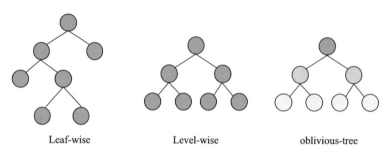

图 5.2　决策树生长方式

XGBoost 使用的是 Level-wise 按层生长，可以同时分裂同一层的叶子，从而进行多线程优化，不容易过拟合，但很多叶子节点的分裂增益较低，会影响性能。

LightGBM 使用的是 Leaf-wise 分裂方式，每次都从当前叶子中选择增益最大的结点进行分裂，循环迭代，但会生长出非常深的决策树，从而导致过拟合，这时可以调整参数 max_depth 来防止过拟合。

CatBoost 使用的是 oblivious-tree（对称树），这种方式使得节点是镜像生长的。相对于传统的生长策略，oblivious-tree 能够简单拟合方案，快速生成模型，这种树结构起到了正则化的作用，因此并不容易过拟合。

- 梯度偏差（Gradient bias）

XGBoost 和 LightGBM 中的提升树算法都是有偏梯度估计，在梯度估计中使用的数据与目前建立的模型所使用的数据是相同的，这样会导致数据发生泄漏，从而产生过拟合。

CatBoost 改进了提升树算法，将原来的有偏梯度估计转换为了无偏梯度估计。具体做法是利用所有训练集（除第 i 条）建立模型 M_i，然后使用第 1 条到第 $i{-}1$ 条数据来建一个修正树 M，累加到原来的模型 M_i 上。

- 类别特征处理

XGBoost 并不能处理类别特征，因此需要我们根据数据实际情况进行独热编码、count 编码和目标编码。

LightGBM 直接支持类别特征，不需要独热展开。这里使用 many-vs-many 的切分方式来处理类别特征，并且可以把搜索最佳分割点的时间复杂度控制在线性级别，和原来 one-vs-other 方式的时间复杂度几乎一致。该算法先按照每个类别对应的标签均值（即 avg(y)=Sum(y)/Count(y)）

进行排序，然后根据排序结果依次枚举最优分割点。和数值型特征的切分方式不同，它是将某一类别当作一类，然后将其余所有类别作为一类。

CatBoost 在处理类别特征方面做了更细致的操作。或许在使用 LightGBM 时，还需要对类别特征进行更多的编码方式，但对于 CatBoost，则可以选择不进行多余的编码方式。

具体实现流程是首先对输入的样本集随机排序，然后针对类别特征中的某个取值，在将每个样本的该特征转换为数值型时，都基于排在该样本之前的类别标签取均值。对所有的类别特征值结果都进行如式 (5-10) 所示的运算，使之转化为数值结果。

$$\frac{\sum_{j=1}^{p-1}\left[x_{\sigma_j,k}=x_{\sigma_p,k}\right]\times Y_{\sigma_j}+a\times P}{\sum_{j=1}^{p-1}\left[x_{\sigma_j,k}=x_{\sigma_p,k}\right]+a} \tag{5-10}$$

其中 [ ] 是指示函数，当方括号内两个元素相等时取 1，反之取 0。$a\,(a>0)$ 是先验值 p 的权重，添加先验值是一种常见的做法，这有助于减少从低频类别中获得的噪声、降低过拟合。对于回归问题，将标签的平均值作为先验值；对于分类问题，将正类出现的概率作为先验值。

● 参数对比

如图 5.3 所示，从三个方面对树模型的参数进行对比，分别是用于控制过拟合、用于控制训练速度和调整类别特征的三类参数。这里只是枚举一些重要的参数，还有大量有用的参数就不一一进行介绍了。

参数作用\树模型	XGBoost	LightGBM	CatBoost
用于控制过拟合的参数	1. learning_rate / eta：减少每一步的权重（Shinkage方法）；一般在0.01和0.2之间 2. max_depth：树分裂的最大深度 3. min_child_weight：默认为1；最小叶子节点样本权重和	1. learning_rate：学习率 2. max_depth：默认为20；树的最大深度；另外 num_leaves = 2^(max_depth)，表示最大叶子节点个数 3. min_data_in_leaf：默认为20，每个叶子节点对应最小数据量	1. learning_rate：学习率 2. Depth：树的深度 3. 没有与min_child_weight类似的参数 4. l2-leaf-reg：L2正则系数，是叶子节点权重的约束项
用于控制训练速度的参数	1. colsample_bytree：随机列采样的比例 2. subsample：随机样本采样的比例 3. n_estimators：决策树的最大数量，越高的值有可能导致过拟合	1. feature_fraction：每次迭代随机列采样比例 2. bagging_fraction：每次迭代随机样本采样比例 3. num_iterations：默认为100，迭代次数	1. rsm：随机子空间，每次分裂选择的特征比例 2. 没有与样本采样类似的参数 3. iterations：树能够建立的最大数量
调整类别特征的参数	没有这类参数	1. categorical_feature：对应类别特征的位置索引	1. cat_features：对应类别特征的位置索引 2. one_hot_max_size：用来限制ont-hot特征向量的长度，默认为False

图 5.3 核心参数对比

5.3 神经网络

如果想在竞赛的道路上走得更远，那么神经网络也是必须要掌握的模型。一般而言，随着我们拥有的数据量不断增加，神经网络战胜传统传统机器学习模型的可能性也会加大。

首先举一个房屋价格的例子来展示神经网络的功能细节，具体要根据房屋的某些功能估算房屋的价格。如果提供的是房屋大小、位置和卧室数量等详细信息，要求估算房屋价格，那么此时神经网络将是最合适的方法。

如图 5.4 描述了神经网络的简单结构，它具有三种不同类型的层：输入层、隐藏层和输出层。每个隐藏层可以包含任意数量的神经元（节点），输入层中节点的数量等于预测问题中使用的特征数量（上面示例中有 3 个特征，即房屋大小、位置和卧室数量），输出层中节点的数量等于要预测的值的数量（上面示例中要预测的值有 1 个，即房屋价格）。接下来，我们尝试更深入一点，了解每个节点中正在发生的事情。

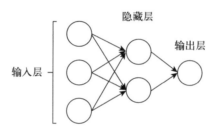

图 5.4　神经网络

如图 5.5 所示，在输入层的各个节点中，将输入要素 x、权重 w 和偏置 b 作为输入，计算并输出 z。将这些值构造成矩阵，可使计算变得更加容易和高效。什么是权重（weight）和偏置（bais）？这两个值首先是从高斯分布中随机初始化的值，用于计算输入节点的输出，我们通过调整这些值来让神经网络拟合输入的数据。

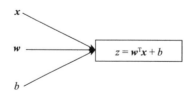

图 5.5　输入层节点的结构细节

如图 5.6 所示，在计算出值 z 之后，我们对 z 使用激活函数 σ。激活函数用于向模型引入一些非线性。如果我们不应用任何激活函数，则输出结果只能是线性函数，并且可能无法成功地将复杂输入映射到输出。

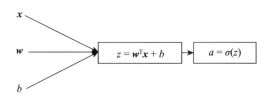

图 5.6　对输入层结果使用激活函数

隐藏层中节点的输入是上一层节点的输出。最后的输出层会预测一个值,对该值与已知值(真实值)进行比较,就可计算出损失。从直觉上讲,损失表示预测值与真实值之间的误差。

整个过程先是计算出每个变量以及每层的权重并计算误差(前向传播),然后通过反向传播遍历每个层来测量每个连接的误差贡献,最后稍微调整连接器的权重和偏置来减少误差,以确保对输出结果进行正确的预测。

到目前为止,我们对神经网络已经有了基本的认识。接下来将介绍多层感知机、卷积神经网络和循环神经网络。

5.3.1　多层感知机

多层感知机(MLP)也可以称作深度神经网络(Deep Neural Networks,DNN),就是含有多个隐藏层的神经网络。单个感知机尚且具有一定的拟合能力,多层感知机必将拥有更强大的拟合能力,可以用于解决更为复杂的问题。

如图 5.7 所示,给出了多层感知机最基本的结构,主要分为输入层、隐藏层和输出层。多层感知机的不同层之间均是全连接的(全连接:指的是第 i 层中任意神经元一定与第 $i+1$ 层中任意神经元相连接)。接下来还需要详细学习三个主要参数:权重、偏置和激活函数。

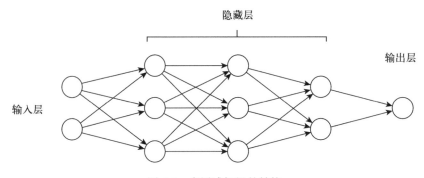

图 5.7　多层感知机的结构

- 权重与偏置

权重用于表示神经元之间的连接强度，权重的大小表示可能性大小。设置偏置是为了正确分类样本，这是模型中一个重要的参数，即保证通过输入算出的输出值不能被随便激活。

- 激活函数

激活函数可以起到非线性映射的作用，可以将神经元的输出幅度限制在一定范围内，一般在 (–1, 1) 或 (0, 1) 之间。常用的激活函数有 sigmoid、tanh、ReLU 等，其中 sigmoid 函数可将 (−∞, +∞) 之间的数映射到 (0, 1) 范围内，其余的函数这里不做过多介绍。

- 代码实现

```
def create_mlp(shape):
    X_input = Input((shape, ))
    X =Dense(256, activation='relu')(X_input)
    X = Dense(128, activation='relu')(X)
    X = Dense(64, activation='relu')(X)
    X = Dense(1, activation='sigmoid')(X)
    model = Model(inputs=X_input, outputs=X)
    model.compile(optimizer='adam', loss='binary_crossentropy', metrics=['accuracy'])
    return model
mlp_model = create_mlp(x_train.shape[0])
mlp_model.fit(x=x_train, y=y_train, epochs=30, batch_size=512)
```

5.3.2　卷积神经网络

卷积神经网络（CNN）类似于多层感知机，两者的区别在于网络结构不同。卷积神经网络的提出是受生物处理过程的启发，其结构与动物视觉皮层具有相似性。卷积神经网络广泛应用于计算机视觉领域，比如人脸识别、自动驾驶、图像分割等，并在各种竞赛案例上取得了优异的成绩。卷积神经网络有两大特点。

- 能够有效地将大数据量的图片降维成小数据量，简化复杂问题。在大部分场景下，降维并不会影响结果。比如一张图片中有只猫，将该图片的像素从 1000 缩小成 200 后，即使肉眼看，也不会将其中的猫认成狗，机器也是如此。
- 能够有效保留图像特征，并且符合图像处理的原则。对图像进行翻转、旋转或者变换位置的操作时，卷积神经网络能够有效识别出哪些是类似的图像。

如图 5.8 所示，给出了卷积神经网络最基本的结构，主要分为三层：卷积层、池化层（采样层）和全连接层。三层各司其职，卷积层负责提取特征，池化层负责特征选择，全连接层负责分类。全连接层就是我们前面所讲到的神经网络，所以接下来只对卷积层和池化层进行详细介绍。

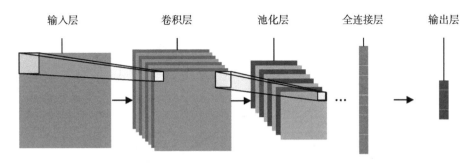

图 5.8 卷积神经网络的结构

- 卷积层（convolutional layer）

卷积层用于提取图像中的局部特征，可以有效降低数据维度。如图 5.9 所示假设我们的输入的 RGB 图像大小为 32×32，因为含 3 种颜色的通道，所以输入的实际大小是 $32 \times 32 \times 3$。然后选择 5×5 的卷积核进行卷积计算，加之包含三个通道，所以每次提取 $5 \times 5 \times 3$ 大小的方块，将提取步长（stride）设置为 1，并且不向外侧进行填充（padding=0），最后可以得到 $28 \times 28 \times 1$ 的特征图。

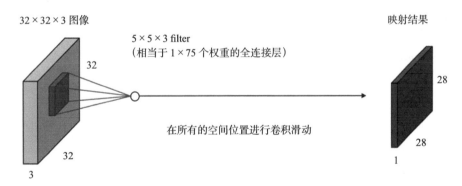

图 5.9 卷积层操作

- 池化层（pooling layer）

池化层用于特征选择，相比卷积层可以更有效地降低数据维度，不但能大大减少运算量，还能有效避免过拟合。例如，当数据经过卷积层得到 $28 \times 28 \times 1$ 的特征图后，我们设置步长为 2，卷积核大小是 2×2，然后经过最大池化层／平均池化层，得到 $14 \times 14 \times 1$ 的新特征图，如图 5.10 所示。有了上面对基本结构的介绍，我们就可以使用 keras 来构建自己的卷积神经网络了。

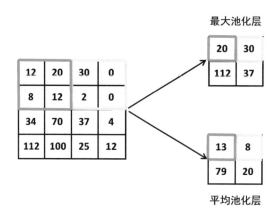

图 5.10　最大 / 平均池化层（卷积核大小为 2×2，步长为 2）

- 代码实现

```
def create_cnn():
    X_input = Input((28,28,1))

    X = Conv2D(24,kernel_size=5,padding='same',activation='relu')(X_input)
    X = MaxPooling2D()(X)
    X = Conv2D(48,kernel_size=5,padding='same',activation='relu')(X_input)
    X = MaxPooling2D()(X)
    X = Flatten()(X)

    X = Dense(128, activation='relu')(X)
    X = Dense(64, activation='relu')(X)
    X = Dense(1, activation='sigmoid')(X)

    model = Model(inputs=X_input, outputs=X)
    model.compile(optimizer='adam', loss='binary_crossentropy', metrics=['accuracy'])

    return model

cnn_model = create_cnn()
cnn_model.fit(x=x_train, y=y_train, epochs=30, batch_size=64)
```

5.3.3　循环神经网络

　　循环神经网络（RNN）是神经网络的一种扩展，更擅长对序列数据进行建模处理。对于传统的前馈神经网络，输入一般是一个定长的向量，无法处理变长的序列信息，即使通过一些方法把序列处理成定长的向量，模型也很难捕捉序列中的长距离依赖关系。循环神经网络通过将神经元串行起来的方式处理序列化的数据。由于每个神经元都能用其内部变量保存之前输入的序列信息，因此整个序列被浓缩成抽象的表示，并可以据此进行分类或生成新的序列。

　　对序列数据进行处理以及用序列数据完成分类决策或回归估计时，循环神经网络是非常有效的，它通常用于解决与序列数据相关的任务，主要包括自然语言处理、语音识别、机器翻译、时间序列预测等。当然，循环神经网络也可以用于非序列数据。

如图 5.11 所示为循环神经网络的基本结构，它由一个神经元接收输入，产生一个输出，并将输出返回给自己，如图 5.11 中（1）所示。在每个时间步 t（也称为一个帧），循环神经元接收输入 x_t 以及它自己的前一时间步长 h_{t-1}。我们可以按照时间轴将（1）推移展开成网络，如图 5.11 中（2）所示。

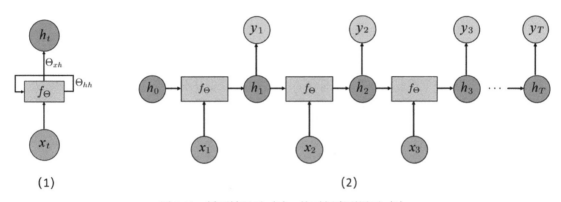

图 5.11　循环神经元（1），按时间序列展开（2）

用公式表示如下：

$$y_t = g(V \cdot h_t) \tag{5-11}$$
$$h_t = f(U \cdot X_t + W \cdot h_{t-1})$$

其中，V 是隐藏层到输出层的权重矩阵，U 是输入层到隐藏层的权重矩阵，W 也是权重矩阵，表示隐藏层上一次的值作为这一次输入的权重。另外，X 为输入层，h 为隐藏层，y 为输出层。

由循环神经网络扩展的序列相关模型，有 LSTM、GRU 等，在后面章节也都会有相关介绍和应用。

- 代码实现

不同于其他模型，循环神经网络的输入数据包含序列信息，例如，我们要对一个电影评论分类，需要进行预处理，如果文本长度不一致，需要利用 pad_sequences 进行截断，保证每个样本序列的长度一致。下面给出简单的实现代码，其中 X_train 是已经预处理好的训练集。

```
def create_rnn():

emb = Embedding(10000, 32)  # 10000 为总单词个数, 32 为输出维度
X = SimpleRNN(32)(emb)
```

```
    X = Dense(256, activation='relu')(X)
    X = Dense(128, activation='relu')(X)
    X = Dense(1, activation='sigmoid')(X)

    model = Model(inputs=X_input, outputs=X)
    model.compile(optimizer='adam', loss='binary_crossentropy', metrics=['accuracy'])

    return model

rnn_model = create_rnn()
rnn_model.fit(x=x_train, y=y_train, epochs=30, batch_size=64)
```

5.4   实战案例

本节仅需选择多个模型运行出结果即可，上文给出的模型并不完整，这里也将添加验证方式，让结果变得更加可靠。对于多个模型的结果可以对比着进行分析，以助模型融合部分的优化。

```
# 接第 5 章实战案例代码，构造训练集和测试集
x_train = data[:ntrain][all_cols]
x_test = data[ntrain:][all_cols]
# 对售价进行 log 处理
y_train = np.log1p(data[data.SalePrice.notnull()]['SalePrice'].values)
```

- XGBoost

这里使用比较常规的五折交叉验证，

```
import xgboost as xgb
from sklearn.model_selection import KFold
kf = KFold(n_splits=5, shuffle=True, random_state=2020)
for i, (train_index, valid_index) in enumerate(kf.split(x_train, y_train)):
trn_x, trn_y, val_x, val_y = x_train.iloc[train_index], y_train[train_index],
    x_train.iloc[valid_index], y_train[valid_index]

    params = {'eta': 0.01, 'max_depth': 11,'objective': 'reg:linear', 'eval_metric': 'mae' }

    dtrain = xgb.DMatrix(data=trn_x, label=trn_y)
    dtest = xgb.DMatrix(data=val_x, label=val_y)

    watchlist = [(dtrain, 'train'), (dtest, 'valid_data')]

    model=xgb.train(params, dtrain,
                    num_boost_round=20000,
                    evals=watchlist,
                    early_stopping_rounds=200,
                    verbose_eval=500)
```

- 多层感知机

在构建多层感知机前，需要确保数据中没有缺失值，并且要进行归一化处理。这里使用数

据集随机切分的方式进行线下验证。

```python
from sklearn.preprocessing import StandardScaler
x_train = x_train.fillna(0)
x_train = StandardScaler().fit_transform(x_train)

from sklearn.model_selection import train_test_split
trn_x, val_x, trn_y, val_y = train_test_split(x_train, y_train, random_state = 2020)

def create_mlp(shape):
    X_input = Input((shape,))

    X = Dropout(0.2)(BatchNormalization()(Dense(256, activation='relu')(X_input)))
    X = Dropout(0.2)(BatchNormalization()(Dense(128, activation='relu')(X)))
    X = Dropout(0.2)(BatchNormalization()(Dense(64, activation='relu')(X)))
    X = Dense(1)(X)

    model = Model(inputs=X_input, outputs=X)
    model.compile(optimizer='adam', loss='mse', metrics=['mae'])

    return model

mlp_model = create_mlp(trn_x.shape[1])
mlp_model.fit(x=trn_x, y=trn_y, validation_data = (val_x, val_y), epochs=30, batch_size=16)
```

目前为止给出的模型都是比较容易实现的，这有助于快速反馈出结果。对比 XGBoost（结果取对数后平均绝对误差：0.08x）和多层感知机（平均绝对误差：0.21x）的线下结果，发现后者的效果差了很多，2000 多条的训练数据很难让多层感知机取得一个较好的结果。

5.5 思考练习

1. 在 Lasso 回归和 Ridge 回归部分，我们知道 L1 和 L2 能够减少过拟合的风险，那这个参数究竟取多大合适？
2. 树模型在分裂的时候其实可以看着特征的交叉组合阶段，那么还有必要构造交叉特征喂入树模型吗？
3. 本章介绍了树模型的核心参数，还有很多没有介绍到，请尝试分析参数之间的关系，以及具体参数在算法中的哪个步骤中出现，加深对参数的理解。
4. 常用的激活函数还是蛮多的，在进行深度学习相关模型训练时，不同的激活函数对于结果的影响还是蛮大的，尝试整理 sigmoid、tanh、ReLU、leaky ReLU、SELU 和 GELU 等激活函数的优缺点以及适用场景。

第**6**章

模型融合

本章将向大家介绍在算法竞赛中提分的关键步骤，这也是最后阶段的惯用方法，即模型融合（或者集成学习），通过结合不同子模型的长处进行模型融合，当然这是在理想状态下。

本章主要分为构建多样性、训练过程融合和训练结果融合三部分。模型融合常常是竞赛取得胜利的关键，相比之下具有差异性的模型融合往往能给结果带来很大提升。虽然并不是每次使用模型融合都能起很大的作用，但是就平时的竞赛经验而言，我们得到的一条结论是：模型融合在绝大多数情况下会带来或多或少的帮助，在竞赛中，尤其是在最终成绩相差不大的情况下，模型融合的方法往往会成为取胜的关键之一，在不同类型的竞赛中，我们也很难保证哪一种方法就一定会比另外一种好，评价指标往往还得从线上结果来看，只是说了解的模型融合方法越多，最后取胜的概率就会越高。所以在本章，我们也将从这三个部分介绍不同模型融合方法的应用场景，同时给出使用技巧和应用代码。

6.1 构建多样性

本节将介绍三种模型融合中构建多样性的方式，分别是特征多样性、样本多样性和模型多样性。其中多样性是指子模型之间存在着差异，可以通过降低子模型融合的同质性来构建多样性，好的多样性有助于模型融合效果的提升。

6.1.1 特征多样性

构建多个有差异的特征集并分别建立模型，可使特征存在于不同的超空间（hyperspace），从而建立的多个模型有不同的泛化误差，最终模型融合时可以起到互补的效果。在竞赛中，队友之间的特征集往往是不一样的，在分数差异不大的情况下，直接进行模型融合基本会获得不错的收益。

另外，像随机森林中的 max_features、XGBoost 中的 colsample_bytree 和 LightGBM 中的 feature_fraction 都是用来对训练集中的特征进行采样的，其实本质上就是构建特征的多样性。

6.1.2 样本多样性

样本多样性也是竞赛中常见的一种模型融合方式，这里的多样性主要来自不同的样本集。具体做法是将数据集切分成多份，然后分别建立模型。我们知道很多树模型在训练的时候会进行采样（sampling），主要目的是防止过拟合，从而提升预测的准确性。

有时候将数据集切分成多份并不是随机进行的，而是根据具体的赛题数据进行切分，需要考虑如何切分可以构建最大限度的数据差异性，并用切分后的数据分别训练模型。

例如，在天池"全球城市计算 AI 挑战赛"中，竞赛训练集包含从 2019 年 1 月 1 日到 1 月 25 日共 25 天的地铁刷卡数据记录，要求预测 1 月 26 日每个地铁站点每十分钟的平均出入客流量（2019 年 1 月 26 日是周六）。显然，工作日和周末的客流量分布具有很大差异，这时会面临一个问题，若只保留周末的数据进行训练，则会浪费掉很多数据；若一周的数据全部保留，则会对工作日的数据产生一定影响。这时候就可以尝试构建两组有差异性的样本分别训练模型，即整体数据保留为一组，周末数据为一组。当然，模型融合后的分数会有很大提升。

6.1.3 模型多样性

不同模型对数据的表达能力是不同的，比如 FM 能够学习到特征之间的交叉信息，并且记忆性较强；树模型可以很好地处理连续特征和离散特征（如 LightGBM 和 CatBoost），并且对异常值也具有很好的健壮性。把这两类在数据假设、表征能力方面有差异的模型融合起来肯定会达到一定的效果。

对于竞赛而言，传统的树模型（XGBoost、LightGBM、CatBoost）和神经网络都需要尝试一遍，然后将尝试过的模型作为具有差异性的模型融合在一起。

> **更多多样性的方法**
>
> 除了本节所讲，还有很多其他构建多样性的方法，比如训练目标多样性、参数多样性和损失函数选择的多样性等，这些都能产生非常好的效果。

6.2　训练过程融合

模型融合的方式有两种，第一种是训练过程融合，比如我们了解到的随机森林和 XGBoost，基于这两种模型在训练中构造多个决策树进行融合，这里的多个决策树可以看作多个弱学习器。其中随机森林通过 Bagging 的方式进行融合，XGBoost 通过 Boosting 的方式进行融合。

6.2.1　Bagging

Bagging 的思想很简单，即从训练集中有放回地取出数据（Bootstrapping），这些数据构成样本集，这也保证了训练集的规模不变，然后用样本集训练弱分类器。重复上述过程多次，取平均值或者采用投票机制得到模型融合的最终结果。上述流程的示意图如图 6.1 所示。

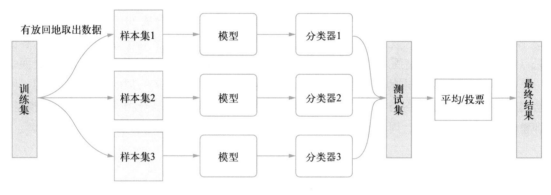

图 6.1　Bagging 流程

当我们在不同的样本集上训练模型时，Bagging 通过减小误差之间的差来减少分类器的方差。换言之，Bagging 可以降低过拟合的风险。Bagging 算法的效率来自于训练数据的不同，各模型之间存在着很大的差异，并且在加权融合的过程中可使训练数据的错误相互抵消。当然，这里可以选择相同的分类器进行训练，也可以选择不同的分类器。另外，基于 Bagging 的算法有 Bagging meta-estimator 和随机森林。

6.2.2　Boosting

毫不夸张地讲，Boosting 的思想其实并不难理解，首先训练一个弱分类器，并把这个弱分类器分错类的样本记录下来，同时给予这个弱分类器一定的权重；然后建立一个新的弱分类器，新的弱分类器基于前面记录的错误样本进行训练，同样，我们也给予这个分类器一个权重。重复上面的过程，直到弱分类器的性能达到某一指标，例如当再建立的新弱分类器并不会使准确率显著提升时，就停止迭代。最后，把这些弱分类器各自乘上相应的权重并全部加起来，就得到了最后的强分类器。其实，基于 Boosting 的算法是比较多的，有 Adaboost、LightGBM、XGBoost 和 CatBoost 等。

6.3 训练结果融合

模型融合的第二种方式是训练结果融合，主要分为加权法、Stacking 和 Blending，这些方法都可以有效地提高模型的整体预测能力，在竞赛中也是参赛者必须要掌握的方法。

6.3.1 加权法

加权法对于一系列任务（比如分类和回归）和评价指标（如 AUC、MSE 或 Logloss）都是很有效的，比如我们有 10 个算法模型并都预测到了结果，直接对这 10 个结果取平均值或者给予每个算法不同的权重，即得到了融合结果。加权法通常还能减少过拟合，因为每个模型的结果可能存在一定的噪声，加权法能够平滑噪声，提高模型的泛化性。

- 分类问题

对于分类问题，需要注意不同分类器的输出结果范围一致，因为输出的预测结果可以是 0/1 值，也可以是介于 0 和 1 之间的概率。另外，投票法（Voting）也是一种特殊的加权法，假设三个模型分别输出三组结果：

$$1010110011$$
$$1110110011$$
$$1110110011$$

只要保证这三个结果的权重一致，不论是投票法（少数服从多数），还是加权法（固定 0.5 为阈值），最终得到的融合结果均为 1110110011。

- 回归问题

对于回归问题，如果使用加权法，则会非常简单。这里主要介绍算法平均和几何平均，那么为什么有两种选择呢，主要还是因为评价指标。在 2019 腾讯广告算法大赛中，选择几何平均的效果远远好于选择算术平均，这是由于评分规则是平均绝对百分比误差（SMAPE），此时如果选择算术平均则会使模型融合的结果偏大，这不符合平均绝对百分比误差的直觉，越小的值对评分影响越大，算术平均会导致出现更大的误差，所以选择几何平均，能够使结果偏向小值。

$$\text{SMAPE} = \frac{1}{n}\sum_{t=1}^{n}\frac{|F_t - A_t|}{(F_t + A_t)/2} \tag{6-1}$$

❑ 算术平均。基于算术平均数的集成方法在算法中是用得最多的,因为它不仅简单,而且基本每次使用该算法都有较大概率能获得很好的效果。其公式如式 (6-2):

$$\text{pred} = \frac{\text{pred}_1 + \text{pred}_2 + \cdots + \text{pred}_n}{n} \tag{6-2}$$

❑ 几何平均。根据很多参赛选手的分享,基于几何平均数的加权法在算法中使用得还不是很多,但在实际情况中,有时候基于几何平均数的模型融合效果要稍好于基于算术平均数的效果。

$$\text{pred} = \sqrt[n]{\text{pred}_1 \times \text{pred}_2 \times \cdots \times \text{pred}_n} \tag{6-3}$$

● 排序问题

一般推荐问题中的主要任务是对推荐结果进行排序,常见的评价指标有 mAP(mean Average Precision)、NDCG(Normalized Discounted Cumulative Gain)、MRR(Mean Reciprocal Rank)和 AUC,这里主要介绍 MRR 和 AUC。

(1) MRR

给定推荐结果 q,如果 q 在推荐序列中的位置是 r,那么 MRR(q) 就是 $1/r$。可以看出,如果向用户推荐的产品在推荐序列中命中,那么命中的位置越靠前,得分也就越高。显然,排序结果在前在后的重要性是不一样的,因此我们不仅要进行加权融合,还需要让结果偏向小值。这时候就要对结果进行转换,然后再用加权法进行融合,一般而言使用的转换方式是 log 变换。其基本思路如下。

首先,输入三个预测结果文件,每个预测结果文件都包含 M 条记录,每条记录各对应 N 个预测结果,最终输出三个预测结果文件的整合结果。内部的具体细节可以分为以下两步。

第一步:统计三个预测结果文件中记录的所有推荐商品(共 N 个商品)出现的位置,例如商品 A,在第一份文件中的推荐位置是 1,在第二个文件的推荐位置是 3,在第三个文件中未出现,此时我们计算商品 A 的得分为 log1+log3+log(N+1),此处我们用 N+1 来表示未出现,即在 N 个推荐商品中是找不到商品 A 的,所以只能是 N+1。

第二步:对每条记录中的商品按计算得分由小到大排序,取前 N 个作为这条记录的最终推荐结果。

(2) AUC

AUC 作为排序指标,一般使用排序均值的融合思路,使用相对顺序来代替原先的概率值。很多以 AUC 为指标的比赛均取得了非常不错的成绩,如下两步为一种使用过程。

第一步：对每个分类器中分类的概率进行排序，然后用每个样本排序之后得到的排名值（rank）作为新的结果。

第二步：对每个分类器的排名值求算术平均值作为最终结果。

6.3.2 Stacking 融合

使用加权法进行融合虽然简单，但需要人工来确定权重，因此可以考虑更加智能的方式，通过新的模型来学习每个分类器的权重。这里我们假设有两层分类器，如果在第一层中某个特定的基分类器错误地学习了特征空间的某个区域，则这种错误的学习行为可能会被第二层分类器检测到，这与其他分类器的学习行为一样，可以纠正不恰当的训练。上述过程便是 Stacking 融合的基本思想。

这里需要注意两点：第一，构建的新模型一般是简单模型，比如逻辑回归这样的线性模型；第二，使用多个模型进行 Stacking 融合会有比较好的结果。

Stacking 融合使用基模型的预测结果作为第二层模型的输入。然而，我们不能简单地使用完整的训练集数据来训练基模型，这会产生基分类器在预测时就已经"看到"测试集的风险，因此在提供预测结果时出现过度拟合问题。所以我们应该使用 Out-of-Fold 的方式进行预测，也就是通过 K 折交叉验证的方式来预测结果。这里我们将 Stacking 融合分为训练阶段和测试阶段两部分，将并以流程图的形式展示每部分的具体操作。如图 6.2 所示为训练阶段。

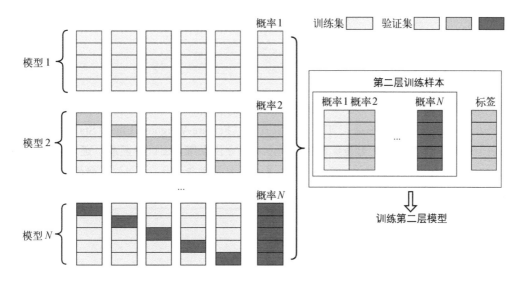

图 6.2　Stacking 融合的训练阶段

在图 6.2 中，我们对每个模型都使用五折交叉验证的方式，然后可以获取完整验证集的预测概率结果，最终将得到的 N 列概率结果和训练集标签拼接成第二层的训练样本，这样就可以训练第二层的模型。之后，我们将五折交叉验证时训练的模型（如模型 1，可以训练得到 5 个不一样的模型 1）用作测试集的训练。

如图 6.3 所示，测试阶段将使用训练阶段训练好的模型，首先使用模型 1 得到的 5 个模型分别对测试集进行预测，然后将 5 个概率结果通过加权平均得到一个概率结果概率 1。然后对模型 2 到模型 N 也依次进行以上操作，最后得到 N 个概率结果。将这 N 个结果作为第二层的测试样本，然后使用第二层训练得到的模型对第二层测试样本预测得到最终结果。

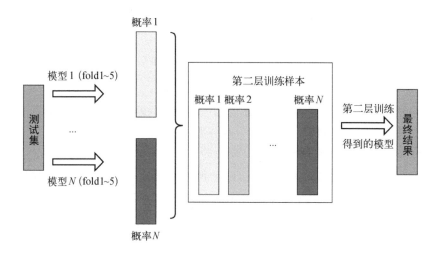

图 6.3　Stacking 融合的测试阶段

扩展学习

请思考特征加权的线性堆叠，可参考相应论文"Feature-Weighted Linear Stacking two layer stacking"，其实就是对传统的 Stacking 融合方法在深度上进行扩展。通过传统的 Stacking 融合方法得到概率值，再将此值与基础特征集进行拼接，重新组成新的特征集，进行新一轮训练。

6.3.3　Blending 融合

不同于 Stacking 融合使用 K 折交叉验证方式得到预测结果，Blending 融合是建立一个 Holdout 集，将不相交的数据集用于不同层的训练，这样可以在很大程度上降低过拟合的风险。

假设我们构造两层 Blending，将训练集按 5∶5 的比例分为两部分（train_one 和 train_two），测试集为 test。

第一层用 train_one 训练多个模型，将此模型对 train_two 和 test 的预测结果合并到原始特征集中，作为第二层的特征集。第二层用 train_two 的特征集和标签训练新的模型，然后对 test 预测得到最终的融合结果。

6.4 实战案例

本节将带大家一起完成 Stacking 融合的操作，这需要构造多个模型的预测结果，一般是 3 个以上，这里选择 ExtraTreesRegressor、RandomForestRegressor、Ridge 和 Lasso 作为基分类器，Ridge 作为最终分类器。首先导入些新的包：

```
from sklearn.ensemble import ExtraTreesRegressor
from sklearn.ensemble import RandomForestRegressor
from sklearn.metrics import mean_squared_error
from sklearn.linear_model import Ridge, Lasso
from math import sqrt
# 依然采用五折交叉验证
kf = KFold(n_splits=5, shuffle=True, random_state=2020)
```

然后构建一个 sklearn 中模型的功能类，初始化参数然后训练和预测。这段代码可复用性很高，建议大家不断完善搭建，构造自己的一套"弹药库"。

```
class SklearnWrapper(object):
    def __init__(self, clf, seed=0, params=None):
        params['random_state'] = seed
        self.clf = clf(**params)

    def train(self, x_train, y_train):
        self.clf.fit(x_train, y_train)

    def predict(self, x):
        return self.clf.predict(x)
```

之后封装交叉验证函数，这段代码的可复用性也非常高：

```
def get_oof(clf):
    oof_train = np.zeros((x_train.shape[0],))
    oof_test = np.zeros((x_test.shape[0],))
    oof_test_skf = np.empty((5, x_test.shape[0]))

    for i, (train_index, valid_index) in enumerate(kf.split(x_train, y_train)):
        trn_x, trn_y, val_x, val_y = x_train.iloc[train_index], y_train[train_index],
            x_train.iloc[valid_index], y_train[valid_index]
        clf.train(trn_x, trn_y)
```

```
        oof_train[valid_index] = clf.predict(val_x)
        oof_test_skf[i, :] = clf.predict(x_test)

    oof_test[:] = oof_test_skf.mean(axis=0)
    return oof_train.reshape(-1, 1), oof_test.reshape(-1, 1)
```

接下来是基分类器训练和预测的部分代码，可预测四个模型的验证集结果和测试集结果，并辅助最后一步的 Stacking 融合操作：

```
et_params = {
    'n_estimators': 100,
    'max_features': 0.5,
    'max_depth': 12,
    'min_samples_leaf': 2,
}
rf_params = {
    'n_estimators': 100,
    'max_features': 0.2,
    'max_depth': 12,
    'min_samples_leaf': 2,
}
rd_params={'alpha': 10}
ls_params={'alpha': 0.005}
et = SklearnWrapper(clf=ExtraTreesRegressor, seed=2020, params=et_params)
rf = SklearnWrapper(clf=RandomForestRegressor, seed=2020, params=rf_params)
rd = SklearnWrapper(clf=Ridge, seed=2020, params=rd_params)
ls = SklearnWrapper(clf=Lasso, seed=2020, params=ls_params)

et_oof_train, et_oof_test = get_oof(et)
rf_oof_train, rf_oof_test = get_oof(rf)
rd_oof_train, rd_oof_test = get_oof(rd)
ls_oof_train, ls_oof_test = get_oof(ls)
```

最后就是 Stacking 部分，使用的 Ridge 模型，当然也可以尝试树模型这类更加复杂的模型：

```
def stack_model(oof_1, oof_2, oof_3, oof_4, predictions_1, predictions_2,
                predictions_3, predictions_4, y):
    train_stack = np.hstack([oof_1, oof_2, oof_3, oof_4])
    test_stack = np.hstack([predictions_1, predictions_2, predictions_3, predictions_4])

    oof = np.zeros((train_stack.shape[0],))
    predictions = np.zeros((test_stack.shape[0],))
    scores = []

    for fold_, (trn_idx, val_idx) in enumerate(kf.split(train_stack, y)):
        trn_data, trn_y = train_stack[trn_idx], y[trn_idx]
        val_data, val_y = train_stack[val_idx], y[val_idx]

        clf = Ridge(random_state=2020)
        clf.fit(trn_data, trn_y)

        oof[val_idx] = clf.predict(val_data)
```

```
        predictions += clf.predict(test_stack) / 5

        score_single = sqrt(mean_squared_error(val_y, oof[val_idx]))
        scores.append(score_single)
        print(f'{fold_+1}/{5}', score_single)
    print('mean: ',np.mean(scores))

    return oof, predictions

oof_stack , predictions_stack  = stack_model(et_oof_train, rf_oof_train,
    rd_oof_train, ls_oof_train, et_oof_test, rf_oof_test, rd_oof_test,
    ls_oof_test, y_train)
```

对比一下最终效果，Stacking 融合后的为 0.13157，基分类器最优的为 0.13677，大约有五个千分点的提升，说明模型融合还是有一定效果的。另外我们也进行了普通的加权平均融合方案，分数只有 0.13413，可以看出效果相对差些。

6.5 思考练习

1. 还有很多构建多样性的方法，比如训练目标多样性、参数多样性和损失函数的选择等，都能产生非常好的效果，请对更多方法进行梳理归纳。
2. 直觉上 Stacking 融合都能带来很好的收益，可为什么有时候 Stacking 融合之后的效果会变差，是基模型选择的问题，还是层数不够，请分析有哪些因素会影响最终融合结果。
3. 尝试搭建 Stacking 融合的框架，并使其可复用，便于参赛者在竞赛中灵活调用。

第 7 章

用户画像

古语有云，千人千面。世界上的每个人都是唯一的个体，就像世界上找不到完全相同的两片树叶那样，世界上也找不到同样的人。从出生起，人就开始拥有自己独属的标签，比如姓甚名谁、父母何许人也、家在哪里、何时来到世界、即将开启怎样的人生旅程等。经历得越多，人的独特性就愈发明显，即使是一母同胞，也总有各自分开的时候，差异也就开始产生。孤独是人一生中一个永恒的主题，是对心理状态的一种描述，只要寻一灵魂伴侣便可变得不再孤单，然而除了孤字，还有独一无二的独字。由于个体间存在着巨大的差异性和个体独特性使得分析和研究个体变得十分复杂，甚至没法做到，而且也不太必要，因此心理学、社会学探讨较多的都是群体特征，偶有对个体异常行为的分析也不过是基于事后结果去追根溯源罢了。

即使是在互联网信息爆炸到号称大数据人工智能时代的今天，从一个人产生的数字记录中能得到的信息依然只是其生命中的一部分，别人根本没办法完全知道他在想什么、未来会做什么。当然也没必要太过悲观，如果能够利用好记录到的信息也是可以在一定程度上了解一个人的。因此只基于某个层面的数据便可以产生部分个体画像，可用于从特定角度形容群体乃至个体的大致差异。说了这么多，那这些和本章要探讨的用户画像有什么关系呢？首先要明确用户画像里的用户是谁：数据收集方（即产品提供方）往往开发出某件产品供人使用，这些使用者便是数据收集方的用户，数据收集方为了推广产品同时持续维护和改善用户体验便需要对由用户操作而产生的数据进行挖掘，以期从中发现群体乃至个体的行为偏好，形成数据层面上的所谓画像。更广泛一点，对任何群体都可以形成画像，比如一个地区、一个年代、一个社群的群体等。

智能手机普及以后，吸引了人们大部分闲暇时间的目光，各式各样的 App 产生了大量对用户操作行为的记录数据，这就为形成用户画像打下了基础，因此基于用户画像的机器学习算法便拥有了众多应用场景，此类场景的竞赛也占据着一部分江山。本章将从为什么是用户画像、标签系统、用户画像数据特征、用户画像的应用以及思考练习五个部分进行介绍。

7.1 什么是用户画像

不可否认,当想到一个人时无论在表面上还是潜意识里,其实都会对这个人有一个大致印象,比如身材面相、社会属性、性格修养、兴趣爱好等,这个脑海里的大致印象虽然也可以被看作一种具有相对主观意识的画像,但这显然不是本节要讲的用于商业分析和数据挖掘的用户画像。

在机器学习中提到的用户画像通常是基于给定的数据对用户属性以及行为进行描述,然后提取用户的个性化指标,再以此分析可能存在的群体共性,并落地应用到各种业务场景中。在互联网时代,面向用户的产品多如牛毛,且数据采集相对容易,由此推动了机器学习在面向用户方面的应用,用户画像便是其中最重要的一环。在各式各样的机器学习算法竞赛中,对于用户数据的挖掘始终占有一席之地,因此用户画像时常出没在竞赛中,扮演着不可或缺的角色,接下来将向大家详细介绍用户画像的组成以及如何在竞赛中使用用户画像。

7.2 标签系统

用户画像的核心其实就是给用户"打标签",即标签化用户的行为特征,企业通过用户画像中的标签来分析用户的社会属性、生活习惯、消费行为等信息,然后进行商业应用。构建一个标签系统成为企业赋能更多业务的关键,标签系统也是本节要详细介绍的内容,具体从三个方面来展开,分别是标签分类方式、多渠道获取标签和标签体系框架。

7.2.1 标签分类方式

如图 7.1 所示,通过分析一个用户的特征来展示标签分类方式。

图 7.1 标签分类方式

7.2.2 多渠道获取标签

根据标签获取方式可以把标签分为事实类标签、规则类标签和模型类标签三种。标签获取方式也可以看作特征获取方式，借助这三种方式从原始数据中提取能够表现用户特点、商品特点或者数据特点的特征。

- 事实类标签

事实类标签最容易获取，直接来源于原始数据，比如性别、年龄、会员等级等字段。当然也可以对原始数据进行简单的统计后提取事实标签，比如用户行为次数、消费总额。

- 规则类标签

规则类标签使用广泛，是由运营人员和数据人员经过共同协商而设定的多个规则生成的标签，其特点是直接有效灵活、计算复杂度低和可解释度高，主要用作较为直观和清晰的用户相关标签，例如地域所属、家庭类型、年龄层等。使用到的技术知识主要是数理统计类知识，例如基础统计、数值分层、概率分布、均值分析、方差分析等。

如图 7.2 所示，主要对单一或者多种指标进行逻辑运算、函数运算等运算生成最终的规则类标签，这里分为用户行为、用户偏好和用户价值三部分，感兴趣的话，可对用户进行更深层次的刻画。

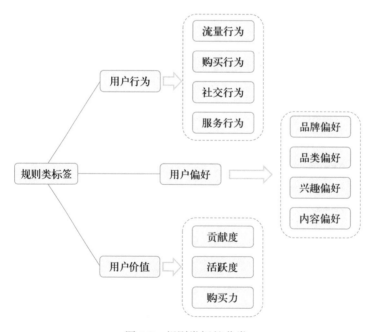

图 7.2   规则类标签分类

- 模型类标签

模型类标签是经过机器学习和深度学习等模型处理后，二次加工生成的洞察性标签。比如预测用户状态、预测用户信用分、划分兴趣人群和对评论文本进行分类等，经过这些处理得到的结果就是模型类标签。其特点是综合程度高、复杂程度高，绝大部分标签需要先有针对性地构建相应的挖掘指标体系，然后依托经典数学算法或模型进行多指标间的综合计算方能得到模型类标签，常常需要多种算法一起组合来建模。

如图 7.3 所示，基于模型类标签可以使用 RFM 模型来衡量用户价值和用户创利能力、对用户行为信息建模预测用户生命周期变化情况、通过模型预测用户信用评分、使用图嵌入或用户分层模型划分兴趣人群。除此之外还有很大通过模型来得到标签的方法。

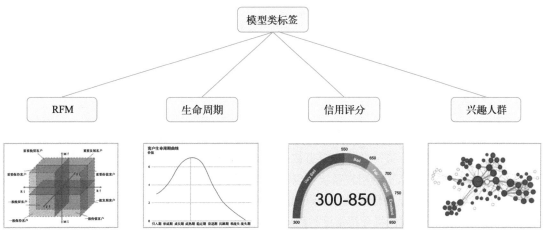

图 7.3 模型类标签分类

7.2.3 标签体系框架

对标签的分类和获取有了初步了解后，我们可以将其串联起来形成基本的标签体系框架，包括从底层数据的提取到业务应用赋能。

如图 7.4 所示，可以看出整个标签体系框架分为四个部分：数据源、标签管理、标签层级分类和标签服务赋能。

图 7.4 标签体系框架

7.3 用户画像数据特征

无论是构建用户画像还是进行算法竞赛，数据都是产生效益的核心。一般而言，用户画像的数据来源为用户数据、商品数据和渠道数据，比如从电商网站和微信平台可以获取用户的交易数据、行为数据等，从平台用户系统可以获取用户属性数据。这些数据的存在形式多样，通过对数据形式的理解可以进行统计、编码和降维等处理来提取有效特征，然后用这些特征构造我们需要的标签。本节我们将介绍常见的数据形式以及用户画像相关竞赛的一些特征提取方法。

7.3.1 常见的数据形式

在各式各样的竞赛当中，数据的形态和格式是多种多样的，本节以用户画像为例将数据的有关字段大致分为数值型变量、类别型变量、多值型变量以及文本型变量四种常见的数据形式，每种变量都有对应的处理方式。需要强调的是这些变量都是针对用户层面的，即所有样本数据以用户为唯一主键进行区分，且每个用户只有一条记录，之所以这样举例是因为通常基于用户画像的机器学习模型所需的数据是以用户池的形式呈现的，对用户的标签进行对应的特征学习。实际竞赛中给的数据可能十分复杂，甚至是以打点记录的方式描述用户的行为，这时候往往还需要参赛者构建提取用户特征，这涉及更深的应用技巧。

- 数值型变量

最常见的一种数值型变量是连续型变量，指的是具有数值大小含义的变量，比如图 7.5 所示的年龄、身高、体重等，其他如消费金额、流量累计等。

用户 ID	年龄	身高	体重
1001	25	175	80
1002	18	170	68
1003	26	172	72

图 7.5 连续型变量

- 类别型变量

类别型变量是指具有类别标识的变量，比如性别、籍贯、所在城市等，这类变量记录了用户的固有属性，如图 7.6 所示。

用户 ID	性别	籍贯	所在城市
1001	男	陕西，西安	北京
1002	男	四川，广安	东莞
1003	男	湖北，武汉	上海

图 7.6 类别型变量

- 多值型变量

多值型变量是指用户在某个维度具有多个取值的变量，比如兴趣爱好、穿衣风格、看过的电影等，这类变量由于其特殊结构无法直接应用到模型中，需要借助特别的数据结构如稀疏矩阵进行处理，如图 7.7 所示。

用户 ID	兴趣爱好	穿衣风格	看过的电影
1001	美食 读书 电影	高领 卫衣	《寄生虫》《辩护人》
1002	健身 摄影	衬衫 短袖	《独自等待》《海蒂与爷爷》
1003	骑行 篮球	夹克 毛衣	《姜子牙》《哪吒》

图 7.7 多值型变量

- 文本型变量

文本型变量（如图 7.8 所示）是指利用文本记录的变量，比如用户对某件商品或者某次购物的评论等。处理这类变量需要用到自然语言处理的一些工具，比如中文分词工具 jieba 等。

用户 ID	商品	打分星级	评论
1001	大份铁板烧套餐	4	味道还不错，给的量也很足
1002	TNT 天酷街舞中心 成人体验课	5	非常棒的一次学舞体验，期待 全新事物带来的新世界
1003	xx	3	xx

图 7.8　文本型变量

接下来将介绍一些常见的特征提取方法，以使读者在面对用户画像相关竞赛时能够更好地解决问题。具体介绍文本挖掘算法、神奇的嵌入表示以及相似度计算方法。

7.3.2　文本挖掘算法

对于基础的原始数据，比如经常出现的用户标签集合、购物评价等，除了常见的统计特征外，还能够基于文本挖掘算法进行特征提取，同时对原始数据进行预处理和清洗，以达到匹配和标识用户数据的效果。本节将会对常见的文本挖掘算法 LSA、PLSA 和 LDA 进行介绍，这三种均为无监督学习方法。

- LSA

LSA（潜在语义分析）是一种非概率主题模型，与词向量有关，主要用于文档的话题分析，其核心思想是通过矩阵分解的方式来发现文档与词之间基于话题的语义关系。具体地，将文档集表示为词 – 文档矩阵，对词 – 文档矩阵进行 SVD（奇异值分解），从而得到话题向量空间以及文档在话题向量空间的表示。

LSA 的具体使用也非常简单，我们以 2020 腾讯广告算法大赛中的数据为例，首先构造用户点击的广告素材 ID 序列（creative_id），然后进行 TF-IDF 计算，最后经过 SVD 得到结果，实现代码如下：

```
from sklearn.feature_extraction.text import TfidfVectorizer
from sklearn.decomposition import TruncatedSVD
from sklearn.pipeline import Pipeline
# 提取用户点击序列
docs=data_df.groupby(['user_id'])['creative_id'].agg(lambda x:"
    ".join(x)).reset_index()['creative_id']
# tfidf + svd
tfidf = TfidfVectorizer()
svd = TruncatedSVD(n_components=100)
svd_transformer = Pipeline([('tfidf', tfidf), ('svd', svd)])
lsa_matrix = svd_transformer.fit_transform(documents)
```

- PLSA

PLSA（概率潜在语义分析）模型其实是为了克服 LSA 模型潜在存在的一些缺点而提出的。PLSA 模型通过一个生成模型来为 LSA 赋予概率意义上的解释。该模型假设每一篇文档都包含一系列可能的潜在话题，文档中的每一个单词都不是凭空产生的，而是在潜在话题的指引下通过一定的概率生成的。

- LDA

LDA（潜在狄利克雷分布）是一种概率主题模型，与词向量无关，可以将文档集中每篇文档的主题以概率分布的形式给出。通过分析一批文档集，抽取出它们的主题分布，就可以根据主题分布进行主题聚类或文本分类。同时，它是一种典型的词袋模型，即一篇文档由一组相互独立的词构成，词与词之间没有先后顺序关系。

7.3.3 神奇的嵌入表示

毫不夸张地说，任何可以形成网络结构的东西，都可以有嵌入表示（Embedding），并且嵌入表示可以将高维稀疏特征向量转换成低维稠密特征向量来表示。嵌入表示这个概念最初在 NLP 领域被广泛应用，现在已经扩展到了其他应用，比如电商平台。电商平台将用户的行为序列视作由一系列单词组成的句子，比如用户点击序列和购买商品序列，经过训练后得到关于商品的嵌入向量。这里主要介绍经典的 Word2Vec 以及网络表示学习中的 DeepWalk 方法。

- 词嵌入 Word2Vec

Word2Vec 在竞赛中被经常使用，能够带来意想不到的效果，掌握其原理非常关键。Word2Vec 根据上下文之间的关系去训练词向量，有两种训练模式，分别为 Skip-Gram（跳字模型）和 CBOW（连续词袋模型），两者的主要区别为在于输入层和输出层的不同。简单来说，Skip-Gram 是用一个词语作为输入，来预测它的上下文；CBOW 是用一个词语的上下文作为输入，来预测这个词语本身。

如图 7.9 所示，Word2Vec 实质上是只有一个隐藏层的全连接神经网络，用来预测与给定单词关联度大的单词。模型词汇表的大小是 V，每个隐藏层的维度是 N，相邻神经元之间的连接方式是全连接。

图 7.9 中的输入层是把一个词被转化成的独热向量，即给定一个单词，然后把此单词转化为 $\{x_1, x_2, x_3, \cdots, x_v\}$ 序列，这个序列中只有一个值为 1，其他均为 0；通过输入层和隐藏层之间的权重矩阵 $W_{V \times N}$，将序列在隐藏层进行简单的映射；隐藏层和输出层之间存在一个权重矩阵 $W'_{N \times V}$，通过计算得出词汇表中每个单词的得分，最后使用 softmax 激活函数输出每个单词的概率结果。接下来看看 Skip-Gram 和 CBOW 的具体模型结构。

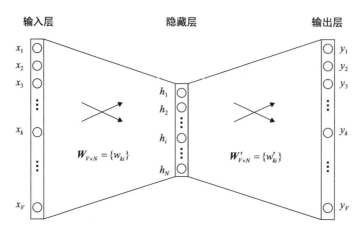

图 7.9 简单版 Word2Vec 模型

如图 7.10 所示，Skip-Gram 根据当前单词预测给定的序列或上下文。假设输入的目标单词为 x_k，定义的上下文窗口大小为 c，对应的上下文为 $\{y_1, y_2, \cdots, y_c\}$，这些 y 是相互独立的。

如图 7.11 是 CBOW 的模型结构，定义上下文窗口大小为 c，上下文单词为 $\{x_1, x_2, \cdots, x_c\}$，通过上下文单词来对当前的单词进行预测，对应的目标单词为 y。

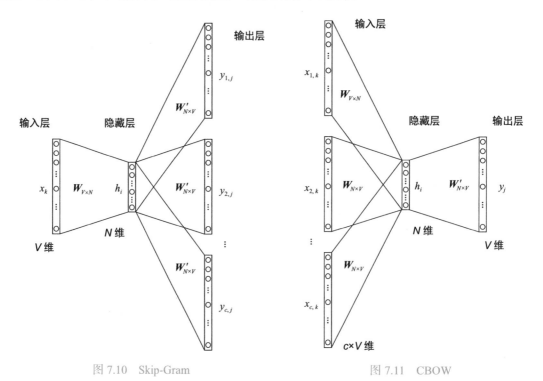

图 7.10 Skip-Gram

图 7.11 CBOW

Word2Vec 使用起来非常方便，直接调用 `gensim` 包即可，需要注意的是几个具体参数，比如窗口大小、模型类型选择、生成词向量长度等。

对于 Skip-Gram 和 CBOW 的选择，大致可以基于以下三点：CBOW 在训练时要比 Skip-Gram 快很多，因为 CBOW 是基于上下文来预测这个单词本身，只需把窗口内的其他单词相加作为输入进行预测即可，不管窗口多大，都只需要一次计算；相较于 Skip-Gram，CBOW 可以更好地表示常见单词；Skip-Gram 在少量的训练集中也可以表示稀有单词或者短语。

- 图嵌入 DeepWalk

在很多场景下，数据对象除了存在序列关系，还存在图或者网络的结构关系，而 Word2Vec 仅能提取序列关系下的嵌入表示，不能跨越原本的序列关系获取图相关的信息。为了能从"一维"关系跨越到"二维"关系，图嵌入（Graph Embedding）成为了新的研究方向，其中最具影响的是 DeepWalk。

如图 7.12 所示，DeepWalk 算法主要包括三个部分，首先生成图网络，比如通过用户点击序列或购买商品序列来构造商品图网络，就是把序列中前后有关联的商品用线连接起来并作为图的边，商品则作为点，这样某个商品点就可以关联大量的领域商品；然后基于图网络进行随机游走（random walk）获取网络中节点与节点的共现关系，根据游走长度生成商品序列；最后把产生的序列当作句子输入到 Skip-Gram 进行词向量的训练，得到商品的图嵌入表示。

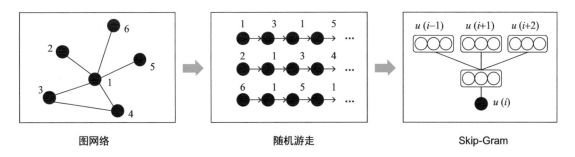

图网络   随机游走   Skip-Gram

图 7.12 DeepWalk 流程

为了方便理解，下面给出 DeepWalk 的代码描述：

```python
def deepwalk_walk(walk_length, start_node):
    walk = [start_node]
    while len(walk) <= walk_length:
        cur = walk[-1]
        try:
            cur_nbrs = item_dict[cur]
            walk.append(random.choice(cur_nbrs))
        except:
            break
```

```
    return walk

def simulate_walks(nodes, num_walks, walk_length):
    walks = []
    for i in range(num_walks):
        random.shuffle(nodes)
        for v in nodes:
            walks.append(deepwalk_walk(walk_length=walk_length, start_node=v))
    return walks

if __name__ == "__main__":
# 第一步：生成图网络（省略）
# 构建 item_dict 保存图中的节点关系，即字典结构存储，key 为节点，value 为领域
# 第二步：通过 DeepWalk 生成商品序列
nodes = [k for k in item_dict]  # 节点集合
num_walks = 5  # 随机游走轮数
walk_length = 20  # 随机游走长度
sentences = simulate_walks(nodes, num_walks, walk_length)  # 序列集合

# 第三步：通过 Word2Vec 训练商品词向量
model = Word2Vec(sentences, size=64, window=5, min_count=3, seed=2020)
```

扩展学习

对于 Word2Vec 的衍生 Item2Vec 以及更多图嵌入方法，比如 LINE、Node2Vec 和 SDNE 都是很值得研究的。从传统的 Word2Vec 到推荐系统中的嵌入表示，再到如今逐渐向图嵌入过渡，这些嵌入方式的应用都非常广泛。

7.3.4　相似度计算方法

基于相似度计算的特征提取有欧式距离、余弦相似度、Jaccard 相似度等，有助于提取用户、商品和文本的相似度。当已经获取了用户和商品的嵌入表示、文本的分词表示及各类稀疏表示后，可以对些向量表示进行相似度的计算。基于相似度计算在用户分层聚类、个性化推荐或广告投放等应用中一直被广泛使用。

● 欧式距离

欧式距离是最易于理解的一种距离计算方式，是二维、三维或多维空间中两点之间的距离公式。在 n 维空间中，对于向量 $A=[a_1, a_2, \cdots, a_n]$，$B=[b_1, b_2, \cdots, b_n]$，其公式为式 (7-1)：

$$d(A,B) = \sqrt{\sum_{i=1}^{n}(a_i - b_i)^2} \tag{7-1}$$

欧式距离的代码实现如下：

```
def EuclideanDistance(dataA, dataB):
    # np.linalg.norm 用于范数计算，默认为二范数，相当于平方和开根号
    return 1.0 / ( 1.0 + np.linalg.norm(dataA - dataB))
```

- 余弦相似度

首先，样本数据的夹角余弦并不是真正几何意义上的夹角余弦，实际上前者只不过是借用后者的名字，变成了代数意义上的"夹角余弦"，用于衡量样本向量之间的差异。夹角越小，余弦值越接近于 1，反之则趋近于 –1。上面的向量 A 和向量 B 之间的夹角余弦见式 (7-2)：

$$\cos\theta = \frac{\sum_{i=1}^{n}(a_i \times b_i)}{\sqrt{\sum_{i=1}^{n}a_i^2} \times \sqrt{\sum_{i=1}^{n}b_i^2}} \tag{7-2}$$

余弦相似度的代码实现如下：

```
def Cosine(dataA, dataB):
    sumData = np.dot(dataA, dataB)
    denom = np.linalg.norm(dataA) * np.linalg.norm(dataB)
    # 归一化到 [0,1] 区间
    return ( 1 - sumData / denom ) / 2
```

- Jaccard 相似度

Jaccard 相似度一般用于度量两个集合之间的差异大小，其思想为两个集合共有的元素越多，二者就越相似。为了控制其取值范围，我们可以增加一个分母，也就是两个集合拥有的所有元素。集合 C、集合 D 的 Jaccard 相似度公式见式 (7-3)：

$$J(C,D) = \frac{|C \cap D|}{|C \cup D|} = \frac{|C \cap D|}{|C| + |D| - |C \cap D|} \tag{7-3}$$

Jaccard 相似度的代码实现如下：

```
def Jaccard(dataA, dataB):
    A_len, B_len = len(dataA), len(dataB)
    C = [i for i in dataA if i in dataB]
    C_len = len(C)
    return C_len / ( A_len + B_len - C_len)
```

扩展学习

更多相似度计算方法有皮尔逊相关系数（Pearson correlation coefficient）、修正余弦相似度（Adjusted Cosine Similarity）、汉明距离（Hamming distance）、曼哈顿距离（Manhattan distance）、莱文斯坦距离（Levenshtein distance）等。

7.4   用户画像的应用

用户画像之所以值得去研究学习，是因为其拥有广阔的应用场景，且互联网时代的用户行为能够产生大量可供分析建模的数据，这也为用户画像提供了良好的条件。虽然很多企业做用户画像考虑的侧重点不一样，但全部抽象出来进行分析后，主要可以分为如图 7.13 所示的几类。

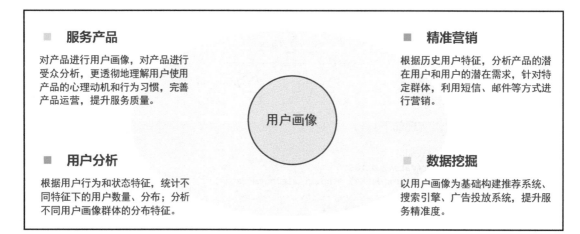

图 7.13   用户画像的应用场景

结合以上用户画像的多个主要目的，本节将从用户分析、精准营销和风控领域三个主要层面对用户画像的应用进行介绍。

7.4.1   用户分析

日活、月活是时常能听到的两个词语，通常用于形容每天或者每月的在线活跃人数，是互联网产品的重要评价指标。虽然每个产品在设计之初都有或多或少地定位目标用户群，但上线之后产品总还是会面临各种各样的挑战，比如用户的拉新、促活、留存，新增用户有什么特征，核心用户的属性是否变化等都是需要分析研究的难题，因此需要不停地做用户画像分析，提炼人群特征，继而不断优化产品性能、UI 交互，对用户阶段的划分如图 7.14 所示。

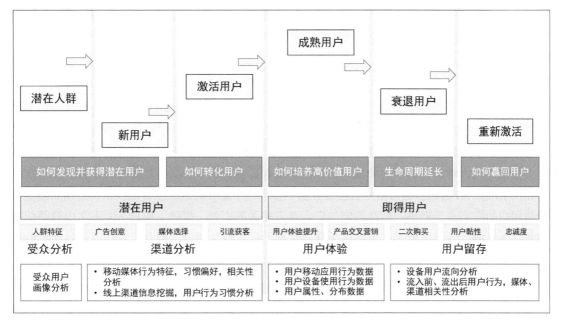

图 7.14 划分用户阶段的分析

(1) 京东 JDATA 平台 2019 年的"用户对品类下店铺的购买预测"竞赛赛题提供来自用户、商家、商品等多方面的数据信息，包括商家和商品自身内容的信息、评论信息以及用户与商家丰富的互动行为。需要选手通过数据挖掘技术和机器学习算法构建用户购买商家商品中相关品类的预测模型，输出用户和店铺、商品品类的匹配结果，为用户拉新提供高质量的目标群体。本质上是货找人的匹配工作，为潜在用户提供合适的商品，提高用户类型转化率，促进平台 GMV 提升。

(2) 腾讯广告"2020 腾讯广告算法大赛"的赛题主要也是围绕用户的行为信息而展开，即把用户在广告系统中的交互行为作为输入来预测用户的人口统计学属性（比如年龄、性别、职业等）。例如，对于缺乏用户信息的实践者来说，基于其自有系统的数据来推断用户属性可以帮助其在更广的人群上实现智能定向或者受众保护。虽然用户填写的信息可能存在造假，但是用户的行为习惯是很难造假的，充分挖掘用户的交互行为有助于验证用户的属性特征。

7.4.2 精准营销

智能手机下载量排前十的 App 中总少不了电商的身影，网购的方便快捷以及商品的琳琅满目极大增强了用户的购物体验。利用用户的历史消费行为进行用户画像，能够展示用户的消费偏好，使得在用户需要添置物品的时候电商平台能够迅速、准确地响应用户的需求，同时商家也能容易地找到自家的种子用户。除了电商搜索外，推荐系统和广告投放也属于精准营销的范畴。

在机器学习的各大竞赛平台上，有关面向用户精准营销的竞赛层出不穷，以下对用户画像在精准营销方面的算法竞赛实例进行简单介绍。

(1) 本书王贺、刘鹏二位作者竞赛生涯的首冠在 DC 竞赛平台举行的"2018 科大讯飞 AI 营销算法大赛"取得。主办方是讯飞 AI 营销云，隶属于科大讯飞股份有限公司，基于深耕多年的人工智能技术和大数据积累，赋予营销智慧创新的大脑，以健全的产品矩阵和全方位的服务帮助广告主用 AI 实现营销效能的全面提升，打造数字营销新生态。讯飞 AI 营销云在高速发展的同时，积累了海量的广告数据和用户数据，如何有效利用这些数据去预测用户的广告点击概率，是大数据应用在精准营销中的关键问题，也是所有智能营销平台必须具备的核心技术。这次大赛提供了讯飞 AI 营销云的海量广告投放数据，参赛选手需要通过人工智能技术构建预测模型来预估用户的广告点击概率，即在给定与广告点击相关的广告、媒体、用户、上下文内容等信息的条件下预测广告点击概率。虽然这场竞赛也属于广告投放领域，但是二位作者通过给出的用户标签集对用户画像深入挖掘，准确地将用户与广告联系在一起，取得了不错的成绩。

(2) 腾讯广告"2018 腾讯广告算法大赛"是以 Look-alike（相似人群扩展）为背景，基于种子用户，即广告主已有的消费者，通过一定的算法评估模型，找出和已有消费者相似的潜在消费者，以此有效地帮助广告主挖掘新客户、拓展业务。本题目将为参赛选手提供几百个种子人群、海量候选人群对应的用户特征以及种子人群对应的广告特征。参赛选手需要预测种子包候选用户是否属于该种子包的得分，得分越高说明候选用户是某个包的潜在扩展用户的可能性越大。在挖掘相似人群的过程中，Look-alike 主要依据用户基本属性及其拥有的行为信息，这就需要庞大的数据存量作为分析源头。

7.4.3　风控领域

除了前面两节讲到的应用之外，用户画像还有一类特殊的应用场景，就是金融领域的风控问题。这类场景主要关注用户的经济状况，结合征信等维度评估用户的偿贷能力。在移动支付盛行的时代，电子流水取代了现金流通，同时使得人们的各种消费行为能够被自动记录下来，这就产生了大量的交易流水，为评估消费者的消费能力和信用提供了支撑。相关的竞赛案例有如下几个。

(1) DF 竞赛平台的"消费者人群画像 – 信用智能评分"。在社会信用标准体系快速发展的大背景下，作为通信运营商的中国移动拥有海量、广泛、高质量、高时效的数据。打破传统的信用评分方式，如何基于丰富的大数据对客户进行智能评分是中国移动和新大陆科技集团目前攻关的难题。中国移动福建公司提供了 2018 年某月的样本数据（已脱敏处理），包括客户的各类通信支出、欠费情况、出行情况、消费场所、社交、个人兴趣等多维度数据，需要参赛者通过分析建模，运用机器学习和深度学习算法，准确评估用户消费信用分值。

(2) 拍拍贷"第四届魔镜杯大赛"。本次竞赛以互联网金融信贷业务为背景，考虑到在互联网金融信贷业务中单个资产标的金额小且复杂多样，给出借人或机构带来巨大的资金管理压力，参赛选手需要利用提供的数据预测资产组合在未来一段时间内每日的回款金额。该赛题涵盖了信贷违约预测、现金流预测等金融领域的常见问题，同时又是复杂的时序问题和多目标预测问题。主办方提供借款用户基础信息、用户画像标签列表、用户借还款行为日志、借款的属性表等信息。

上面两个竞赛分别是关于信用评分和现金流预测的典型风控问题，风控领域的问题特点非常明显。第一，业务对模型的解释性要求偏高，同时对时效性有一定要求，这要求参赛者在实际建模中要学会权衡模型复杂度与精度，并且适当地优化算法内核；第二，业务模型多样，每一个模型都和业务目标有着非常高的联系，经常需要根据业务搭建合适的模型；第三，负样本占比极少，是均衡学习算法的主战场之一。

7.5　思考练习

1. 你觉得用户画像是想体现用户的共性还是个性，为什么?
2. 就你日常使用的 App，思考其算法与运营团队会如何给你画像呢?
3. 文本挖掘算法也是非常多的，尝试整理这些算法调用方法，并且结合原理去熟悉参数的设置。
4. 嵌入方式被广泛应用，除了 Word2Vec 和 DeepWalk 以外，还有哪些嵌入算法，具体原理是什么样的?
5. 相似度计算方法非常多，但要从大量数据中检索出最为相似的或者相似度排前 N 位的并不是件容易的事情，所以有什么好的检索算法吗?

第8章

实战案例：Elo Merchant Category Recommendation

本章将以 Kaggle 平台 2019 年的 Elo Merchant Category Recommendation 竞赛（如图 8.1 所示）为例讲解与用户画像相关的实战，端到端地讲解完整的实战流程与注意事项。本章主要分为如下几个部分：赛题理解、数据探索、特征工程、模型选择、模型融合、高效提分和赛题总结，这些是本书所有实战案例章节共同的组织结构，也是一场竞赛的重要组成流程。相信在本书的指引下，读者能够快速地熟悉竞赛流程，并进行实战。

图 8.1   Elo Merchant Category Recommendation 竞赛

8.1   赛题理解

所谓磨刀不误砍柴工，竞赛前应对赛题相关信息进行充分了解，理解其背后的需求，进而达到正确审题的目的。

8.1.1   赛题背景

想象一下，当你在一个不熟悉的地方饿着肚子想要找好吃的东西时，你是不是会得到基于你的个人喜好而被专属推荐的餐馆，且该推荐还附带着你的信用卡提供商为你提供的附近餐馆的折扣信息。

目前，巴西最大的支付品牌之一 Elo 已经与商家建立了合作关系，以便向顾客提供促销或折扣活动。但这些促销活动对顾客和商家都有益吗？顾客喜欢他们的活动体验吗？商家能够看到重复交易吗？要回答这些问题，个性化是关键。

Elo 建立了机器学习模型，以了解顾客生命周期中从食品到购物等最重要方面的偏好。但到目前为止，那些学习模型都不是专门为个人或个人资料量身定做的，这也就是这场竞赛举办的原因。

在这场竞赛中，需要参赛者开发算法，通过发现顾客忠诚度的信号，识别并为个人提供最相关的机会。你的意见将改善顾客的生活，帮助 Elo 减少不必要的活动，为顾客创造精准正确的体验。

8.1.2 赛题数据

为了保证隐私与信息安全，本次竞赛的所有数据都是模拟与虚构数据或经过脱敏的数据，并非真实的顾客数据。具体包含下列数据文件。

- ❑ train.csv：训练集。
- ❑ test.csv：测试集。
- ❑ sample_submission.csv：正确与规范的提交文件示例，含有需要参赛者预测的所有的 card_id。
- ❑ historical_transactions.csv：信用卡（card_id）在给定商家的历史交易记录，对于每张信用卡，最多包含其三个月的交易记录。
- ❑ merchants.csv：数据集中所有商家（商家 id）的附加信息。
- ❑ new_merchant_transactions.csv：每张信用卡在新商家的购物数据，最多包含两个月的数据。
- ❑ Data_Dictionary.xlsx：数据字典的说明文件，提供了上述各表的字段含义，包括对 train、historical_transactions、new_merchant_period 和 merchant 的相应说明。相信参赛者跟笔者一样疑惑这个 new_merchant_period 又是什么东西，且继续往下读。

8.1.3 赛题任务

通过顾客的历史交易记录以及顾客和商家的信息数据进行模型训练，最终预测测试集里面所有信用卡的忠诚度分数。

8.1.4 评价指标

本次竞赛采用均方根误差（RMSE）作为评价指标，用来计算参赛者提交结果的成绩，具体计算方式如式 (8-1)：

$$\text{RMSE} = \sqrt{\frac{1}{n}\sum_{i=1}^{n}(y_i - \hat{y}_i)^2} \tag{8-1}$$

其中 $\hat{y}_i$ 是参赛者对每个信用卡预测的忠诚度分数，而 y_i 是对应信用卡的真实忠诚度分数。

8.1.5 赛题 FAQ

竞赛提供了这么多数据文件，至少需要哪些才能完成建模？

至少需要 train.csv 和 test.csv，这两个文件包含所有将会被用来进行训练与测试的信用卡 **card_id**。另外 historical_transactions.csv 和 new_merchant_transactions.csv 包含每张信用卡的交易记录。

参赛者如何能够将其余的数据利用上呢？

train.csv 和 test.csv 包含所有信用卡的 **card_id** 和信用卡本身的信息（比如卡激活的第一个月是何时等）。此外 train.csv 还包含部分顾客的目标值，即提供了这部分顾客确定的忠诚度分值。historical_transactions.csv 和 new_merchant_transactions.csv 设计为与 train.csv、test.csv 和 merchants.csv 结合在一起，因为如上所述，这两个文件包含每张信用卡的交易记录，所以将交易记录与商家结合在一起可以提供额外的商家级别等信息。

8.2 数据探索

相信很多参赛者与笔者一样，即使读完 8.1 节的所有内容依然感觉有些迷惑。老话说得好，"Talk is cheap，show me the data"（能说不算什么，有本事给我看数据）。千言万语都不如直接理解数据来得实在，相信很多问题通过观察和分析数据就能解决。在数据挖掘领域有个专有名词叫作探索性数据分析（EDA，本书中称为"数据探索"），这不仅能帮助参赛者理解赛题题目的真实含义，了解数据概况，还能对接下来的特征工程与建模思路起到引导作用，进一步加强参赛者对业务的理解和技术的应用，因此我们首先需要做的便是对数据集进行探索。读到这里也许有的读者已经开始跃跃欲试打算开动"码力"，在写代码之前我想建议，可以的话，借助 Excel 这一强大的表格工具，先打开竞赛提供的各种文件以获得一个直观的感受，本题目就可以直接查看 train.csv、test.csv、sample_submission.csv 和 Data_Dictionary.xlsx。一般来讲，超过 50 MB 的文件就不方便直接用 Excel 打开了，因为容易造成电脑卡顿。当然要注意 Excel 本身的数据格式也会对文件呈现带来影响，比如科学计数法、文本以及日期等。

8.2.1 字段类别含义

在进行数据探索前，参赛者首先应该明确对各数据文件的介绍以及文件中字段的含义，以便理解赛题和搭建分析逻辑。参考赛题主办方提供的字段信息表 Data_Dictionary.xlsx 可知，五个数据文件中的字段及含义如下。

- train.csv 与 test.csv 中的字段及含义

❑ card_id：独一无二的信用卡标识，即信用卡 id，例如 C_ID_92a2005557；
❑ first_active_month：首次使用信用卡购物的月份，格式为 YYYY-MM，例如 2017-04；
❑ feature_1/2/3：匿名的信用卡离散特征 1/2/3，例如 3；
❑ target：Loyalty numerical score calculated 2 months after historical and evaluation period，忠诚度分数目标列，例如 0.392913。

通过查看上述字段的含义可知，三个 feature 都是匿名的信用卡离散字段，还有一个首次购物的月份，而 target 是在历史和评估时期后的两个月进行量化计算得到的忠诚度分数。需要注意的是，这里的 evaluation period 应该是指 new_merchant_transactions.csv 中的信息，同时也是对应 Data_Dictionary.xlsx 里面的 new_merchant_period 字段。同时校验一下数据的正确性就可以发现训练集与测试集的 card_id 均为唯一值，且训练集与测试集中的 card_id 不重复。

- historical_transactions.csv 和 new_merchant_transaction.csv 中的字段及含义

❑ card_id：独一无二的信用卡标识，即信用卡 id，例如 C_ID_415bb3a509；
❑ month_lag：距离参考日期的月份，例如 [-12, -1]、[0, 2]；
❑ purchase_date：购物日期（时间），例如 2018-03-11 14:57:36；
❑ category_3：匿名类别特征 3，例如 A/B/C/D/E；
❑ installments：购买商品的数量，例如 1；
❑ category_1：匿名类别特征 1，例如 Y/N；
❑ merchant_category_id：商品种类 id（经过了匿名处理），例如 307；
❑ subsector_id：商品种类群 id（经过了匿名处理），例如 19；
❑ merchant_id：商品 id（经过了匿名处理），例如 M_ID_b0c793002c；
❑ purchase_amount：标准化的购物金额，例如 -0.557574；
❑ city_id：城市 id（经过了匿名处理），例如 300；
❑ state_id：州 id（经过了匿名处理），例如 9；
❑ category_2：匿名类别特征 2，例如 1。

- merchants.csv 中的字段与含义

❑ merchant_id：独一无二的商品标识，即商品 id，例如 M_ID_b0c793002c；

❑ merchant_group_id：商品组（经过了匿名处理），例如 8353；

❑ merchant_category_id：商品种类 id（经过了匿名处理），例如 307；

❑ subsector_id：商品种类群 id（经过了匿名处理），例如 19；

❑ numerical_1/2：匿名数值特征 1/2，例如 -0.057471；

❑ category_1：匿名类别特征 1，例如 N/Y；

❑ most_recent_sales_range：在最近活跃月份的销售额等级，例如 A、B、C、D、E（等级依次降低）；

❑ most_recent_purchases_range：在最近活跃月份的交易数量等级，例如 A、B、C、D、E（等级依次降低）；

❑ avg_sales_lag3/6/12：过去 3、6、12 个月的月平均收入除以上一个活跃月份的收入，例如 -82.13；

❑ avg_purchases_lag3/6/12：过去 3、6、12 个月的月平均交易量除以上一个活跃月份的交易量，例如 9.6667；

❑ active_months_lag3/6/12：过去 3、6、12 个月内活跃月份的数量，例如 3；

❑ category_4：匿名类别特征 4，例如 Y/N。

8.2.2　字段取值状况

在梳理完各个表格文件的字段及含义以后，参赛者可以具体查看每个表格每个字段的具体取值状况，通常来说除了字段含义以外，还要结合字段含义判定字段的取值类型，类型主要分为字符（object）和数值（int、float）两种，需要注意字段含义的离散与否和字段取值是否为数值不存在必然的联系。因为离散型字段的取值可能是数值，比如 city_id 字段，虽然它的取值都是数值类型，但相互之间并没有大小关系；数值型字段的取值也可能是字符，比如 most_recent_sales_range 字段，它的取值虽然是字符类型，但可以明显感觉到相互之间存在大小关系。

无论字段是什么类型，参赛者都需要主要关心两点，一是缺失值状况，二是字段大概的取值范围与分布。离散特征的关注点在于特征值的数量分布，而数值特征则需关注其取值范围和异常值、离群点等。这里以本次赛题的目标列为例，目标列为连续值，可采用 pandas.series 的 describe 方法分析其取值范围和区间。

有趣的是，若同时采用分析离散特征分布的 value_counts 方法，则参赛者可以惊喜地发现目标列有一个极端异常值 -33.219281，占比约 1%，在后面的建模任务中参赛者会逐渐体会到这一发现的重要性与特殊性。

8.2.3 数据分布差异

　　机器学习领域有三个特别的数据集称谓，分别是训练集、验证集与测试集，模型从训练集中学习特征与标签之间的关联关系，同时利用验证集进行评估，以避免发生过拟合和欠拟合，等学习到合适的程度后就可以把模型应用到测试集上进行预测。要使模型的预测效果优异，其中一个前提就是训练集、验证集与测试集的数据分布要相似，尤其是特征与标签的联合分布一致，这样模型学习到的关联关系才是可以进行泛化的。验证集根据建模任务的不同有多种选取方式，一般而言不涉及时间先后顺序的建模任务就可以把一份数据集随机划分为训练集和验证集；测试集由于无从得知标签也就是目标列，因此只能通过一些特征的分布或是联合分布进行划分。本赛题将以 train.csv 与 test.csv 为例来探索分析数据分布的差异。

　　如图 8.2 所示，对 train.csv 和 test.csv 中的 `first_active_month`、`feature_1`、`feature_2` 和 `feature_3` 几个字段进行单变量分布展示，可以看出训练集与测试集在所有单变量上的绝对数量分布形状都极其相似，需要进一步查看相对占比分布才能得到更准确的结论。继续对这 4 个字段进行单变量占比分布展示，如图 8.3 所示。

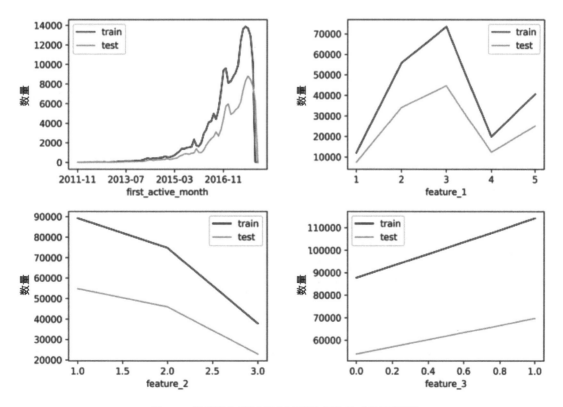

图 8.2　训练集和测试集中特征分布差异（另见彩插）

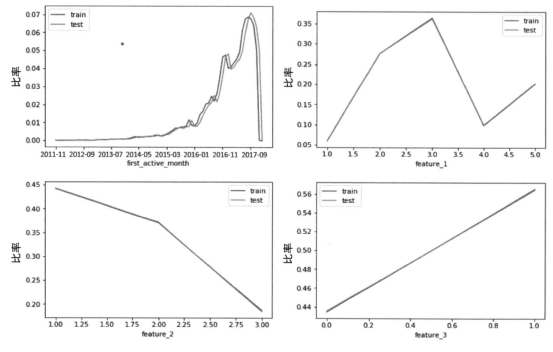

图 8.3　训练集和测试集中特征密度分布（另见彩插）

由图 8.3 可以看出，训练集与测试集在所有单变量上的相对占比分布形状基本一致，由此猜想训练集与测试集的生成方式一样，可以继续验证联合分布作为加强此猜想的事实依据。

需要注意的是，上面通过画图进行分析有一个不严谨之处，即训练集与测试集的单变量取值范围可能不完全一样，因此将两根线画在同一张图上有可能会出错，比如发生偏移等。有兴趣的读者可以自行验证二者的横坐标是否完全一样。如果不一样，运行同样的画图代码会发生什么？在下面的联合分布验证中，我们将会解决这一遗漏之处。

在查看多变量的联合分布时，通常来说可以使用散点图，但这里的四个字段均是离散特征，而散点图不太适合延续上面画单变量图的思想，因此参赛者可以把两个变量拼接到一起将多变量的联合分布转变为单变量的分布，结果如图 8.4 所示。

修正遗漏后，参赛者可以发现训练集与测试集的两变量联合分布也基本保持一致，由此基本可以判定训练集与测试集的生成方式基本一模一样，即训练集与测试集是将同一批数据随机划分后的结果，有兴趣的参赛者可以继续验证三变量和四变量分布。假定关于训练集与测试集的这一猜想成立，则会极大地增添参赛者后续进行特征工程的信心，对建模方式也会有一个整体把握。

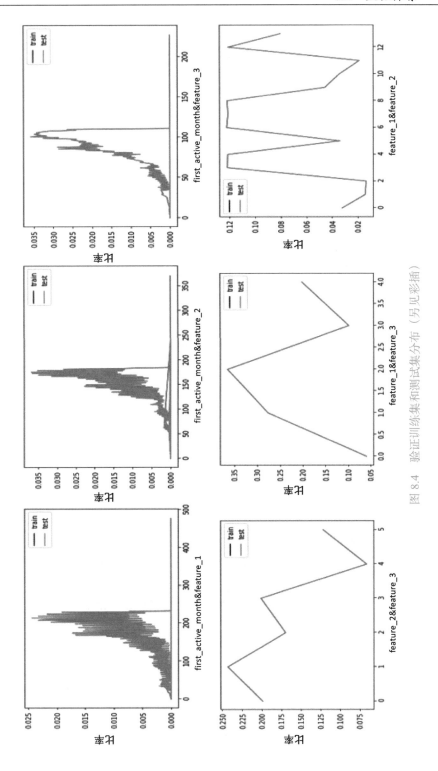

图 8.4 验证训练集和测试集集分布（另见彩插）

8.2.4 表格关联关系

由上述探索可以看出，train.csv 和 test.csv 帮助参赛者明确了训练集和测试集以及建模目标；historical_transactions.csv 和 new_transactions.csv 具有相同的字段，只是二者时间上有所区别，给参赛者提供了丰富的顾客交易信息；merchants.csv 则描述了商家的经营状况。参赛者需要结合商家基本信息表与顾客交易记录表对用户的消费行为进行数据挖掘，找到尽可能丰富的目标列相关信息，从而达到优异的预测效果。

8.2.5 数据预处理

为了方便后续的特征提取以及保持数据的整洁性，在进行数据探索的同时参赛者可以完成相应的数据清洗，这方面对于不同数据，其处理技巧也是多种多样，但目的都是为后续的特征提取扫清障碍。这里只给出详细步骤，具体代码请见本书附带资源中的 eda.ipynb。

- train.csv 和 test.csv

这两个表格只有 test.csv 中的 `first_active_month` 字段有一个缺失值，总体来说只有一个缺失值的影响不大，且这个字段是字符型，因此需要对其进行编码处理，考虑到其实质上具有先后顺序关系，采用字典排序进行编码即可。

- merchants.csv

处理步骤如下：

(1) 根据业务含义划分离散字段 `category_cols` 与连续字段 `numeric_cols`；
(2) 对字符型的离散字段进行字典排序编码；
(3) 为了更方便统计，对缺失值进行处理，对离散字段统一用 –1 进行填充；
(4) 探查离散字段发现有正无穷值，这是特征提取以及模型不能接受的，因此需要对无穷值进行处理，此处采用最大值进行替换；
(5) 对离散字段的缺失值进行处理的方式有很多种，这里先使用平均值进行填充，后续有需要再进行优化处理；
(6) 去除与交易记录表格重复的列以及对 `merchant_id` 的重复记录。

- new_merchant_transactions.csv 和 historical_transactions.csv

处理步骤如下：

(1) 为了统一处理，首先将这两张表格拼接起来，后续可以通过 `month_lag>=0` 这个条件进行区分；
(2) 划分离散字段、连续字段以及时间字段；

（3）可仿照 merchants.csv 的处理方式对字符型离散字段进行字典排序编码以及对缺失值进行填充；

（4）对时间段进行处理，简单起见，提取月份、星期几（工作日与周末）以及时间段（上午、下午、晚上、凌晨）信息；

（5）对新生成的购买月份离散字段进行字典排序编码；

（6）处理完商家信息和交易记录的表格后，为了方便特征的统一计算将这几个表格合并，然后重新划分相应的字段种类。

8.3　特征工程

经过基本的数据探索之后，相信参赛者对数据以及对赛题任务都有了一个良好的理解，本赛题的重点便是挖掘用户的各种交易行为与目标列的关系，进而达到良好的模型学习效果，使模型能够准确预测测试集用户的忠诚度分数。因此这是一个关注信用卡用户局部消费偏好画像的题目，通过找到相似的训练集用户来类推测试集用户的忠诚度分数，进而对高价值人群进行区分，给商家与信用卡银行提供决策支持，同时也能够提升消费者的购物体验，因此特征工程可集中于用户的交易行为画像，即用户在各个维度上购物行为的量化，比如最近一个月的消费金额与购买数量等。

在评估用户价值的画像领域，有个经典的 RFM 理论，即 Recent、Frequency（频次）和 Money（金钱）。结合前面的数据探索，参赛者应该能够明确这一理论的可行性。这里将用购买数量模拟 Frequency，把消费金额作为 Money。本赛题不仅在建模目标上具有广泛性，其数据结构也具有典型的特点，即主要利用用户的行为记录表格（historical_transactions.csv、merchants.csv、以及 new_merchant_transactions.csv）进行信息挖掘。接下来将分别介绍**特征提取的两种办法**，一种是借助 python 的原生字典结构进行通用特征的提取，另一种则借助 pandas 这一强大的数据处理工具的统计函数进行业务特征的提取。

8.3.1　通用特征

字典的键值结构很好地提供了便于使用的映射关系，这里的特征提取可以把用户作为第一层键值，把特征字段作为第二层键值，统计完成后再将字典转换成 pandas.DataFrame 格式；简单来说，就是想知道用户在每个类别字段的每个取值下的购买数量与消费金额。

首先，创建一个字典以存储生成的统计特征，并给每个 card_id 赋值：

```
features = {}
card_all = train['card_id'].append(test['card_id']).values.tolist()
for card in card_all:
    features[card] = {}
```

其次，记录好每个字段的索引以便按行处理的时候直接获取目标值：

```
columns = transaction.columns.tolist()
idx = columns.index('card_id')
category_cols_index = [columns.index(col) for col in category_cols]
numeric_cols_index = [columns.index(col) for col in numeric_cols]
```

然后，按行进行相应字段的特征提取和更新：

```
# 记录运行时间
s = time.time()
num = 0
for i in range(transaction.shape[0]):
va = transaction.loc[i].values
card = va[idx]
for cate_ind in category_cols_index:
    for num_ind in numeric_cols_index:
        col_name = '&'.join([columns[cate_ind], va[cate_ind], columns[num_ind]])
        features[card][col_name] = features[card].get(col_name, 0) + va[num_ind]
num += 1
if num%1000000==0:
    print(time.time()-s, "s")
del transaction
gc.collect()
```

最后，将字典转换成特征 DataFrame 表格结构，并且重置表格的列名。

```
df = pd.DataFrame(features).T.reset_index()
del features
cols = df.columns.tolist()
df.columns = ['card_id'] + cols[1:]
```

在表格生成后，就可以拼接训练集与测试集，进行后续的模型训练。为区别于后续特征，此处将特征集命名为 dict，完整代码见代码资源中的 dict.ipynb。

8.3.2　业务特征

基于字典结构的通用特征提取，其优势在于可以按行读取及处理，无论速度还是内存都有一定的保障，还可以面面俱到地量化到每个子类下的用户行为。但其缺点也比较明显，即需要固定的数据结构，同时会产生较高维度的结果。另一种方案是使用 pandas 工具的 groupby 方法进行统计，这种方式简单很多，但对内存性能要求较高，因为需要加载全部数据。需要注意的是，这里为了符合 pandas 的统计需要，不再对缺失值以及离散型字段进行转化。

同时增加两个特征，这两个特征与用户两次购买行为之间的时间间隔有关，分别从日和月方面进行刻画，代码如下：

```
transaction['purchase_day_diff'] = transaction.groupby("card_id")['purchase_day'].diff()
transaction['purchase_month_diff'] = transaction.groupby("card_id")['purchase_month'].diff()
```

首先，根据字段的种类设置相应想获取的统计量，并给定相应的字段列表，为后续的计算做准备，这种方式逻辑清晰，特征构造更加全面：

```
aggs = {}
for col in numeric_cols:
    aggs[col] = ['nunique', 'mean', 'min', 'max','var','skew', 'sum']
for col in categorical_cols:
    aggs[col] = ['nunique']
    aggs['card_id'] = ['size', 'count']
cols = ['card_id']
for key in aggs.keys():
    cols.extend([key+'_'+stat for stat in aggs[key]])
```

然后，针对 new_merchant_transactions.csv、historical_transactions.csv 以及全时间段分别进行计算和统计，获取多角度下的统计特征：

```
df = transaction[transaction['month_lag']<0].groupby('card_id').agg(aggs).reset_index()
df.columns = cols[:1] + [co+'_hist' for co in cols[1:]]

df2 = transaction[transaction['month_lag']>=0].groupby('card_id').agg(aggs).reset_index()
df2.columns = cols[:1] + [co+'_new' for co in cols[1:]]
df = pd.merge(df, df2, how='left',on='card_id')

df2 = transaction.groupby('card_id').agg(aggs).reset_index()
df2.columns = cols
df = pd.merge(df, df2, how='left',on='card_id')
```

可以看出，利用 groupby 方法统计出的特征数量会少很多，集中为用户各种行为的统计量，为区别于后续特征，将此处特征集命名为 groupby。

8.3.3 文本特征

除去上述常规的特征之外，本赛题还可以对一类特征进行提取，就是基于 CountVector 和 NLP 领域的 TF-IDF 向量特征，不同于前面的 dict 和 groupby，这里只针对部分离散字段进行词频统计。CountVector 与 dict 部分的特征比较像，而 TF-IDF 则是对多变量联合分布的补充。

首先将相应字段处理成标准的输入格式，然后调用 sklearn 中的相关方法进行计算，需要注意这部分特征采用的是 scipy 的 sparse 稀疏矩阵结构，因此在处理上与 dict 和 groupby 有所不同。

8.3.4 特征选择

常见的特征选择方法主要分两种，一种是过滤式选择，另一种是特征重要性选择。前者利用一些统计学上的相关性系数进行过滤，后者通过模型评估过程中的特征重要性进行选择。一般来讲，特征选择的功能主要出于提升模型训练速度与精度两个方面的考虑，在 8.4 节将会针对不同的特征选择方法进行模型训练，并对比最终的线下、线上结果。

8.4 模型训练

在准备好基础特征后，参赛者就可以开始尝试模型训练与预测的全流程，为尽可能多地给参赛者介绍一些处理技巧，本节将会介绍三种模型（随机森林、LightGBM 和 XGBoost）的全流程，同时组合不同的特征选择与参数调优方法。

8.4.1 随机森林

首先是 sklearn 库里的随机森林模型，本模型的全流程分为四个模块：读取数据、特征选取、参数调优以及训练预测。模型的要素组成为 8.3.4 节中的 dict 和 groupby 两部分，特征选取方面采用基于皮尔逊相关系数计算的 Filter 方法取前 300 个特征，参数调优方面使用 sklearn 库的网格搜索（GridSearch）。

首先，读取已经提前构造好的指定特征集和测试集并且进行数据集的拼接，具体代码如下：

```
def read_data(debug=True):
    NROWS = 10000 if debug else None
    train_dict = pd.read_csv("preprocess/train_dict.csv", nrows=NROWS)
    test_dict = pd.read_csv("preprocess/test_dict.csv", nrows=NROWS)
    train_groupby = pd.read_csv("preprocess/train_groupby.csv", nrows=NROWS)
    test_groupby = pd.read_csv("preprocess/test_groupby.csv", nrows=NROWS)
    # 去除重复列
    for co in train_dict.columns:
        if co in train_groupby.columns and co!='card_id':
            del train_groupby[co]
    for co in test_dict.columns:
        if co in test_groupby.columns and co!='card_id':
            del test_groupby[co]

    train = pd.merge(train_dict, train_groupby, how='left', on='card_id').fillna(0)
    test = pd.merge(test_dict, test_groupby, how='left', on='card_id').fillna(0)
    return train, test
```

然后采用基于皮尔逊相关系数计算的 Filter 方法取前 300 个特征进行选取，这里的 300 是随意取的一个数字，参赛者可以多试几个数字以选出效果最佳的，具体代码如下：

```
def feature_select_pearson(train, test):
    features = [f for f in train.columns if f not in ["card_id","target"]]
    featureSelect = features[:]
    # 去掉缺失值比例超过 99% 的
    for fea in features:
        if train[fea].isnull().sum() / train.shape[0] >= 0.99:
            featureSelect.remove(fea)
```

```
# 进行皮尔逊相关系数计算
corr = []
for fea in featureSelect:
    corr.append(abs(train[[fea, 'target']].fillna(0).corr().values[0][1]))

se = pd.Series(corr, index=featureSelect).sort_values(ascending=False)
feature_select = ['card_id'] + se[:300].index.tolist()
return train[feature_select + ['target']], test[feature_select]
```

接着就是基于网格搜索的参数调优。网格搜索实际上是不同参数、不同取值的排列集合，有可能需要根据调优结果多次手动迭代参数空间，当然每次迭代都是在上一次最佳参数的基础上增加未搜索过的参数区域，具体代码如下：

```
def param_grid_search(train):
    features = [f for f in train.columns if f not in ["card_id","target"]]
    parameter_space = {
        "n_estimators": [80],
        "min_samples_leaf": [30],
        "min_samples_split": [2],
        "max_depth": [9],
        "max_features": ["auto", 80]
    }
    # 配置为 mse 的参数调优
    clf = RandomForestRegressor(
        criterion="mse",
        min_weight_fraction_leaf=0.,
        max_leaf_nodes=None,
        min_impurity_decrease=0.,
        min_impurity_split=None,
        bootstrap=True,
        oob_score=False,
        n_jobs=4,
        random_state=2020,
        verbose=0,
        warm_start=False)
    grid = GridSearchCV(clf, parameter_space, cv=2, scoring="neg_mean_squared_error")
    grid.fit(train[features].values, train['target'].values)

    print("best_params_:")
    print(grid.best_params_)
    means = grid.cv_results_["mean_test_score"]
    stds = grid.cv_results_["std_test_score"]
    for mean, std, params in zip(means, stds, grid.cv_results_["params"]):
        print("%0.3f (+/-%0.03f) for %r"% (mean, std * 2, params))
    return grid.best_estimator_
```

最后根据参数调优的最佳结果进行模型训练与预测，这里选择五折交叉验证，注意保存训练集的交叉预测结果以及测试集的预测结果，便于 8.5 节使用。

```
def train_predict(train, test, best_clf):
    features = [f for f in train.columns if f not in ["card_id","target"]]
```

```
prediction_test = 0
cv_score = []
prediction_train = pd.Series()
kf = KFold(n_splits=5, random_state=2020, shuffle=True)
for train_part_index, eval_index in kf.split(train[features], train['target']):
    best_clf.fit(train[features].loc[train_part_index].values,
        train['target'].loc[train_part_index].values)
    prediction_test += best_clf.predict(test[features].values)
    eval_pre = best_clf.predict(train[features].loc[eval_index].values)
    score = np.sqrt(mean_squared_error(train['target'].loc[eval_index].values,
        eval_pre))
    cv_score.append(score)
    print(score)
    prediction_train = prediction_train.append(pd.Series(
        best_clf.predict(train[features].loc[eval_index]),index=eval_index))
print(cv_score, sum(cv_score) / 5)
pd.Series(prediction_train.sort_index().values).
    to_csv("preprocess/train_randomforest.csv", index=False)
pd.Series(prediction_test / 5).to_csv("preprocess/test_randomforest.csv",
index=False)
test['target'] = prediction_test / 5
test[['card_id', 'target']].to_csv("result/submission_randomforest.csv",
index=False)
return
```

　　这里最后一步采用的是五折交叉验证，一方面可以避免模型对训练集的过拟合，另一方面可使模型对测试集的预测结果更具健壮性，还有一个顺带的好处是可生成用于 Stacking 融合的特征，即训练集的交叉预测结果和测试集的模型预测结果，将这两者保留下来为后续模型融合做准备，总共需要保存三个文件：train_randomforest.csv、test_randomforest.csv 和 submission_randomforest.csv。

　　预测结果出来以后，提交测试，得到具体分数，交叉验证分数为 3.68710936，其中提交得分为 Public Score（公开榜，俗称 A 榜）是 3.75283（2867/4127），Private Score（隐藏榜，俗称 B 榜）是 3.65493（2814/4127）。

8.4.2　LightGBM

　　采用和随机森林模型相同的特征集进行 LightGBM 建模，LightGBM 模型和随机森林模型的全流程四个模块是相同的，读取数据阶段完全一致，不同的是这里在特征选取阶段采用 wrapper 方法，参数调优阶段选择 hyperopt 框架。

- 特征选取

　　这里主要采用特征重要性选取前 300 个特征进行建模训练，同样可以根据建模效果改变这个数字，具体代码如下：

```
def feature_select_wrapper(train, test):
    label = 'target'
    features = [f for f in train.columns if f not in ["card_id","target"]]
    # 配置模型的训练参数
    params_initial = {
        'num_leaves': 31,
        'learning_rate': 0.1,
        'boosting': 'gbdt',
        'min_child_samples': 20,
        'bagging_seed': 2020,
        'bagging_fraction': 0.7,
        'bagging_freq': 1,
        'feature_fraction': 0.7,
        'max_depth': -1,
        'metric': 'rmse',
        'reg_alpha': 0,
        'reg_lambda': 1,
        'objective': 'regression'
    }
    ESR = 30
    NBR = 10000
    VBE = 50
    kf = KFold(n_splits=5, random_state=2020, shuffle=True)
    fse = pd.Series(0, index=features)
    for train_part_index, eval_index in kf.split(train[features], train[label]):
        train_part = lgb.Dataset(train[features].loc[train_part_index],
            train[label].loc[train_part_index])
        eval = lgb.Dataset(train[features].loc[eval_index],
            train[label].loc[eval_index])
        bst = lgb.train(params_initial, train_part, num_boost_round=NBR,
            valid_sets=[train_part, eval],
            valid_names=['train', 'valid'],
            early_stopping_rounds=ESR, verbose_eval=VBE)
        fse += pd.Series(bst.feature_importance(), features)

    feature_select = ['card_id'] + fse.sort_values(ascending=False).index.tolist()[:300]
    print('done')
    return train[feature_select + ['target']], test[feature_select]
```

- 参数调优

Hyperopt 是一个 sklearn 的 Python 库，它在搜索空间上进行串行和并行优化，搜索空间可以是实值、离散值和条件维度，提供了传递参数空间和评估函数的接口，目前支持的优化算法有随机搜索（random search）、模拟退火（simulated annealing）和 TPE（Tree of Parzen Estimators）算法。相较于网格搜索，hyperopt 往往能够在相对较短的时间内获取更优的参数结果。具体代码如下：

```
def params_append(params):
    params['objective'] = 'regression'
    params['metric'] = 'rmse'
```

```python
        params['bagging_seed'] = 2020
        return params
    def param_hyperopt(train):
        label = 'target'
        features = [f for f in train.columns if f not in ["card_id","target"]]
        train_data = lgb.Dataset(train[features], train[label], silent=True)
        def hyperopt_objective(params):
            params = params_append(params)
            print(params)
            res = lgb.cv(params, train_data, 1000, nfold=2, stratified=False, shuffle=True,
                metrics='rmse', early_stopping_rounds=20, verbose_eval=False,
                show_stdv=False, seed=2020)
            return min(res['rmse-mean'])
        # 设置参数的空间范围
        params_space = {
            'learning_rate': hp.uniform('learning_rate', 1e-2, 5e-1),
            'bagging_fraction': hp.uniform('bagging_fraction', 0.5, 1),
            'feature_fraction': hp.uniform('feature_fraction', 0.5, 1),
            'num_leaves': hp.choice('num_leaves', list(range(10, 300, 10))),
            'reg_alpha': hp.randint('reg_alpha', 0, 10),
            'reg_lambda': hp.uniform('reg_lambda', 0, 10),
            'bagging_freq': hp.randint('bagging_freq', 1, 10),
            'min_child_samples': hp.choice('min_child_samples', list(range(1, 30, 5)))
        }
        params_best = fmin(
            hyperopt_objective,
            space=params_space,
            algo=tpe.suggest,
            max_evals=30,
            rstate=RandomState(2020))
        return params_best
```

对于结果的输出，网格搜索和 hyperopt 有着很大的不同，前者输出的是含参数的最佳分类器，后者输出的是最佳参数字典。

- 训练预测

最后按照同样的方式进行 LightGBM 模型的训练与预测，同样使用五折交叉验证的方法获得最终的训练集的预测结果和测试集的预测结果如下：

```python
    def train_predict(train, test, params):
        label = 'target'
        features = [f for f in train.columns if f not in ["card_id","target"]]
        params = params_append(params)
        kf = KFold(n_splits=5, random_state=2020, shuffle=True)
        prediction_test = 0
        cv_score = []
        prediction_train = pd.Series()
        ESR = 30
        NBR = 10000
        VBE = 50
```

```
for train_part_index, eval_index in kf.split(train[features], train[label]):
    train_part = lgb.Dataset(train[features].loc[train_part_index],
        train[label].loc[train_part_index])
    eval = lgb.Dataset(train[features].loc[eval_index],
        train[label].loc[eval_index])
    bst = lgb.train(params, train_part, num_boost_round=NBR,
        valid_sets=[train_part, eval],
        valid_names=['train', 'valid'],
        early_stopping_rounds=ESR, verbose_eval=VBE)
    prediction_test += bst.predict(test[features])
    prediction_train = prediction_train.append(pd.Series(
        bst.predict(train[features].loc[eval_index]), index=eval_index))
    eval_pre = bst.predict(train[features].loc[eval_index])
    score = np.sqrt(mean_squared_error(train[label].loc[eval_index].values,
        eval_pre))
    cv_score.append(score)
print(cv_score, sum(cv_score) / 5)
pd.Series(prediction_train.sort_index().values).to_csv(
    "preprocess/train_lightgbm.csv", index=False)
pd.Series(prediction_test / 5).to_csv("preprocess/test_lightgbm.csv", index=False)
test['target'] = prediction_test / 5
test[['card_id', 'target']].to_csv("result/submission_lightgbm.csv", index=False)
return
```

同样保存 train_lightgbm.csv、test_lightgbm.csv 和 submission_lightgbm.csv 三个文件，并记录下 CV 得分与线上提交得分，交叉验证分数为 3.6773062，Public Score 为 3.73817（2786/4127），Private Score 为 3.64490（2719/4127）。得分相对于 8.4.1 节有了一定提升，接下来将会进行更多的优化，以便在分数上实现更多突破。

8.4.3 XGBoost

前面两个模型都只用到了 dict 和 groupby 两组特征，本节的 XGBoost 模型将尝试把 nlp 特征也加入训练，同时略过特征选取阶段考虑使用特征全集进行建模，参数调优框架换成 beyesian（贝叶斯）。

首先依然是读取数据，不同之处在于需要把之前的特征集与 nlp 特征合并成 sparse 稀疏矩阵，具体代码如下：

```
def read_data(debug=True):
    print("read_data...")
    NROWS = 10000 if debug else None
    # 读取特征工程阶段得到的 dict 和 groupby 两组特征
    train_dict = pd.read_csv("preprocess/train_dict.csv", nrows=NROWS)
    test_dict = pd.read_csv("preprocess/test_dict.csv", nrows=NROWS)
    train_groupby = pd.read_csv("preprocess/train_groupby.csv", nrows=NROWS)
    test_groupby = pd.read_csv("preprocess/test_groupby.csv", nrows=NROWS)
```

```
# 去除重复列
for co in train_dict.columns:
    if co in train_groupby.columns and co!='card_id':
        del train_groupby[co]
for co in test_dict.columns:
    if co in test_groupby.columns and co!='card_id':
        del test_groupby[co]

train = pd.merge(train_dict, train_groupby, how='left', on='card_id').fillna(0)
test = pd.merge(test_dict, test_groupby, how='left', on='card_id').fillna(0)

features = [f for f in train.columns if f not in ["card_id","target"]]
# 读取特征工程阶段得到的 nlp 相关特征
train_x = sparse.load_npz("preprocess/train_nlp.npz")
test_x = sparse.load_npz("preprocess/test_nlp.npz")

train_x = sparse.hstack((train_x, train[features])).tocsr()
test_x = sparse.hstack((test_x, test[features])).tocsr()
print("done")
return train_x, test_x
```

然后是参数调优阶段，不同于 hyperopt，beyesian 调参通过最大化评估分值进行优化，而评估指标均方根误差应该是越小越好，因此采用负值的均方根误差作为优化目标。具体代码如下：

```
def params_append(params):
    params['objective'] = 'reg:squarederror'
    params['eval_metric'] = 'rmse'
    params["min_child_weight"] = int(params["min_child_weight"])
    params['max_depth'] = int(params['max_depth'])
    return params

def param_beyesian(train):
    train_y = pd.read_csv("data/train.csv")['target'].values
    train_data = xgb.DMatrix(train, train_y, silent=True)

    def xgb_cv(colsample_bytree, subsample, min_child_weight, max_depth,
        reg_alpha, eta, reg_lambda):
        params = {'objective': 'reg:squarederror',
                  'early_stopping_round': 50,
                  'eval_metric': 'rmse'}
        params['colsample_bytree'] = max(min(colsample_bytree, 1), 0)
        params['subsample'] = max(min(subsample, 1), 0)
        params["min_child_weight"] = int(min_child_weight)
        params['max_depth'] = int(max_depth)
        params['eta'] = float(eta)
        params['reg_alpha'] = max(reg_alpha, 0)
        params['reg_lambda'] = max(reg_lambda, 0)
        print(params)
        cv_result = xgb.cv(params, train_data, num_boost_round=1000,
                        nfold=2, seed=2, stratified=False, shuffle=True,
                        early_stopping_rounds=30, verbose_eval=False)
        return -min(cv_result['test-rmse-mean'])
```

```
xgb_bo = BayesianOptimization(
    xgb_cv,
    {'colsample_bytree': (0.5, 1),
     'subsample': (0.5, 1),
     'min_child_weight': (1, 30),
     'max_depth': (5, 12),
     'reg_alpha': (0, 5),
     'eta':(0.02, 0.2),
     'reg_lambda': (0, 5)}
    )
# init_points 表示初始点，n_iter 表示迭代次数（即采样数）
xgb_bo.maximize(init_points=21, n_iter=5)
print(xgb_bo.max['target'], xgb_bo.max['params'])
return xgb_bo.max['params']
```

最后，是 XGBoost 模型的训练预测部分，按照同样的方式进行五折交叉训练，并同时保存 train_xgboost.csv、test_xgboost.csv 和 submission_xgboost.csv 三个文件。具体代码如下：

```
def train_predict(train, test, params):
    train_y = pd.read_csv("data/train.csv")['target']
    test_data = xgb.DMatrix(test)

    params = params_append(params)
    kf = KFold(n_splits=5, random_state=2020, shuffle=True)
    prediction_test = 0
    cv_score = []
    prediction_train = pd.Series()
    ESR = 30
    NBR = 10000
    VBE = 50
    for train_part_index, eval_index in kf.split(train, train_y):
        train_part = xgb.DMatrix(train.tocsr()[train_part_index, :],
            train_y.loc[train_part_index])
        eval = xgb.DMatrix(train.tocsr()[eval_index, :], train_y.loc[eval_index])
        bst = xgb.train(params, train_part, NBR, [(train_part, 'train'), (eval, 'eval')],
            verbose_eval=VBE, maximize=False, early_stopping_rounds=ESR, )
        prediction_test += bst.predict(test_data)
        eval_pre = bst.predict(eval)
        prediction_train = prediction_train.append(pd.Series(eval_pre, index=eval_index))
        score = np.sqrt(mean_squared_error(train_y.loc[eval_index].values, eval_pre))
        cv_score.append(score)

    print(cv_score, sum(cv_score) / 5)
    pd.Series(prediction_train.sort_index().values).to_csv(
            "preprocess/train_xgboost.csv", index=False)
    pd.Series(prediction_test / 5).to_csv("preprocess/test_xgboost.csv", index=False)
    test['target'] = prediction_test / 5
    test[['card_id', 'target']].to_csv("result/submission_xgboost.csv", index=False)

    return
```

8.5　模型融合

在完成特征工程与模型训练后，参赛者可能会发现自己的得分仍旧不尽如人意。本章为了尽可能简而泛地介绍机器学习竞赛的相关技巧，多使用较通用或者比赛圈常说的一把梭办法，并没有针对赛题制定极致细化的方案，那并不是本书想要达到的目的，由此可见单模型的分数显得并不高，本节将分别尝试模型加权融合与 Stacking 融合以提升分数。这里还有一点想要告诉参赛者，在机器学习竞赛中团队与开源的力量极其强大，一个人的思路、时间和精力往往都是有限的，而不同人之间的建模方法存在着极大的差异，因此往往能够带来极大的融合收益。此外，大部分竞赛尤其是 Kaggle 的竞赛，允许参赛者自由讨论甚至开源代码，这同样是上分的一个很好的资源，可以融合参赛者自身的算法与开源方案，从而获得更好的分数。

8.5.1　加权融合

本书第 6 章已经将结果加权融合的原理阐述清楚，可按照分数与相关性分别给 8.4 节三种单模型得到的结果赋予权值然后提交，提交后可得到具体分数：Public Score 为 3.73135（2741/4127）和 Private Score 为 3.63741（2646/4127）。

具体的权重计算方式为 data['randomforest']*0.2 + data['lightgbm']*0.3 + data['xgboost']*0.5。

8.5.2　Stacking 融合

在训练前面的三个模型时，顺带生成了对应模型的 Stacking 特征，也就是训练集与测试集的模型预测结果，可以把这个结果看作对特征集信息的提炼压缩，结合开源的一个较高分数的方案（注意此开源代码有几处 Bug，更改后不影响使用）进行特征拼接，集成建模。将前面三个模型中表现最好的模型 XGBoost 对应的 Stacking 特征加入训练过程可以得到一个分数尚可的模型，分数具体是 Public Score 为 3.68825（878/4127）和 Private Score 为 3.60871（90/4127）。

由于篇幅有限，本节只罗列了分数低的加权融合结果以及分数高的 Stacking 融合结果，有兴趣的读者可以自己尝试并对比在同等条件下加权融合与 Stacking 融合的结果。由于本次赛题为回归问题且存在异常值，因此 Stacking 融合是要优于加权融合的。Stacking 融合代码可以参考后面 8.6.2 节的融合技巧。

8.6　高效提分

到目前为止得到的分数依然不是很理想，我们更多的是要学习一些重要的工具，如特征选择的方法、参数调优的方式和一些核心的树模型。在本节将对特征部分和最终结果进行优化处理，以便在分数上有更多的突破。

8.6.1 特征优化

在最终方案中，主要围绕 new_merchant_transactions.csv 和 historical_transactions.csv 提取特征。特征包含五部分：基础统计特征、全局 `card_id` 特征、最近两月的 `card_id`、二阶特征和补充特征。这些特征基本包含了大部分选手设计的特征工程中所包含的特征，接下来详细介绍对每部分特征所做的工作。

● 基础统计特征

本部分特征主要以 `card_id` 为 key 进行聚合（groupby）统计，分别从 new_transactions.csv、historical_transactions.csv（`authorized_flag` 为 1）和 historical_transactions.csv（`authorized_flag` 为 0）的数据集提取此部分特征，具体聚合方式与统计维度如下面的代码所示：

```
def aggregate_transactions(df_, prefix):

    df = df_.copy()

    df['month_diff'] = ((datetime.datetime.today() - df['purchase_date']).dt.days)//30
    df['month_diff'] = df['month_diff'].astype(int)
    df['month_diff'] += df['month_lag']

    df['price'] = df['purchase_amount'] / df['installments']
    df['duration'] = df['purchase_amount'] * df['month_diff']
    df['amount_month_ratio'] = df['purchase_amount'] / df['month_diff']

    df.loc[:, 'purchase_date'] = pd.DatetimeIndex(df['purchase_date']).
        astype(np.int64) * 1e-9

    agg_func = {
        'category_1':       ['mean'],
        'category_2':       ['mean'],
        'category_3':       ['mean'],
        'installments':     ['mean', 'max', 'min', 'std'],
        'month_lag':        ['nunique', 'mean', 'max', 'min', 'std'],
        'month':            ['nunique', 'mean', 'max', 'min', 'std'],
        'hour':             ['nunique', 'mean', 'max', 'min', 'std'],
        'weekofyear':       ['nunique', 'mean', 'max', 'min', 'std'],
        'dayofweek':        ['nunique', 'mean'],
        'weekend':          ['mean'],
        'year':             ['nunique'],
        'card_id':          ['size','count'],
        'purchase_date':    ['max', 'min'],
        'price':            ['mean','max','min','std'],
        'duration':         ['mean','min','max','std','skew'],
        'amount_month_ratio':['mean','min','max','std','skew'],
    }
```

```
for col in ['category_2','category_3']:
    df[col+'_mean'] = df.groupby([col])['purchase_amount'].transform('mean')
    agg_func[col+'_mean'] = ['mean']

agg_df = df.groupby(['card_id']).agg(agg_func)
agg_df.columns = [prefix + '_'.join(col).strip() for col in agg_df.columns.values]
agg_df.reset_index(drop=False, inplace=True)

return agg_df
```

- 全局 card_id 特征

分别对 new_transactions.csv、historical_transactions.csv（authorized_flag 为 1）和 historical_transactions.csv（authorized_flag 为 0）的数据集提取此部分特征。主要包含与用户行为时间相关的统计，比如最近一次交易与首次交易的时间差、信用卡激活日与首次交易的时间差；以 card_id 为 key 聚合统计 authorized_flag 和 month_diff 的统计量（mean/sum）；以 card_id 为 key 聚合统计 state_i、city_id、installments、merchant_id、merchant_category_id 等的 nunique，并构造 card_id 频次与上述得到的 nunique 的比值特征，以此反映用户 card_id 的行为纯度（分散范围）；以 card_id 为 key 聚合统计 purchase_amount 相关变量的统计量（mean/sum/std/median）；除此之外还构造了一些 Pivot 相关的特征。

- 最近两月的 card_id

仅对 historical_transactions.csv 的数据集提取此部分特征。此部分与全局 card_id 特征有很多类似特征，主要差别在于时间范围不同，此处更加注重用户近期的行为变化情况。

- 二阶特征

仅对 historical_transactions.csv 的数据集提取此部分特征，前提是要先构建一阶特征（nunique、count、sum 等），具体提取结构如下：

```
for col_level1,col_level2 in tqdm_notebook(level12_nunique):
    # 一阶提取 nunique 特征
    level1 = df.groupby(['card_id',col_level1])[col_level2].
        nunique().to_frame(col_level2 + '_nunique')
    level1.reset_index(inplace =True)
    # 以 card_id 为 key 构造 nunique 的聚合统计特征（二阶特征）
    level2 = level1.groupby('card_id')[col_level2 + '_nunique'].agg(['mean', 'max', 'std'])
    level2 = pd.DataFrame(level2)
    level2.columns = [col_level1 + '_' + col_level2 + '_nunique_' + col for col in
        level2.columns.values]
    level2.reset_index(inplace = True)

    cardid_features = cardid_features.merge(level2, on='card_id', how='left')
```

- 补充特征

此部分特征大多数具有业务意义，比如为了更好地发现异常值（即标签为 –33.219281）而构建关于预测目标是否为异常值的均值编码特征，还有一些是关于 hist 和 new 系列特征的交叉统计特征。

```
train['outliers'] = 0
train.loc[train['target'] < -30, 'outliers'] = 1
train['outliers'].value_counts()
for f in ['feature_1','feature_2','feature_3']:
    colname = f+'_outliers_mean'
    order_label = train.groupby([f])['outliers'].mean()
    for df in [train, test]:
        df[colname] = df[f].map(order_label)

# hist 和 new 系列特征的交叉统计特征，下面是部分展示
df['card_id_total'] = df['hist_card_id_size']+df['new_card_id_size']
df['card_id_cnt_total'] = df['hist_card_id_count']+df['new_card_id_count']
df['card_id_cnt_ratio'] = df['new_card_id_count']/df['hist_card_id_count']
```

8.6.2　融合技巧

- 单模结果

在经过特征优化后，使用交叉验证的方式进行线下验证，并分别使用 LightGBM、XGBoost 和 CatBoost 模型进行训练及结果预测，得到线下验证分数、Public Score 和 Private Score。这里将 LightGBM、XGBoost 和 CatBoost 模型封装到一个函数中，代码如下：

```
def train_model(X, X_test, y, params, folds, model_type='lgb', eval_type='regression'):
    oof = np.zeros(X.shape[0])
    predictions = np.zeros(X_test.shape[0])
    scores = []
    # 进行五折交叉验证
    for fold_n, (trn_idx, val_idx) in enumerate(folds.split(X, y)):
        print('Fold', fold_n, 'started at', time.ctime())
        # 根据 model_type 确定所选择的模型
        if model_type == 'lgb':
            trn_data = lgb.Dataset(X[trn_idx], y[trn_idx])
            val_data = lgb.Dataset(X[val_idx], y[val_idx])
            clf = lgb.train(params, trn_data, num_boost_round=20000,
                            valid_sets=[trn_data, val_data],
                            verbose_eval=100, early_stopping_rounds=300)
            oof[val_idx] = clf.predict(X[val_idx], num_iteration=clf.best_iteration)
            predictions += clf.predict(X_test, num_iteration=clf.best_iteration) /
                folds.n_splits
        if model_type == 'xgb':
            trn_data = xgb.DMatrix(X[trn_idx], y[trn_idx])
            val_data = xgb.DMatrix(X[val_idx], y[val_idx])
            watchlist = [(trn_data, 'train'), (val_data, 'valid_data')]
```

```
                clf = xgb.train(dtrain=trn_data, num_boost_round=20000,
                            evals=watchlist, early_stopping_rounds=200,
                            verbose_eval=100, params=params)
            oof[val_idx] = clf.predict(xgb.DMatrix(X[val_idx]),
                ntree_limit=clf.best_ntree_limit)
            predictions += clf.predict(xgb.DMatrix(X_test),
                ntree_limit=clf.best_ntree_limit) / folds.n_splits
        # 对于 CatBoost 模型，回归任务和分类任务的代码有很大不同，需要分开进行
        if (model_type == 'cat') and (eval_type == 'regression'):
            clf = CatBoostRegressor(iterations=20000, eval_metric='RMSE', **params)
            clf.fit(X[trn_idx], y[trn_idx],
                eval_set=(X[val_idx], y[val_idx]),
                cat_features=[], use_best_model=True, verbose=100)
            oof[val_idx] = clf.predict(X[val_idx])
            predictions += clf.predict(X_test) / folds.n_splits

        if (model_type == 'cat') and (eval_type == 'binary'):
            clf = CatBoostClassifier(iterations=20000, eval_metric='Logloss', **params)
            clf.fit(X[trn_idx], y[trn_idx],
                    eval_set=(X[val_idx], y[val_idx]),
                    cat_features=[], use_best_model=True, verbose=100)
            oof[val_idx] = clf.predict_proba(X[val_idx])[:,1]
            predictions += clf.predict_proba(X_test)[:,1] / folds.n_splits
        print(predictions)
        if eval_type == 'regression':  # 进行回归评分
            scores.append(mean_squared_error(oof[val_idx], y[val_idx])**0.5)
        if eval_type == 'binary':  # 进行分类评分
            scores.append(log_loss(y[val_idx], oof[val_idx]))

    print('CV mean score: {0:.4f}, std: {1:.4f}.'.format(np.mean(scores),
        np.std(scores)))

    return oof, predictions, scores
```

有了上面的函数，使用 LightGBM、XGBoost 和 CatBoost 模型就会变得非常方便。其中输入参数 model_type 决定选择哪个模型，eval_type 决定是二分类任务还是回归任务。下面看看具体的使用代码：

```
lgb_params = {'num_leaves': 63, 'min_data_in_leaf': 32, 'objective':'regression',
            'max_depth': -1,
            'learning_rate': 0.01, "min_child_samples": 20, "boosting": "gbdt",
            "feature_fraction": 0.9, "bagging_freq": 1, "bagging_fraction": 0.9,
            "bagging_seed": 11, "metric": 'rmse', "lambda_l1": 0.1, "verbosity": -1}
folds = KFold(n_splits=5, shuffle=True, random_state=4096)
# 按特征列提取训练集和测试集
X_train = train[fea_cols].values
X_test  = test[fea_cols].values
# 使用 LightGBM 模型进行回归预测
oof_lgb, predictions_lgb, scores_lgb = train_model(X_train, X_test, y_train,
    params=lgb_params, folds=folds, model_type='lgb', eval_type='regression')
```

由此可以训练 XGBoost 模型和 CatBoost 模型，并得到预测结果，oof 前缀代表验证集预测结果，predictions 前缀代表测试集结果，这些结果将用于模型融合。

● 加权融合

使用加权融合作为基础融合方式，如下式，给三个单模结果分配相同权值：

$$Weighted\_average = (LightGBM + XGBoost + CatBoost) / 3$$

● Stacking 融合

这里仅对三个模型（LightGBM、XGBoost、CatBoost）的结果进行 Stacking 融合，当然这是远远不够的，在实际竞赛中可以构造更多具有差异性的结果进行融合，不限于模型差异，存在特征差异也是可以的。单模型以及两种融合方式下的结果对比如图 8.5 所示。

模型	线下验证	Public Score 及 Rank	Private Score 及 Rank
LightGBM	3.6418	3.68104 (246/4127)	3.61068 (150/4127)
XGBoost	3.6500	3.68879 (910/4127)	3.61062 (144/4127)
CatBoost	3.6481	3.70114 (2175/4127)	3.61492 (820/4127)
加权融合	NULL	3.68667 (460/4127)	**3.60832 (82/4127)**
Stacking 融合	3.6395	**3.67974 (218/4127)**	3.60886 (90/4127)

图 8.5   多种方案结果对比

可以看出，加权融合的 Private Score 效果最佳，不过 Public Score 并没有得到改善。相对稳定的是 Stacking 融合，Public Score 和 Private Score 均有很大的提升。目前，加权融合的结果在隐藏榜最优能到 82 名，当然这个排名还可以提高。

具体对 LightGBM 模型、XGBoost 模型、CatBoost 模型的预测结果进行 Stacking 融合的代码如下：

```
def stack_model(oof_1, oof_2, oof_3, predictions_1, predictions_2, predictions_3, y,
    eval_type='regression'):

    train_stack = np.vstack([oof_1, oof_2]).transpose()
    test_stack = np.vstack([predictions_1, predictions_2]).transpose()
    from sklearn.model_selection import RepeatedKFold
    folds = RepeatedKFold(n_splits=5, n_repeats=2, random_state=2020)
```

```
oof = np.zeros(train_stack.shape[0])
predictions = np.zeros(test_stack.shape[0])

for fold_, (trn_idx, val_idx) in enumerate(folds.split(train_stack, y)):
    print("fold n° {}".format(fold_+1))
    trn_data, trn_y = train_stack[trn_idx], y[trn_idx]
    val_data, val_y = train_stack[val_idx], y[val_idx]
    print("-" * 10 + "Stacking " + str(fold_) + "-" * 10)
    clf = BayesianRidge()
    clf.fit(trn_data, trn_y)

    oof[val_idx] = clf.predict(val_data)
    predictions += clf.predict(test_stack) / (5 * 2)
if eval_type == 'regression':
    print('mean: ',np.sqrt(mean_squared_error(y, oof)))
if eval_type == 'binary':
    print('mean: ',log_loss(y, oof))

return oof, predictions
```

其中输入参数 oof_1、oof_2 和 oof_3 分别对应三个模型的验证集预测结果，predictions_1、
predictions_2 和 predictions_3 分别对应三个模型的测试集预测结果。

上述代码可以同时针对回归任务的融合和分类任务的融合，具体需要对输入参数 eval_type
进行设置。模型方面则使用 BayesianRidge 作为最终模型，因为模型构造非常简单，不容易过
拟合。

- Trick 融合

先构建两个模型，一个是预测某值是否为异常值的分类模型（若等于极端异常值 –33.219281，
则为 1，表示是异常值；否则为 0，表示不是），一个是去除异常值后的回归模型。当然也可以
先单模构建这两类模型，然后使用 Stacking 融合得到最终结果。

接下来基于以上是否为异常值的分类模型、全量数据的回归模型和非异常值的回归模型进
行最终的融合方案，并且以上这三类模型均由 Stacking 融合得到。

方案一：分类模型结果 ×（–33.219281）+（1– 分类模型结果）× 非异常值的回归模型结果。
方案二：方案一的结果 ×0.5 + 全量数据的回归模型 ×0.5。

这两种方案的分数均有很大提升，其中方案一的 Public Score 为 3.67542（150/4127），
Private Score 为 3.60636（59/4127）；方案二的 Public Score 为 3.67415（136/4127），Private Score
为 3.60414（35/4127）。

8.7　赛题总结

8.7.1　更多方案

- Top1 方案

Top1 方案介绍的是冠军队使用的是 Trick 融合,这在本地 CV 中能够直接提升 0.015 的分数。最初是在 Kaggle 的 Discussion 部分,有人发现建模的均方根误差有一半以上的损失都是极端异常值 −33.219281 造成的,因此可以考虑将含有极端异常值的样本去除后训练一个回归模型,同时再将数据是否为极端异常值作为预测目标构建一个二分类模型,这也是冠军最后采用的方案,主要以如下公式融合两类模型的预测结果:

```
train['final'] = train['bin_predict'] * (-33.21928) + (1 - train['bin_predict']) *
    train['no_outlier']
```

其中 train['bin_predict'] 为数据是极端异常值 −33.219281 的概率,no_outlier 为去除异常值后的回归模型的预测结果。具体理解为利用二分类结果是异常值的概率乘以异常值,再加上二分类结果不是异常值的概率与模型在无异常值下的预测结果的乘积。

当然,还有一种针对异常值比较直接的处理方式,即在预测完结果后,直接对其中的最小值进行先改值后处理,不过这种方式相对来说有风险,且没有实际的利用价值,因此不推荐采用,有兴趣的读者可以尝试看看,了解一下效果。

- Top5 方案

第 5 名的团队介绍了详细的方案,以及每类模型和模型的组合方式。该团队首先创建了上千个特征,在特征选择后剩余 100 多个。如图 8.6 所示为第 5 名团队的整体方案框架。

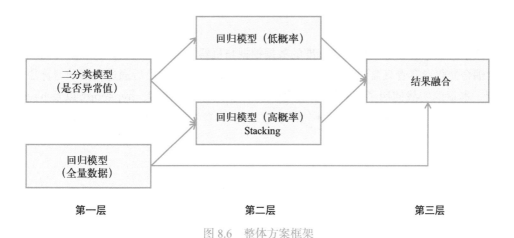

图 8.6　整体方案框架

下面详细介绍框架中涉及的内容。

- ❑ 回归模型，在训练中使用全量数据。
- ❑ 用于预测数据是否为极端异常值的二分类模型（测试集中没有重复交易的银行卡），将对该模型的预测结果按阈值 0.015 进行划分，用以创建第二层的 2 个回归模型（低概率和高概率）。
- ❑ 低概率回归模型——基于上一层二分类模型的预测结果，按低于 0.015 阈值的预测结果进行回归建模。由于这是比较稀疏的一部分预测结果，所以最终融合的权值取 0.4。
- ❑ 高概率回归模型——基于上一层二分类模型的预测结果，按高于 0.015 阈值的预测结果进行回归建模。该模型的主要特征来自于上一层二分类模型和回归模型预测得到的结果，再加上一些其他特征。该模型有助于避免进行后理。
- ❑ 最终提交，先将来自低概率回归模型和高概率回归模型的预测结果融合在一起，再融合第 1 步中回归模型的结果。

8.7.2　知识点梳理

- ● 特征工程

本章用到的特征主要有三类，即 RFM、groupby 以及 nlp 特征，分别使用字典、pandas.DataFrame 以及稀疏矩阵进行提取。RFM 模型只模拟利用了 F 与 M，对于近期相关的信息有待读者进行思考调研。在某种程度上，第二种方案 groupby 包含了部分 R 信息，而 nlp 主要采用了 CountVector 和 TF-IDF。需要注意的是三者各自需要的数据结构与类型有所不同，所以导致前期预处理有些许差别。在特征选择方面，尝试了基于皮尔逊相关系数的 Filter 方法以及基于模型特征重要性的 wrapper 方法。最后进入建模时有采用 pandas.DataFrame 与 scipy.sparse 两种方式。

- ● 参数调优

整体来讲，本赛题是一个比较标准的数据挖掘与机器学习建模问题，训练集与测试集的分布高度耦合使得参赛者只需要专注于刻画用户的自身消费行为，然后通过机器学习算法进行训练预测。本章的实战使用了三种参数调优框架，分别是网格搜索、hyperopt 以及 beyesian，它们各有特点，为了快速找寻到较为不错的参数组合，参赛者可以只随机采样部分数据进行调试。

8.7.3　延伸学习

鉴于篇幅有限，本章没有介绍 CatBoost 与 Word2Vec 两种算法，CatBoost 也是一种决策树模型，特别之处在于它直接支持离散字段与文本字段的建模计算，从而省去了大量的预处理时间。而 Word2Vec 也是 NLP 领域一个经典的算法，同样是将文本处理成模型可以理解的数值向量。

除此之外，本节接下来将推荐些类似赛题作为延伸部分的学习内容，以便加深对此类赛题的理解。

- Santander Product Recommendation

该赛题的主页如图 8.7 所示。

图 8.7　Santander Product Recommendation

为了满足一系列财务决策的需求，Santander 银行通过个性化产品推荐为客户提供贷款服务，根据他们过去的行为以及类似客户的行为，预测现有客户下个月将使用哪些产品。

赛题根据西班牙 Santander 银行前 17 个月的商品购买记录以及用户属性去预测 2016 年 6 月每个用户最可能购买的商品（要求给出预测的 7 个商品，并按可能性大小排列，评测指标用 MAP@7）。这是个很典型的推荐竞赛，根据用户的历史行为信息构建模型，这些行为信息是对用户的兴趣习惯进行刻画性描述的关键信息，也可以用来构建丰富的用户标签。

基本思路：这类问题提取的主要是历史特征，比如产品滞后（lag）类特征、产品存在的时长、产品平均购买时间差、上次购买产品后的时间、上个月 20 种产品的价值、上个月购买产品的数量等，还有部分原始特征。模型使用基本的 XGBoost 和 LightGBM（2016 年还没有出现）就行，计算用户对每种产品的新购买概率，即 row_num * n_classes，最终对概率进行排序并提取每个用户排前 7 的产品即可。这样可以得到一个 baseline 的方案，接下来主要从特征扩增、如何进行建模（线下验证方案）、模型选择和后处理等方向进行优化。

- WSDM - KKBox's Music Recommendation Challenge

该赛题的主页如图 8.8 所示。

图 8.8　WSDM - KKBox's Music Recommendation Challenge

这是第十一届 ACM 网络搜索和数据挖掘国际会议（WSDM 2018）挑战赛，采用 KKBOX 提供的数据集构建更好的音乐推荐系统。此赛题要求选手预测当用户在一个时间窗口内第一个可观察到的收听事件被触发后，重复收听此歌曲的可能性。如果在用户的第一个可观察的收听事件后一个月内触发了重复的收听事件，则将其目标标记为 1，否则标记为 0。这个规则同样适用于测试集。

基本思路：冠军团队介绍到赛题任务与点击率（CVR）预测类似，重新收听就像是购买，第一次收听就像是点击。与"推荐"相比，"点击率预测"是一个更准确的关键字（因为 CTR 预测和 CVR 预测共享相似的模型），因此像基于潜在因子或基于邻域的协同过滤等方法并不是解决点击率预测的最佳方法。

模型使用常见的树模型和 NN，这些均没问题，然后将数据集最后 20% 的数据用作验证集。特征部分为目标编码、计数特征、上次听某歌曲的时间（类别于 `msno`、`msno + genre_ids`、`msno + composer` 等特征组合）、下次听到某歌曲的时间、最近一次听到某歌曲与现在的时间差，同时考虑不同粒度的特征组合构造。

第三部分

以史为鉴，未来可期

第**9**章

时间序列

关于时间序列分析有一个很古老的故事，在 7000 年前的古埃及，人们把尼罗河的涨落情况逐天记录下来，从而构成一个时间序列。对这个时间序列长期观察后，人们发现尼罗河的涨落非常有规律。由于掌握了涨落的规律，古埃及的农业迅速发展。这种从观测序列得到直观规律的方法即为描述性分析方法。在时间序列分析方法的发展历程中，经济、金融、工程等领域的应用始终起着重要的推动作用，时间序列分析的每一步发展都与应用密不可分。

时间序列分析一直备受关注，最为经典的赛事"Makridakis Competitions"专注于时间序列预测问题，目前已经举办了五届，第一次于 1982 年举办，第五次于 2020 年举办，相隔近 40 年。这项挑战旨在评估和比较不同预测方法的准确度，解决时间序列预测问题。

在竞赛中，经常会遇到与时间序列分析相关的任务，比如指标在下一天 / 周 / 月将发生什么，更具体点，预测接下来两周的广告曝光流量、预测用户购买商品的时间和股票交易时间等。当然远不止这些，我们可以通过总结归纳，根据所需的预测质量、预测周期的长度，使用不同的方法来处理这些预测任务。

本章将分为四个部分，分别为介绍时间序列分析、时间序列模式、特征提取方式和模型的多样性。

9.1 什么是时间序列

本节将对时间序列分析进行简单的介绍，分别为简单定义、常见问题、交叉验证和基本规则方法，帮助大家对时间序列分析有个基本的认识和大致的解题思路。

9.1.1 简单定义

我们首先从时间序列分析的定义开始，时间序列是按时间顺序索引（或列出或图示）的一系列数据点。因此,组成时间序列的数据由相对确定的时间戳组成,与随机样本数据相比,从时间序列数据中能够提取更多附加信息(如时间趋势、变化信息等)。

与大多数其他统计数据中讨论的随机观测样本分析不同,对时间序列的分析基于以下假设:数据文件中标签的数据值表示以等间隔时间进行的连续测量值,如一小时内的流量、一天内的销量等;假设数据存在相关性,然后通过建模找到对应的相关性,并利用它预测未来的数据走向。

9.1.2 常见问题

与时间序列预测相关的竞赛作为最常出现的赛题之一,可以细分出很多问题,通过对以往竞赛的总结,首先可以从变量角度将这些问题归纳为**单变量时间序列**和**多变量时间序列**,其次可以从预测目标角度将这些问题归纳为**单步预测**和**多步预测**。

- 单变量时间序列和多变量时间序列

单变量时间序列仅具有单个时间相关变量,所以仅受时间因素的影响。这类问题重点在于分析数据的变化特点,受相关性、趋势性、周期性和循环性等因素的影响。这类问题相对较少,一般可以看作多变量时间序列的一部分,即仅考虑时间对标签的影响。对其举例见图 9.1。

时间	销量
2020-1-1	1937
2020-1-2	2134
2020-1-3	2556
2020-1-4	2209
...	...

图 9.1 单变量时间序列举例

多变量时间序列具有多个时间相关变量,除了受时间因素的影响,还受其他变量的影响,比如商品销量预测可能会受到品类、品牌、促销情况等一系列变量的影响。这类问题比较常见,需要考虑更多的因素,所以挑战也更大。对其举例见图 9.2。

时间	促销力度	访问量	搜索量	...	销量
2020-1-1	A	32456	73954	...	1937
2020-1-2	A	37984	80123	...	2134
2020-1-3	C	42367	102943	...	2556
2020-1-4	B	40657	94872	...	2209
...	...	...	...	...	...

图 9.2 多变量时间序列举例

- 单步预测和多步预测

单步预测问题比较基础,仅在训练集的时间基础上添加一个时间单位便可作为测试集,其实就是普通的回归问题，只不过输入变量不再是独立的特征变量，而是随着时间变化会受历史数据影响的特征变量。如图 9.3 所示，如果测试集部分只有 $t+1$ 时刻，那么就是单步预测；如果是 $t+1$ 至 $t+n$ 时刻，则为多步预测。

图 9.3　数据集划分

　　多步预测问题比较复杂，是在训练集的时间基础上添加多个时间单位作为测试集。这种问题的解决方法也比较多：第一种，以单步预测为基础，每次将预测的值作为真实值加入到训练集中对下一个时间单位进行预测，这样会导致误差累加，尤其是如果刚开始就存在很大的误差，那么预测效果会变得越来越差；第二种，直接预测出所有测试集结果，即看作多输出的回归问题，这样虽然避免了误差累加的问题，但是会增加模型学习的难度，因为这需要模型学习出一个多对多的系统，从而加大训练难度。

9.1.3　交叉验证

　　在开始建立模型之前，应该考虑如何进行线下验证，为了结果的稳定性，我们选择交叉验证，那么如何对时间序列进行交叉验证呢？由于时间序列中包含时间结构，因此一般在保留这种结构的同时要注意不能在折叠中出现数据穿越的情况。如果进行随机化的交叉验证，那么标签值之间的所有时间相关性都将丢失，并且会导致数据穿越。所幸，还是有合适的方法用于处理时间序列问题的，这种方法叫作滚动交叉验证，如图 9.4 所示。

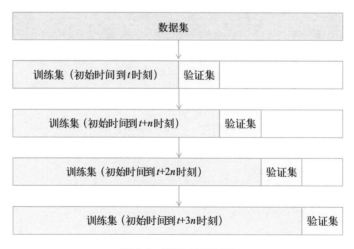

图 9.4　滚动交叉验证

这种交叉验证方法相当简单，我们首先用初始时间到 t 时刻的数据来训练模型，然后用从 t 到 $t+n$ 时刻的数据进行线下验证，并计算评价指标的分数；接下来，将训练样本扩展到 $t+n$ 时刻，用从 $t+n$ 到 $t+2n$ 时刻的数据进行验证；不断重复这个过程，直到达到最后一个可用的标签值。验证次数可以自由控制，最后对多次验证结果计算平均值得到最终的线下验证结果。

9.1.4 基本规则方法

在时间序列相关竞赛中经常会用规则的方法来解决问题，由于数据中存在噪声，或由于发生了某些突发状况，导致模型不能学习到所有信息。这时规则方法可能会带来帮助。这里我们主要介绍两种常见的规则预测方法：加权平均和指数平滑。

- 加权平均

加权平均就是先获取数据中最近 N 个时间单位的值，如果数据存在强周期性（周期为天、周、月、季节等），也可以考虑环比提取，即昨天、上周、上月、上个季节对应单位的值；然后对提取出的子集进行简单的加权计算，通常离当前时间点越近的数据重要性越高。对于如何选择 N 值，一般考虑短期的历史数据，因为短期内数据的相关性更高。加权平均的计算公式为式 (9-1)：

$$y_t = \frac{1}{N}(w_1 \times y_{t-1} + w_2 \times y_{t-2} + w_3 \times y_{t-3} + \cdots + w_N \times y_{t-N}) \tag{9-1}$$

其中 N 为计算周期，w 为每个时间单位的权重，y 为当前时间单位的数值。

对于 N 值的选择和权重的确定是比较困难的事情，因为存在的可能性太多，尤其是权重。所以我们可以通过线下验证，进行简单的线性搜索，来确定 N 值和权重。如下式 (9-2) 为线下验证进行最优化搜索方式：

$$\overline{\theta} = \arg\max_{\theta} \sum_{i=1}^{N} \text{score}(y_i, \text{pred}_i) \tag{9-2}$$

- 指数平滑

在时间序列预测问题中，距离预测单位越近的时间点重要性越大。比如现在有近 10 天的销量数据，那么对预测第 11 天销量最有影响的就是第 10 天的数据，另外数据离测试集越远，其权重越接近 0。将每个时间单位的权重按照指数级进行衰减，并进行最终的加权计算，这种方式称为指数平滑。其公式为式 (9-3)：

$$\hat{y}_t = a\sum_{n=0}^{t}(1-a)^n y_{t-n} \tag{9-3}$$

其中 $\hat{y}_t$ 是第 t 个时间点上经过指数平滑得到的值，y_{t-n} 为第 $t-n$ 个时间点上的实际值。a 为可调节的超参数值，在 0 和 1 之间取值，也可称之为记忆衰减因子，通过式 (9-3) 可以看出，a 值越大，模型对历史数据"遗忘"得就越快。

从某种程度来说，指数平滑法就像是拥有无限记忆（平滑窗口足够大）且权值呈指数级递减的移动平均法。一次指数平滑得到的计算结果可以在数据集及范围之外进行扩展，因此也就可以用来预测。

扩展学习

思考一下上面介绍的两种规则方法，会发现预测的结果既不会高于历史最高值，也不会低于历史最低值，这显然会有不切实际的时候，比如售车行业变得不景气，乘用车销量逐年降低，那么今年的销量肯定要低于去年。究其原因，是没有考虑到趋势性。因此，我们可以使用二次指数平滑线性趋势法来预测乘用车销量，同样还有三次指数平滑，可以对同时含有趋势性和季节性的时间序列进行预测，是基于一次指数平滑和二次指数平滑的算法。

9.2   时间序列模式

解决时间序列问题首先需要了解关键数据模式，然后通过提取特征来表现这些模式。这里主要介绍四类时间序列模式：趋势线、周期性、相关性和随机性。通过对这些模式的理解，可以找到特征提取和模型选择的方向。

9.2.1   趋势性

趋势性就是在很长一段时间内呈现的数据持续上升或持续下降的变动，当然这不仅局限于线性上升或者下降，也可以是周期性的上升或者下降。趋势性出现在多类时间序列预测问题中，比如销量预测、各类流量预测、金融相关的预测等。

那么如何用特征来表现趋势性呢，主要围绕数据的变化进行特征构造，通常可以从一阶趋势和二阶趋势进行构造。一阶趋势主要为相邻时间单位的数据差分、比例等，用来反映相邻时间单位数据变化程度；二阶趋势则是在一节趋势的基础上进一步构造，可以反映一阶趋势的变化快慢。

如图 9.5 所示，展示了 Google 和 Microsoft 从 2006 年到 2018 年的股价，横坐标为时间(date)，纵坐标为股价（share price）。从整体上看，两个公司的股价都存在一定的上升趋势，只不过 Google 的更加明显。

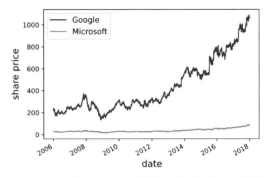

图 9.5　Google 和 Microsoft 的股价变化趋势（另见彩插）

9.2.2　周期性

周期性指的是在一段时间序列内重复出现的波动，是气候条件、生产条件、节假日和人们的风俗习惯等各种因素影响的结果。很多时间序列预测问题都存在周期性，比如温度变化预测会受季节性周期的影响，地铁流量预测会受早、晚高峰或工作日、周末的周期影响。

周期性可以通过环比表现，即用上月同时期、上周同时期的数据值作为特征，这是因为如果存在周期性，那么相同时期的标签值可能更加相近。既然存在周期性，那么时间特征也是能够表现周期性的，比如构造当前时间在所处周期内的位置、当前时间距所处周期内峰值的时间差等特征。

如图 9.6 所示，横坐标为时间（date），纵坐标为观看广告流量（traffic）展现的是真实的手机游戏数据，用来调查每小时观看的广告流量和每天的游戏内货币支出情况，可以明显地看出数据以一天为周期反复循环。

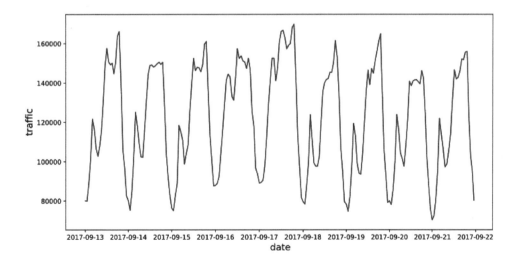

图 9.6　广告观看流量

9.2.3   相关性

时间序列中的相关性又称自相关性,描述的是在某一段序列往往存在正相关或负相关,前后时间点会有很大的关联,正因为有了这种关联,才使未来成为可预测的。

相关性的表现可以通过临近时刻的标签值来描述,比如将上个时刻、上两个时刻等标签值直接作为特征,此外还可以用历史多个时刻的统计值作为特征,来反映近期的变化。

9.2.4   随机性

随机性描述的是除上述三种模式之外的随机扰动。由于时间序列的不确定性,总会产生一些意外或者噪声,导致时间序列表现出无规律的波动。比如股市就是一个典型的具有巨大随机性的场景,存在复杂的历史依赖性与非线性的时间序列。随机性很难预测,是带来误差最大的地方。如图 9.7 所示,是 Kaggle 的 M5 Forecasting - Accuracy 竞赛中对某个商品的需求量进行可视化的结果,可以明显看到有四处异常点,相较于整体需求量而言,这些点是难以预测的。

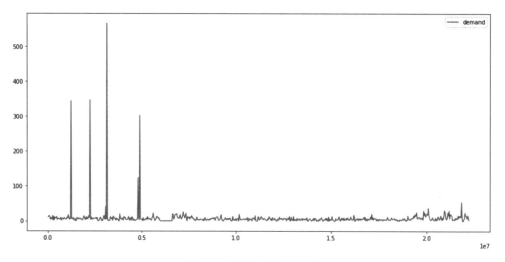

图 9.7   商品的需求量变化

针对随机性,可以通过简单的异常标注来解决,比如特殊日期、活动等。还可以进行预处理改变原始数据,首先将这些因为随机性产生的异常值剔除,其次进行修正处理。

9.3   特征提取方式

时间序列相关的竞赛有不一样的特征提取方式,主要围绕时间序列的延迟(即历史信息数据)展开。可进一步将此处的特征提取方式分为历史平移、窗口统计两种。除此之外还将介绍序列熵特征,以及额外补充的其他特征。

9.3.1 历史平移

时间序列数据存在着前后关系，比如昨天的销量很有可能影响今天的销量，明天的天气温度会受今天的温度影响。换言之，时间序列中越是相近的标签，其相关性越高。我们可以借助这个特性构造历史平移特征，即直接将历史记录作为特征。

具体地，如果当前时刻为 t，那么可以将 $t-1$、$t-2$、$\cdots$、$t-n$ 时刻的值作为特征，这个值可以是标签值，也可以是与标签值存在关联性的值。比如，预测目标为乘用车销量，那么与乘用车销量存在关联性的乘用车产量和 GDP 都可以作为特征。

如图 9.8 所示，对于单位 d 时刻而言，直接将 $d-1$ 时刻的值作为特征，可以直接使用 shift() 来完成平移操作，shift(1) 表示向右平移 1 个单位，shift(-1) 表示向左平移 1 个单位。这样一来，第二行对应时刻的值都将作为第一行对应时刻的特征。

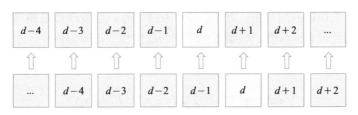

图 9.8 历史平移

9.3.2 窗口统计

不同于历史平移从单个序列单位中提取特征，窗口统计是从多个序列单位中提取特征。窗口统计可以反映区间内序列数据的状况，比如窗口内的最大值、最小值、均值、中位数和方差等。

窗口大小并不是固定的，可以进行各种尝试，如果是以天为单位的时间序列，那么选择 3 天、5 天、7 天、14 天作为窗口大小进行统计是个不错的决定。如图 9.9 所示，选择 3 作为窗口大小，那么对于单位 d 时刻而言，就是以 $d-3$ 到 $d-1$ 时刻作为窗口进行统计。

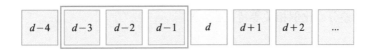

图 9.9 窗口统计

9.3.3 序列熵特征

熵这个概念最早应用于热力学中，用来衡量一个系统能量的不可用程度。熵越大，能量的不可用程度就越高，反之越低。它的物理意义是对系统中混乱程度或者复杂程度的度量。同样，在时间序列分析中，熵可以用来描述序列的确定性与不确定性，如图 9.10 给出了两段时间序列的可视化展示，这两段序列分别为（1，2，1，2，1，2，1，2，1，2，1）和（1，1，2，1，2，2，2，2，1，1，1）。

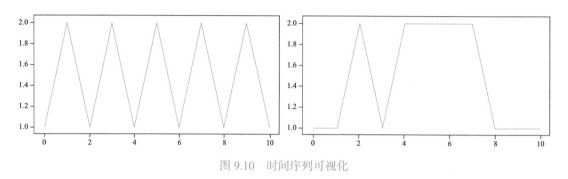

图 9.10　时间序列可视化

如果分别统计两段序列的均值、方差、中位数等结果，会发现都是相等的，所以统计特征对这两种时间序列并没有区分性，很难挖掘序列的稳定性。正因为如此，才引入熵的概念来描述序列，计算公式如式 (9-4)：

$$entropy(X) = -\sum_{i=1}^{N} P\{x = x_i\} \ln P\{x = x_i\} \tag{9-4}$$

9.3.4　其他特征

除了历史平移、窗口统计和序列熵特征外，还有很多常会用到的特征，我们将之总结为两类：时间特征与统计特征。

时间特征：比如小时、天、周、月，一天中的某个时段（如上午、中午），距离某日还有几天，是否为节假日等。

统计特征：基本的统计特征有最大值（max）、最小值（min）、均值（mean）、中位数（median）、方差（variance）、标准差（standard variance）、偏度（skewness）和峰度（kuriosis）等，另外还有一阶差分、二阶差分、比例相关等特征。

9.4　模型的多样性

时间序列预测可以尝试的模型还是比较多的，本节将介绍传统的时序模型、树模型、深度学习模型。如果不出意外，把这些方法在竞赛中都尝试一遍，首先可以找到好的单模，其次可以为最终融合做准备。

9.4.1 传统的时序模型

ARIMA（autoregressive integrated moving average model）是一种常见的时序模型，被称作差分自回归滑动平均模型。同时 ARIMA 由 AR、MA 和 I 三部分组成，包含三个关键参数 p、q和 d。其中 AR 是自回归模型，p 是自回归项数，表示模型中包含的滞后观测次数；MA 是移动平均模型，q 是移动平均窗口的大小，d 是成为平稳序列所进行的差分次数；I（代表"积分"）表示数据值已被当前值和先前值之间的差值替换（并且该微分过程可能已经执行了不止一次）。

之前提到的三次指数平滑是基于数据趋势性和季节性的描述，而 ARIMA 模型主要描述的是数据之间的相互关系。ARIMA 中三部分的目的都是使模型更加容易拟合历史数据，能够在较大时间序列范围内获得较高的准确性。如下代码简单实现了 ARIMA 模型：

```
from statsmodels.tsa.arima_model import ARIMA
model = ARIMA(train, order=(p,d,q) )
arima = model.fit()
pred = arima.predict(start= len(train), end= len(train)+L)
```

可以看出 ARIMA 模型的使用非常方便，代码分为三个部分：创建模型、训练模型和进行预测。除了准备好一维序列标签值外，还需要确定参数 p、d 和 q。另外预测部分的 L 表示预测的长度单位。

参数确定

p、d 和 q 均为非负整数，对于 p 和 q 的选择可以根据 ACF（自相关系数）图和 PACF（偏自相关系数）图进行判断。首先进行 d 阶差分，将时间序列数据转换为平稳时间序列，然后分别求得平稳时间序列的 ACF 图和 PACF 图，通过分析这两个图，得到最佳的阶层 p 和阶数 q。

扩展学习

SARIMA（季节性差分自回归滑动平均模型）是对 ARIMA 的扩展，该模型可使用包含趋势性和季节性的单变量数据进行时间序列预测。

9.4.2 树模型

树模型（XGBoost、LightGBM 等）是比较通用的模型，即使在很多与时间序列相关的竞赛中，也能够展现强大威力。当趋势性和季节性相对稳定，并且噪声较小的时候，树模型是非常适用的。当然，可以通过一些处理来降低时间序列的趋势性，使之变得平稳。在第 10 章会使用树模型作为 baseline 方案完成基本的预测。

扩展学习

将时间序列转换为平稳序列的方法有对数处理、一阶差分、季节性差分等。一般而言，先进行平稳性调整，然后再训练，最后结果做转换即可。这三种方法可以单独使用，也可以组合使用。

9.4.3　深度学习模型

深度学习模型可以给时间序列预测更多的可能性，例如对时间依赖性进行自动学习以及对趋势性和季节性等时间结构进行自动处理。深度学习模型还可以处理大量数据、多个复杂变量和多步操作，并且从输入数据中提取序列模型，这些都能给时间序列预测提供很大帮助。这里主要介绍如何使用卷积神经网络和长短期记忆网络来解决时间序列预测问题，并给出具体的实现代码。同时，本节还会介绍更多深度学习在时间序列预测问题中的尝试和应用。

- 卷积神经网络

卷积神经网络（CNN）是一种旨在有效处理图像数据的神经网络，它能够自动从原始输入数据中提取特征，这项能力可以应用于时间序列预测问题，即把一系列观察结果视为一个一维图像，然后读取该图像并将其提取为最显著的元素。卷积神经网络还支持多变量输入和多变量输出，并且能够学习复杂的函数关系，但不需要模型直接从滞后观察中学习。相反，模型可以从与预测问题最相关的输入序列中学习特征表示形式，即从原始输入数据中自动识别、提取和精炼显著的特征，这些特征与要建模的预测问题直接相关。

如图 9.11 所示，是基于一维卷积神经网络解决时间序列预测问题的结构图，首先初始化一个 $n \times k$ 的矩阵，其中 n 表示时间片的长度，k 表示特征个数；然后第一层为卷积隐藏层，定义多个过滤器用来提取特征；接着使用最大池化层，以减少输出数据的复杂度和防止数据过拟合；最后通过一个全连接层得到输出结果。

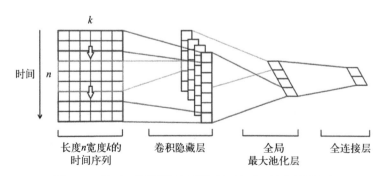

图 9.11　基于一维卷积神经网络的时间序列预测结构图

下面是用基于 keras 版的卷积神经网络解决时间序列预测问题的参考代码：

```
import numpy as np
import pandas as pd
from sklearn.model_selection import train_test_split
from keras import optimizers
from keras.models import Sequential, Model
from keras.layers.convolutional import Conv1D, MaxPooling1D
from keras.layers import Dense, LSTM, RepeatVector, TimeDistributed, Flatten
# 数据准备, 按时间前后划分训练集和验证集
# data 表示数据集, features 表示特征集, label 表示标签
X_train, X_valid, y_train, y_valid = train_test_split(data[features], data[label],
    test_size=0.2, random_state=2020, shuffle=True)
# 输入数据的格式为 [ 样本, 时间步, 特征 ]
X_train = X_train.values.reshape((X_train.shape[0], 1, X_train.shape[1]))
X_valid = X_valid.values.reshape((X_valid.shape[0], 1, X_valid.shape[1]))
# 网络设计
# 使用一个卷积隐藏层和一个最大池化层
# 然后, 在被全连接层解释和输出预测结果之前, 使滤波器映射平稳化
model_cnn = Sequential()
model_cnn.add(Conv1D(filters=64, kernel_size=2, activation='relu',
    input_shape=(X_train.shape[1], X_train.shape[2])))
model_cnn.add(MaxPooling1D(pool_size=2))
model_cnn.add(Flatten())
model_cnn.add(Dense(50, activation='relu'))
model_cnn.add(Dense(1))
model_cnn.compile(loss='mean_squared_error', optimizer='adam')
# 拟合网络
model_cnn.fit(X_train, y_train, validation_data=(X_valid, y_valid), epochs=20, verbose=1)
```

- 长短期记忆网络

长短期记忆网络（LSTM）是一种特殊的循环神经网络（RNN），更适用于较长的时间序列，由一组具有记忆数据序列特征的单元格组成，这些单元格具有存储数据序列的功能。长短期记忆网络适合处理时序数据，可以捕获当前观测值与历史观测值之间的依赖关系。

如图 9.12 所示，是长短期记忆网络的结构示意图，其中每个节点的输出将会作为其他节点的输入，箭头表示信号传递（数据传递），蓝色圆圈表示 pointwise operation（即逐点运算），比如节点求和，绿色框表示用于学习的 network layer（神经网络层），合并的两条线表示连接，分开的两条线表示信息被复制成两个副本，并传递到不同的位置。具体地，输入部分由 h_{t-1}（$t-1$ 时刻的卷积隐藏层）和 x_t（t 时刻的特征向量）组成；输出部分为 h_t；主线部分由 C_{t-1} 和 C_t 组成。

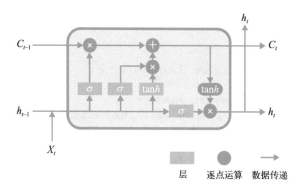

图 9.12　长短期记忆网络结构示意图

下面是用基于 keras 版的长短期记忆网络解决时间序列预测问题的参考代码：

```
# 网络设计
model_lstm = Sequential()
model_lstm.add(LSTM(50, activation='relu',
                input_shape=(X_train.shape[1], X_train.shape[2])))
model_lstm.add(Dense(1))
model_lstm.compile(loss='mean_squared_error', optimizer='adam')
# 拟合网络
model_lstm.fit(X_train, y_train, validation_data=(X_valid, y_valid), epochs=20, verbose=1)
```

9.5　思考练习

1. 在进行时间序列预测时，什么情况下规则方法的效果要好于模型效果？
2. 如何将规则方法与模型结合得更好？
3. 相关性特征提取主要是提取最近的标签直接作为特征，那么如何来确定提取的时间区间呢？
4. 为什么长短期记忆网络比循环神经网络更能解决长时间序列依赖问题？

第 *10* 章

实战案例：全球城市计算 AI 挑战赛

本章将把 2019 年天池竞赛中的一道赛题（即"全球城市计算 AI 挑战赛：地铁乘客流量预测"，如图 10.1 所示）作为时间序列分析相关问题的实战案例，主要包括赛题理解、数据探索、特征工程和模型训练。特别地，在实战部分，我们除了提供一个通用的解题思路之外，更重要的是引导大家去学习在不同赛题类型中的思考过程，最终进行知识点的梳理和进一步延伸，即赛题总结。

图 10.1　全球城市计算 AI 挑战赛：地铁乘客流量预测

10.1　赛题理解

本节旨在让读者快速了解这次实战案例的基本内容，除了常见的背景介绍、赛题数据和评价指标外，还包含两个独特的部分：赛题 FAQ 和 baseline 方案。在初次面对一类问题时，提出问题和假设有助于发现问题的核心内容和难点。baseline 方案则能让我们快速获取线下、线上反馈，然后进行不断尝试和优化。

10.1.1　背景介绍

2019 年，杭州市公安局联合阿里云智能启动首届全球城市计算 AI 挑战赛，本次挑战赛的题目最终选定为"地铁乘客流量预测"。目前，地铁是城市出行的主要交通工具之一，地铁站突发乘客流量的增加极易引起拥塞，引发大客流对冲，造成安全隐患。因此，地铁运营部门和公安机关亟需借助流量预测技术提前部署相应的安保策略，保障人民安全出行。

竞赛以"地铁乘客流量预测"为赛题，参赛者需通过分析地铁站的历史刷卡数据来预测站点未来的乘客流量变化，预测结果能够帮助乘客选择更合理的出行路线，从而规避交通堵塞。这可以帮助地铁运营部门和公安机关提前部署站点安保措施等，最终实现用大数据和人工智能等技术助力未来城市安全出行。

10.1.2　赛题数据

大赛开放了从 2019 年 1 月 1 日至 2019 年 1 月 25 日共 25 天的地铁刷卡数据，共涉及 3 条线路、81 个地铁站、约 7000 万条数据。这些数据作为训练数据（Metro_train.zip），供选手搭建地铁站点乘客流量预测模型。将训练数据解压后，可以得到 25 个 csv 文件，这些 csv 文件分别存储着每天的刷卡数据，文件名以 record 为前缀。比如 2019 年 1 月 1 日的所有线路所有站点的刷卡数据存储在 record_2019-01-01.csv 文件中，以此类推。大赛还提供了路网地图，即各地铁站之间的连接关系表，它们存储在 Metro_roadMap.csv 文件中供选手使用。

在测试阶段，大赛将提供某天所有线路所有站点的刷卡数据记录，选手需预测未来一天 00时至 24 时（以 10 分钟为单位）各时段各站点的进站和出站人次。

在预选赛阶段，大赛将提供 2019 年 1 月 28 日的刷卡数据记录作为测试集 A（testA_record_2019-01-28.csv），选手需预测 2019 年 1 月 29 日全天各地铁站（以 10 分钟为单位）的乘客流量。在淘汰赛和决赛阶段，又将分别更新一批数据作为测试集 B 和测试集 C。

- 用户刷卡数据表（record_2019-01-xx.csv）

□ 在 record_2019-01-xx.csv 文件中，除第一行外，其余各行分别包含一条用户的刷卡记录。

□ 对于 userID，在 payType 为 3 时无法唯一标识用户身份，即此 userID 可能被多人使用，但在一次进出站期间可以视为同一用户。对于其他取值的 payType，对应的 userID 可以唯一标识一个用户。

- 路网地图（Metro_roadMap.csv）

大赛提供了各地铁站之间的连接关系表，相应的邻接矩阵存储在 roadMap.csv 中，其中包含一个 81×81 的矩阵 roadMap。在 roadMap.csv 文件中，首行和首列均表示地铁站 ID(stationID)，列取值为 0~80，行取值为 0~80。其中，roadMap[i][j] = 1 表示 stationID 为 i 的地铁站和 stationID 为 j 的地铁站直接相连，roadMap[i][j] = 0 表示 stationID 为 i 的地铁站和 stationID 为 j 的地铁站不相连。

10.1.3 评价指标

评价指标用以评判选手的预测是否准确，此处先采用平均绝对误差分别对进站人数和出站人数的预测结果进行评价，再对两者取平均得到最终评分。

10.1.4 赛题 FAQ

Ⓠ **本次竞赛的标签需要自己构建，如何建模能使我们在给定的数据集上达到尽可能大的预测准确性？**

Ⓐ 构建进出地铁站的流量标签是本次竞赛的首要任务。在初次观察数据后，会发现存在或多或少的问题，比如出现了凌晨进出地铁站流量不为 0 的记录，不同地铁站的数据存在一定的差异性。为了保证结果的稳定性，或许可以尝试对进出地铁站的流量按地铁站进行处理（归一化、标准化等）。

Ⓠ **地铁站的流量存在太多影响因素，比如多辆地铁同时到站、突发情况、盛大活动等，所以该如何处理异常值，保证模型稳定呢？**

Ⓐ 特殊因素带来的影响非常多，针对这类问题，常见的方法有异常去除、异常标记和异常平滑。我们可以对这些方法进行一一尝试，并对比优劣。

10.1.5 baseline 方案

了解了前几节的内容，我们就可以开始基本的建模了，baseline 方案不需要太复杂，只要能给出一个正确的结果即可。这其实也可以看作先建立一个简单的框架，然后在后面的环节中不断填充和优化。这里以 1 月 29 日的刷卡数据作为测试集，1 月 1 日至 1 月 25 日以及 1 月 28 日的刷卡数据作为训练集进行建模，1 月 26 日和 1 月 27 日（周末）两天的数据官方并未提供。

● 数据准备

下面为数据读取和时间单位转换的具体代码：

```
import numpy as np
import pandas as pd
from tqdm import tqdm
Import lightgbm as lgb
# 读取数据
path ='./input/'
for i in tqdm(range(1,26)):
```

```
    if i < 10:
        train_tmp = pd.read_csv(path + 'Metro_train/record_2019-01-0' + str(i) + '.csv')
    else:
        train_tmp = pd.read_csv(path + 'Metro_train/record_2019-01-' + str(i) + '.csv')
    if i == 1:
        data = train_tmp
    else:
        data = pd.concat([data, train_tmp],axis=0,ignore_index=True)

Metro_roadMap = pd.read_csv(path + 'Metro_roadMap.csv')
test_A_record = pd.read_csv(path + 'Metro_testA/testA_record_2019-01-28.csv')
test_A_submit = pd.read_csv(path + 'Metro_testA/testA_submit_2019-01-29.csv')
data = pd.concat([data, test_A_record],axis=0,ignore_index=True)

# 将数据转化为以 10 分钟为单位
def trans_time_10_minutes(x):
    x_split = x.split(':')
    x_part1 = x_split[0]
    x_part2 = int(x_split[1]) // 10
    if x_part2 == 0:
        x_part2 = '00'
    else:
        x_part2 = str(x_part2 * 10)
    return x_part1 + ':' + x_part2 + ':00'

data['time'] = pd.to_datetime(data['time'])
data['time_10_minutes'] = data['time'].astype(str).apply(lambda x: trans_time_10_minutes(x))
```

接下来，构造进站流量（inNums）和出站流量（outNums），直接进行聚合即可：

```
data_inNums = data[data.status == 1].groupby(['stationID','time_10_minutes']).
    size().to_frame('inNums').reset_index()
data_outNums = data[data.status == 0].groupby(['stationID','time_10_minutes']).
    size().to_frame('outNums').reset_index()
```

- 核心部分——构建训练集

训练集构造起来还是很麻烦的，仔细观察数据可以发现，如果某站在某段时间段没有客流量，那么这个时间段的数据就是缺失的，需要选手进行填充。构造过程如下：

```
stationIDs = test_A_submit['stationID'].unique()
times = []
days = [i for i in range(1,26)] + [28, 29]
for day in days:
    if day < 10:
        day_str = '0' + str(day)
    else:
        day_str = str(day)
    for hour in range(24):
        if hour < 10:
            hour_str = '0' + str(hour)
        else:
            hour_str = str(hour)
```

```
        for minutes in range(6):
            if minutes == 0:
                minutes_str = '0' + str(minutes)
            else:
                minutes_str = str(minutes * 10)
            times.append('2019-01-' + day_str + ' ' + hour_str +':' + minutes_str + ':00')

# 求笛卡儿积
from itertools import product
stationids_by_times = list(product(stationIDs, times))
# 构建新的数据集
df_data = pd.DataFrame()
df_data['stationID'] = np.array(stationids_by_times)[:,0]
df_data['startTime'] = np.array(stationids_by_times)[:,1]
df_data = df_data.sort_values(['stationID','startTime'])
df_data['endTime'] = df_data.groupby('stationID')['startTime'].shift(-1).values

def filltime(x):
    x_split = x.split(' ')[0].split('-')
    x_part1_1 = x_split[0] +'-'+x_split[1]+'-'
    x_part1_2 = int(x_split[2]) + 1
    if x_part1_2 < 10:
        x_part1_2 = '0' + str(x_part1_2)
    else:
        x_part1_2 = str(x_part1_2)

    x_part2 = ' 00:00:00'
    return x_part1_1 + x_part1_2 + x_part2
# 填充缺失值
df_data.loc[df_data.endTime.isnull(), 'endTime']  =
    df_data.loc[df_data.endTime.isnull(), 'startTime'].apply(lambda x: filltime(x))
df_data['stationID'] = df_data['stationID'].astype(int)
```

经过上面的操作，数据已经变得非常整齐，以 10 分钟为单位。这也有助于后续提取特征，完整的训练集如图 10.2 所示。

	stationID	startTime	endTime
0	0	2019-01-01 00:00:00	2019-01-01 00:10:00
1	0	2019-01-01 00:10:00	2019-01-01 00:20:00
2	0	2019-01-01 00:20:00	2019-01-01 00:30:00
3	0	2019-01-01 00:30:00	2019-01-01 00:40:00
4	0	2019-01-01 00:40:00	2019-01-01 00:50:00
...	...	...	...
38875	9	2019-01-29 23:10:00	2019-01-29 23:20:00
38876	9	2019-01-29 23:20:00	2019-01-29 23:30:00
38877	9	2019-01-29 23:30:00	2019-01-29 23:40:00
38878	9	2019-01-29 23:40:00	2019-01-29 23:50:00
38879	9	2019-01-29 23:50:00	2019-01-30 00:00:00

图 10.2　完整的训练集

接下来，我们将对出进站流量数据进行合并：

```
data_inNums.rename(columns={'time_10_minutes':'startTime'}, inplace=True)
data_outNums.rename( columns={'time_10_minutes':'startTime'}, inplace=True)
df_data = df_data.merge(data_inNums, on-['stationID', 'startTime'], how-'left')
df_data = df_data.merge(data_outNums, on=['stationID', 'startTime'], how='left')
df_data['inNums']  = df_data['inNums'].fillna(0)
df_data['outNums'] = df_data['outNums'].fillna(0)
```

- 特征提取

在 baseline 部分，仅提取些基础特征即可。对于时间序列预测问题，主要提取简单的时间特征和历史平移特征。下面是提取时间相关特征的具体代码：

```
# 时间相关特征
df_data['time'] = pd.to_datetime(df_data['startTime'])
df_data['days'] = df_data['time'].dt.day
df_data['hours_in_day'] = df_data['time'].dt.hour
df_data['day_of_week'] = df_data['time'].dt.dayofweek
df_data['ten_minutes_in_day'] = df_data['hours_in_day'] * 6 + df_data['time'].dt.minute // 10
del df_data['time']
```

用于描述当前时间在所处周期内位置信息的特征是非常具有套路性的，其作用也非常大。比如星期特征（day_of_week）有助于发现相同星期数具有的相似性，类似周期性和相关性描述。下面是提取历史平移特征的具体代码：

```
# 历史平移特征
df_data['bf_inNums'] = 0
df_data['bf_outNums'] = 0
for i, d in enumerate(days):
    If d == 1:
    continue
    df_data.loc[df_data.day==d, bf_inNums] = df_data.loc[df_data.day==days[i-1], inNums]
    df_data.loc[df_data.day==d, bf_outNums] = df_data.loc[df_data.day==days[i-1], outNums]
```

- 模型训练

为了快速生成一个可靠稳定的结果，我们选择使用 LightGBM 模型，线下验证方式采用时序验证策略，用 1 月 28 日的刷卡数据作为验证集。模型训练的代码如下：

```
# 训练集和验证集准备
cols = [f for f in df_data.columns if f not in ['startTime','endTime','inNums','outNums']]
df_train = df_data[df_data.day<28]
df_valid = df_data[df_data.day==28]

X_train = df_train[cols].values
X_valid = df_valid[cols].values

y_train_inNums = df_train['inNums'].values
y_valid_inNums = df_valid['inNums'].values
```

```
y_train_outNums = df_train['outNums'].values
y_valid_outNums = df_valid['outNums'].values
# 开始训练
params = {'num_leaves': 63,'objective': 'regression_l1','max_depth': 5,
          'learning_rate': 0.01,'boosting': 'gbdt','metric': 'mae','lambda_l1': 0.1}
model = lgb.LGBMRegressor(**params, n_estimators = 20000, nthread = 4, n_jobs = -1)
model.fit(X_train, y_train_inNums,
          eval_set=[(X_train, y_train_inNums), (X_valid, y_valid_inNums)],
          eval_metric='mae',
          verbose=100, early_stopping_rounds=200)
```

这里仅训练了进站流量，出站流量也是相同的操作。这样就能得到基本的分数结果（进出站对应的平均绝对误差分数为 19.6167 和 19.0041）。能够优化的点还是非常多的，在后面的工作中将逐步发现这些优化点，并更新 baseline 方案的结构和分数，最终带着突破使分数靠前。

10.2　数据探索

在数据探索部分，对不同业务问题的分析方法有着明显的差异。在时间序列预测问题中，数据分析的关键在于对时间序列模式（趋势性、周期性、相关性和随机性）的分析，在多种模式中发现数据的特点。

10.2.1　数据初探

- 流量数据

图 10.3 展示的是基础流量数据，这是可以直接用于训练的干净数据，可从多个维度构造时间相关特征。

	stationID	startTime	endTime	inNums	outNums	day	hours_in_day	day_of_week	ten_minutes_in_day
0	0	2019-01-01 00:00:00	2019-01-01 00:10:00	0.0	0.0	1	0	1	0
1	0	2019-01-01 00:10:00	2019-01-01 00:20:00	0.0	0.0	1	0	1	1
2	0	2019-01-01 00:20:00	2019-01-01 00:30:00	0.0	0.0	1	0	1	2
3	0	2019-01-01 00:30:00	2019-01-01 00:40:00	0.0	0.0	1	0	1	3
4	0	2019-01-01 00:40:00	2019-01-01 00:50:00	0.0	0.0	1	0	1	4
...	...	...	...	...	...	...	...	...	...
314923	9	2019-01-29 23:10:00	2019-01-29 23:20:00	0.0	0.0	29	23	1	139
314924	9	2019-01-29 23:20:00	2019-01-29 23:30:00	0.0	0.0	29	23	1	140
314925	9	2019-01-29 23:30:00	2019-01-29 23:40:00	0.0	0.0	29	23	1	141
314926	9	2019-01-29 23:40:00	2019-01-29 23:50:00	0.0	0.0	29	23	1	142
314927	9	2019-01-29 23:50:00	2019-01-30 00:00:00	0.0	0.0	29	23	1	143

314928 rows × 9 columns

图 10.3　基础流量数据

　　既然是时间序列预测问题，数据跟时间自然存在强相关性。图 10.4 和图 10.5 分别按时间序列展示了 stationID 从 0 到 9 的地铁站进站和出站流量变化情况，具体选择的是 2019 年 1 月 1 日（星期二）的数据。

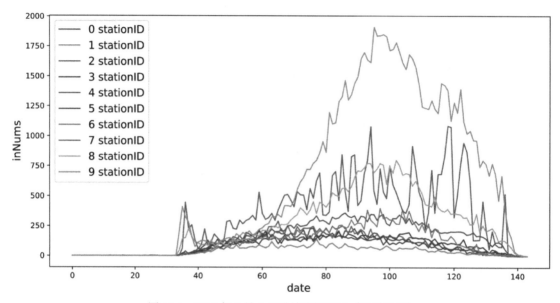

图 10.4　2019 年 1 月 1 日进站流量展示（另见彩插）

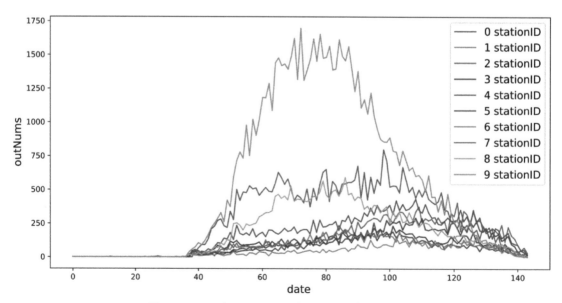

图 10.5　2019 年 1 月 1 日出站流量展示（另见彩插）

其实 2019 年 1 月 1 日的数据存在一些特殊性，虽然是工作日，但当天是元旦节，属于节假日。在后面的分析中，我们可以观察其与其他数据的差异。

- 路网地图

大赛提供了各地铁站之间的连接关系表，如图 10.6 所示，除"Unnamed:0"列外是一个 81×81 的矩阵。

Unnamed: 0	0	1	2	3	4	5	6	7	8	...	71	72	73	74	75	76	77	78	79	80
0	0	0	1	0	0	0	0	0	0	0	...	0	0	0	0	0	0	0	0	0	0
1	1	1	0	1	0	0	0	0	0	0	...	0	0	0	0	0	0	0	0	0	0
2	2	0	1	0	1	0	0	0	0	0	...	0	0	0	0	0	0	0	0	0	0
3	3	0	0	1	0	1	0	0	0	0	...	0	0	0	0	0	0	0	0	0	0
4	4	0	0	0	1	0	1	0	0	0	...	0	0	0	0	0	0	0	0	0	0
...	...	...	...	...	...	...	...	...	...	...	...	...	...	...	...	...	...	...	...	...	...
76	76	0	0	0	0	0	0	0	0	0	...	0	0	0	0	1	0	1	0	0	0
77	77	0	0	0	0	0	0	0	0	0	...	0	0	0	0	0	1	0	0	0	0
78	78	0	0	0	0	0	0	0	0	0	...	0	0	0	0	0	0	0	0	0	0
79	79	0	0	0	0	0	0	0	0	0	...	0	0	0	0	0	0	0	0	1	0	1
80	80	0	0	0	0	0	0	0	0	0	...	0	0	0	0	0	0	0	0	1	0

81 rows × 82 columns

图 10.6　路网地图数据

这里可以进行一些初步的假设。对于地铁换乘点，尤其是邻接站比较多（比如三邻接站和四邻接站）的站点，假设其流量较高；对于只有一个邻接站的站点，可以直接确定其为始发（终点）站，一般是较偏的地方，流量相对较低。

10.2.2　模式分析

在第 9 章中讲过，要解决时间序列问题，首先需要了解关键数据模式，然后通过提取特征来表现这些模式。此外，我们还介绍了 4 种模式，分别为趋势性、周期性、相关性和随机性，本节也将围绕这 4 个方面进行数据分析。

- ❏ **趋势性**。在时间序列中，趋势性是经常见到的一种模式，现实生活中很多事情都包含趋势性的变化。杭州地铁流量的变化也不例外，比如从早上开始运营到上班早高峰这一时间段的流量，又比如接近春节时的流量。

□ **周期性**。我们尝试从数据中发现周期性的特征，如图 10.7 所示，横纵坐标分别表示时间索引（date，单位：秒）和进站流量（inNums，单位：人次），按时间序列展示了 stationID 从 0 到 9 的地铁站的进站流量随时间变化的情况，这里选择的是从 2019 年 1 月 1 日到 2019 年 1 月 28 日的数据。

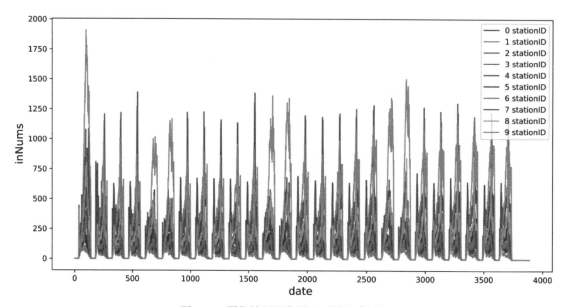

图 10.7　周期性可视化展示（另见彩插）

仔细观察图 10.7 中的紫线和蓝线（即 stationID 为 4 和 stationID 为 9），会发现这两条线每次达到进站流量峰值的时间间隔正好都是一天，这表示一天是最明显的周期。需要注意一开始的 1 月 1 日为节假日，然后紧接着的 3 天是工作日。这进一步可以得出结论：工作日和周末的流量数据分布是不同的，在具体建模时需要特别注意这一点。

由于图 10.7 有些密集，因此接下来进行更细致的分析，选择 stationID 为 4 的地铁站，详细对比其工作日和周末的进站流量。下面的代码用于生成周五、周六不同时刻的流量对比图：

```
tmp = df_data.loc[(df_data.day.isin([4,5]))]
tmp.loc[tmp.stationID == 4].pivot_table(index='hours_in_day',
    columns='day',values='inNums').plot(style='o-')
```

生成结果如图 10.8 所示，横纵坐标分别表示时间（单位：小时）和进站流量。对比了周五（day=4）和周六（day=5）每个时刻的进站流量后，很容易发现周五明显区别于周六的时间段是从 7 点到 8 点以及从 17 点到 19 点，恰好是进站流量高峰期。因此带来差异的主要是工作日的早、晚高峰，从整体来看，也就是周期性的变化。

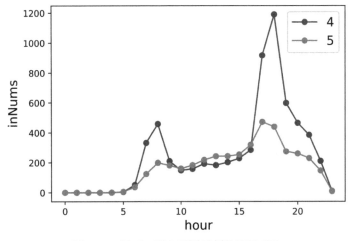

图 10.8　周五、周六不同时刻的流量对比

❑ **相关性**。一般来讲，相关性突出表现在两个相近的时间单位，比如在不受周期性影响的情况下，时间间隔越短，进出站的流量就越相近。如图 10.9 所示，横坐标为时间（单位：小时），纵坐标为进站流量，展示的是周四和周五这两天的地铁进站流量。两条线的吻合度非常高，非常符合短期相关性的概念。另外，对比一天内两个相近的时刻，会发现如果不考虑特殊因素（早、晚高峰），也是越相近的时刻流量越相似。

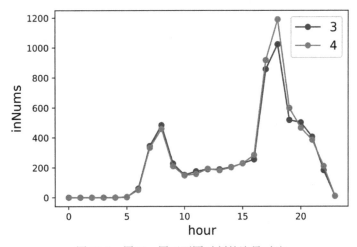

图 10.9　周四、周五不同时刻的流量对比

❑ **随机性**。随机性的数据变化是不容易确定的，突发状况、特殊日期等均可导致随机性，比如元旦那天的地铁进站流量就很难预测。由图 10.10 可以看出，元旦当天的地铁进站流量与其余日期的差异是非常大的，这会给建模带来困难，需要特殊对待。

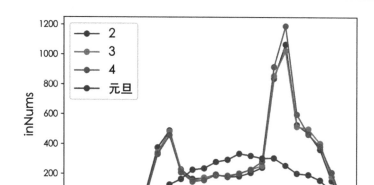

图 10.10   元旦当天流量的特殊性（另见彩插）

10.3   特征工程

这节的内容非常重要，其中所有操作均依托于我在竞赛中的实际操作，层次清晰且便于优化。

10.3.1   数据预处理

在正式提取特征前，先剔除与测试集数据分布差异大的数据（即周末和元旦的数据），从而保证整体数据的分布一致性，在最终方案中也是先剔除这部分数据。具体代码如下：

```
# 剔除周末和元旦的数据
df_data = df_data.loc[((df_data.day_of_week < 5) & (df_data.day != 1))].copy()
# 保留日期
retain_days = list(df_data.day.unique())
# 重新计算 rank，方便我们后续提取特征
days_relative = {}
for i,d in enumerate(retain_days):
    days_relative[d] = i + 1
df_data['days_relative'] = df_data['day'].map(days_relative)
#### 可视化代码 ####
dt = [r for r in range(df_data.loc[df_data.stationID==0, 'ten_minutes_in_day'].shape[0])]
fig = plt.figure(1,figsize=[12,6])
plt.ylabel('inNums',fontsize=14)
plt.xlabel('date',fontsize=14)
for i in range(0,10):
    plt.plot(dt, df_data.loc[df_data.stationID==i, 'inNums'], label = str(i)+'stationID' )
plt.legend()
# 生成矢量图
plt.savefig("inNums_of_stationID.svg", format="svg")
```

运行上述代码，生成的可视化图如图 10.11 所示，具体是剔除了周末的流量数据，这样剩

下的就都是流量分布相似的周内数据。

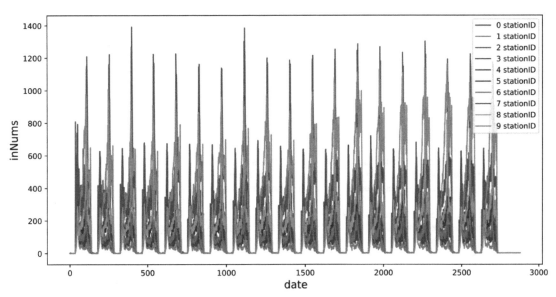

图 10.11 只保留工作日数据的可视化展示（另见彩插）

10.3.2 强相关性特征

强相关性信息主要产生于不同天的同一时段，所以我们分别构造了 10 分钟粒度和 1 小时粒度的进出站流量特征。考虑到前后时间段流量有波动，又添加了前某个时段和后某个时段，或者前某两个时段和后某两个时段的流量特征。此外，我们还构造了前 n 天对应时段的流量。更进一步，考虑到相邻站点的强相关性，添加相邻两站对应时段的流量特征。相关代码如下：

```
def time_before_trans(x,dic_):
    if x in dic_.keys():
        return dic_[x]
    else:
        return np.nan

df_feature_y['tmp_10_minutes'] = df_feature_y['stationID'].values * 1000 +
    df_feature_y['ten_minutes_in_day'].values
df_feature_y['tmp_hours'] = df_feature_y['stationID'].values * 1000 +
    df_feature_y['hours_in_day'].values

for i in range(1, n): # 遍历前 n 天
    d = day - i
    df_d = df.loc[df.days_relative == d].copy() # 当天的数据

    # 特征 1：过去该时间段（一样的时间段，10 分钟粒度）的进出站流量
    df_d['tmp_10_minutes'] = df['stationID'] * 1000 + df['ten_minutes_in_day']
```

```
df_d['tmp_hours']       = df['stationID'] * 1000 + df['hours_in_day']
# 这里以 sum 为统计量，可进一步考虑 mean、median、max、min、std 等统计量
dic_innums  = df_d.groupby(['tmp_10_minutes'])['inNums'].sum().to_dict()
dic_outnums = df_d.groupby(['tmp_10_minutes'])['outNums'].sum().to_dict()
df_feature_y['_bf_' + str(day-d) + '_innum_10minutes']  =
    df_feature_y['tmp_10_minutes'].map(dic_innums).values
df_feature_y['_bf_' + str(day-d) + '_outnum_10minutes'] =
    df_feature_y['tmp_10_minutes'].map(dic_outnums).values

# 特征 2：过去在该时间段（1 小时粒度）的进出站流量
dic_innums  = df_d.groupby(['tmp_hours'])['inNums'].sum().to_dict()
dic_outnums = df_d.groupby(['tmp_hours'])['outNums'].sum().to_dict()
df_feature_y['_bf_' + str(day-d) + '_innum_hour']  =
    df_feature_y['tmp_hours'].map(dic_innums).values
df_feature_y['_bf_' + str(day-d) + '_outnum_hour'] =
    df_feature_y['tmp_hours'].map(dic_outnums).values

# 特征 3：前 10 分钟的进出站流量
df_d['tmp_10_minutes_bf'] = df['stationID'] * 1000 + df['ten_minutes_in_day'] - 1
df_d['tmp_hours_bf']      = df['stationID'] * 1000 + df['hours_in_day'] - 1
# sum 统计量
dic_innums  = df_d.groupby(['tmp_10_minutes_bf'])['inNums'].sum().to_dict()
dic_outnums = df_d.groupby(['tmp_10_minutes_bf'])['outNums'].sum().to_dict()
df_feature_y['_bf1_' + str(day-d) + '_innum_10minutes']  =
    df_feature_y['tmp_10_minutes'].agg(lambda x:
    time_before_trans(x,dic_innums)).values
df_feature_y['_bf1_' + str(day-d) + '_outnum_10minutes'] =
    df_feature_y['tmp_10_minutes'].agg(lambda x:
    time_before_trans(x,dic_outnums)).values

# 特征 4：前 1 小时的进出站流量
dic_innums  = df_d.groupby(['tmp_hours_bf'])['inNums'].sum().to_dict()
dic_outnums = df_d.groupby(['tmp_hours_bf'])['outNums'].sum().to_dict()
df_feature_y['_bf1_' + str(day-d) + '_innum_hour']  =
    df_feature_y['tmp_hours'].map(dic_innums).values
df_feature_y['_bf1_' + str(day-d) + '_outnum_hour'] =
    df_feature_y['tmp_hours'].map(dic_outnums).values

for col in ['tmp_10_minutes','tmp_hours']:
    del df_feature_y[col]

return df_feature_y
```

仔细观察代码，在构造历史某天特征的时候，已经包含了周期性相关的特征，比如前几周对应时刻的进出站流量、前几周对应时刻 10 分钟（1 小时）粒度的统计特征等。

那么考虑一个问题，10.1.5 节没有对周期性带来的分布差异问题进行处理，这在构造特征时会带来很大的影响，本身相邻两天的数据是具有相关性的，又受工作日和周末的影响，因此会提取很多噪声特征。面对这一问题，我们的建模就有了多种思路，比如去除周末数据以保证一致性，保留周末数据增强特征相关的描述，也可以融合考虑多种建模结果。

扩展思考

数据只要存在即合理，没有哪种建模方式一定是好的，我们更多的是平衡数据对建模结果带来的影响。虽然数据分布存在差异，但那是因为受到了特征之间关系的影响，新日期会带来新的特征组合，又会导致新的建模结果。

10.3.3 趋势性特征

挖掘趋势性也是我们提取特征的关键，我们主要构造的趋势性特征定义如下：

$$A\_diff(n+1) = A(n+1) - A(n), A = in \text{ 或 } out$$

即前后时段数据的差值，这里的数据既可以是进站流量，也可以是出站流量。同样，我们考虑了每天对应的当前时段、对应的上个时段等。当然，我们也可以考虑比值，其定义如下：

$$A\_ratio(n+1) = A(n+1) / A(n), A = in \text{ 或 } out$$

这类特征在实际竞赛中的作用也很强，主要用来辅助模型学习趋势性的变化。一般而言，会构造**一阶趋势特征**和**二阶趋势特征**，其中一阶趋势特征是相邻时间单位数据的差值或比值，反映趋势的变化情况；二阶趋势特征是一阶趋势特征的差值，反映趋势变化的快慢。

10.3.4 站点相关特征

既然要预测地铁站点（stationID）的流量，那么可以从站点本身来挖掘更多信息，这里主要挖掘不同站点以及站点与其他特征组合的热度。这类特征主要用于描述实体信息，在实际竞赛中也是不可或缺的。下面是构造站点相关特征的具体实现代码，主要构造频次特征（count）和类别数特征（nunique）：

```python
def get_stationID_fea(df):
    df_station = pd.DataFrame()
    df_station['stationID'] = df['stationID'].unique()
    df_station = df_station.sort_values('stationID')
    # nunique 相关
    tmp1 = df.groupby(['stationID'])['deviceID'].nunique().
            to_frame('stationID_deviceID_nunique').reset_index()
    tmp2 = df.groupby(['stationID'])['userID'].nunique().
            to_frame('stationID_userID_nunique').reset_index()

    df_station = df_station.merge(tmp1,on ='stationID', how='left')
    df_station = df_station.merge(tmp2,on ='stationID', how='left')

# 与 stationID 进行组合，获取 count 特征
for pivot_cols in tqdm_notebook(['payType','hour', 'days_relative','ten_minutes_in_day']):
```

```
    tmp = df.groupby(['stationID',pivot_cols])['deviceID'].count().
        to_frame('stationID_'+pivot_cols+'_cnt').reset_index()
    df_tmp = tmp.pivot(index = 'stationID', columns=pivot_cols,
        values='stationID_'+pivot_cols+'_cnt')
    cols = ['stationID_'+pivot_cols+'_cnt' + str(col) for col in df_tmp.columns]
    df_tmp.columns = cols
    df_tmp.reset_index(inplace = True)
    df_station = df_station.merge(df_tmp, on ='stationID', how='left')
return df_station
```

10.3.5　特征强化

对构造出来的特征进行强化是一项非常重要的工作，比如在 2019 腾讯广告算法大赛中，要求对新的统计特征做进一步扩展，试想下如果把新构造的特征看作一个非真实的值，然后将其与真实值进行交叉，那么理论上可以得到接近真实的值。这只是一个方向，我们还可以对新构造的特征进行交叉组合或者聚合统计，得到更深层次的特征描述。

下面将进行具体的特征强化，在相关性特征的基础上，选择不同大小的窗口进行了求和和均值统计，还对窗口统计特征进行了差分特征的提取，以便获取趋势性相关的特征：

```
columns = ['_innum_10minutes','_outnum_10minutes','_innum_hour','_outnum_hour']
# 对过去 n 天的流量计算总和、均值
for i in range(2,left):
    for f in columns:
        colname1 = '_bf_'+str(i)+'_'+'days'+f+'_sum'
        df_feature_y[colname1] = 0
        for d in range(1,i+1):
            df_feature_y[colname1] = df_feature_y[colname1] + df_feature_y['_bf_'+
                str(d) +f]
        colname2 = '_bf_'+str(d)+'_'+'days'+f+'_mean'
        df_feature_y[colname2] = df_feature_y[colname1] / i

# 过去 n 天流量均值的差分特征
for i in range(2,left):
    for f in columns:
        colname1 = '_bf_'+str(d)+'_'+'days'+f+'_mean'
        colname2 = '_bf_'+str(d)+'_'+'days'+f+'_mean_diff'
        df_feature_y[colname2] = df_feature_y[colname1].diff(1)
        # 对一天的第一个时刻进行处理
        df_feature_y.loc[(df_feature_y.hours_in_day==0)&
                        (df_feature_y.ten_minutes_in_day==0), colname2] = 0
```

10.4　模型训练

本节将从模型侧优化方案。作为时间序列预测问题，可选择的模型还是蛮多的，比如传统的时序模型、树模型和深度学习模型。调参也是模型选择的一部分，本节会对 LightGBM 模型进行参数优化，以便进一步提高分数。

10.4.1 LightGBM

这里使用与 baseline 方案一样的 LightGBM 模型，方便对比效果。优化前后的主要差别在于多角度特征提取和对模型个别参数（`learning_rate` 和 `feature_fraction`）的调整。

相对于 baseline 方案中进出站对应的平均绝对误差分数为 19.6167 和 19.0041，目前优化后的方案进出站平均绝对误差分数为 12.6477 和 13.1619。两者均有大幅度的提升，主要原因有三点，分别是数据预处理、特征提取和模型调参。如果从重要程度来看，特征提取对结果影响最大，模型调参仅是锦上添花。

- 特征重要性反馈

我们知道树模型可以反馈特征的重要性得分，因此接下来一起看看 LightGBM 模型的重要性（importance）得分。执行下述代码，对特征重要性得分进行可视化展示：

```python
import matplotlib.pyplot as plt
import seaborn as sns
import warnings
warnings.simplefilter(action='ignore', category=FutureWarning)

feature_imp = pd.DataFrame(sorted(zip(model.feature_importances_,cols)),
    columns=['Value','Feature'])

plt.figure(figsize=(20, 10))
sns.barplot(x="Value", y="Feature", data=feature_imp.sort_values(by="Value",
            ascending=False)[:20])
plt.title('LightGBM Features Importance')
plt.tight_layout()
plt.show()
```

生成的结果如图 10.12 所示，按重要性由高到低进行排序。

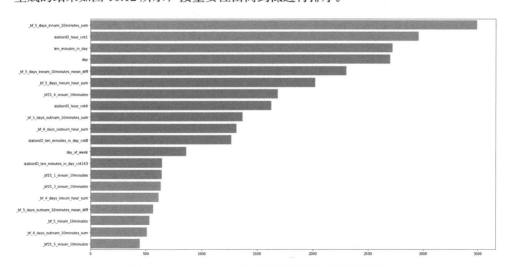

图 10.12　LightGBM 特征重要性得分（另见彩插）

- 基于重要性得分的特征选择

特征重要性得分除了能衡量特征的重要性外，还可以依此进行特征选择，保留重要性得分高的特征。接下来，对比下这类特征选择方式的效果。这里提取重要性为 top100 的特征，然后重新训练模型，对比进出站流量的平均绝对误差分数：

```
new_cols = feature_imp.sort_values(by="Value",
    ascending=False)[:100]['Feature'].values.tolist()
```

经过实验反馈，进行特征选择后的方案进出站平均绝对误差分数为 12.6248 和 13.1509。相较之前并没有太多提升，不过在特征量上从 262 个缩小到了 100 个，剔除了大量冗余特征，整体性能有很大的提升。

10.4.2   时序模型

在时间序列问题中，使用循环神经网络、LSTM 和 GRU 这类时序模型是再合适不过的选择，这类模型可以自动提取时序相关信息，减少由人工构造大量时序特征这种费时的工作。

这里我们选择使用 LSTM 模型，然后经过多层全连接层。为了让模型更具泛化性，还添加了 Batch Normalization（批归一化）和 Dropout。一般在进行深度学习相关建模时，都会考虑添加这两个部分，让模型变得更具健壮性。对于 Batch Normalization 而言，我们能够通过规范化的手段，将越来越偏的分布拉回到标准化分布，使得梯度变大，从而加快模型学习的收敛速度，避免梯度消失问题。建模代码如下：

```python
from keras.models import Sequential
from keras.layers.core import Dense, Dropout, Activation
from keras.layers.normalization import BatchNormalization
from keras.layers import LSTM
from keras import callbacks
from keras import optimizers
from keras.callbacks import ModelCheckpoint, EarlyStopping, ReduceLROnPlateau

def build_model():
    model = Sequential()
    model.add(LSTM(512, input_shape=(X_train.shape[1],X_train.shape[2])))
    model.add(BatchNormalization())
    model.add(Dropout(0.2))

    model.add(Dense(256))
    model.add(Activation(activation="relu"))
    model.add(BatchNormalization())
    model.add(Dropout(0.2))

    model.add(Dense(64))
    model.add(Activation(activation="relu"))
```

```
model.add(BatchNormalization())
model.add(Dropout(0.2))

model.add(Dense(16))
model.add(Activation(activation="relu"))
model.add(BatchNormalization())
model.add(Dropout(0.2))
model.add(Dense(1))
return model
```

上述代码也是非常具有通用性的，在一般的时间序列预测问题中能够展现不错的效果。接下来，我们再看看如何进行模型编译和训练，此处同样能够像树模型那样进行早停：

```
# 编译部分
model = build_model()
model.compile(loss='mae', optimizer=optimizers.Adam(lr=0.001), metrics=['mae'])
# 回调函数
reduce_lr = ReduceLROnPlateau(
    monitor='val_loss', factor=0.5, patience=3, min_lr=0.0001, verbose=1)
earlystopping = EarlyStopping(
    monitor='val_loss', min_delta=0.0001, patience=5, verbose=1, mode='min')
callbacks = [reduce_lr, earlystopping]
# 训练部分
model.fit(X_train, y_train_inNums, batch_size = 256, epochs = 200, verbose=1,
    validation_data=(X_valid,y_valid_inNums), callbacks=callbacks )
```

上述简单清晰的代码就能得到一个还不错的分数，如图 10.13 所示，线下进站流量的平均绝对误差分数为 13.2967。这里可以优化的地方也是非常多的，比如调整网络结构和参数，我们就简单地调整个参数吧。注意在训练部分，有一个特别重要的参数 shuffle，它用于设置在每轮（epoch）迭代之前是否对数据进行打散操作，默认情况下为 False，如果将其设置为 True，那么线下进站流量的平均绝对误差分数能到 12.9747。

```
Epoch 00013: ReduceLROnPlateau reducing learning rate to 0.0005000000237487257.
Epoch 14/200
151632/151632 [==============================] - 19s 127us/step - loss: 19.9452 - mean_absolute_error: 19.9452 - val_loss: 14.0227 - val_mean_absolute_error: 14.0227
Epoch 15/200
151632/151632 [==============================] - 19s 126us/step - loss: 19.8370 - mean_absolute_error: 19.8370 - val_loss: 13.6583 - val_mean_absolute_error: 13.6583
Epoch 16/200
151632/151632 [==============================] - 19s 126us/step - loss: 19.7433 - mean_absolute_error: 19.7433 - val_loss: 13.4510 - val_mean_absolute_error: 13.4510
Epoch 17/200
151632/151632 [==============================] - 19s 128us/step - loss: 19.5663 - mean_absolute_error: 19.5663 - val_loss: 13.3501 - val_mean_absolute_error: 13.3501
Epoch 18/200
151632/151632 [==============================] - 19s 127us/step - loss: 19.5381 - mean_absolute_error: 19.5381 - val_loss: 13.2505 - val_mean_absolute_error: 13.2505
Epoch 19/200
151632/151632 [==============================] - 19s 126us/step - loss: 19.4834 - mean_absolute_error: 19.4834 - val_loss: 13.7082 - val_mean_absolute_error: 13.7082
Epoch 20/200
151632/151632 [==============================] - 19s 126us/step - loss: 19.3861 - mean_absolute_error: 19.3861 - val_loss: 14.1614 - val_mean_absolute_error: 14.1614
Epoch 21/200
151632/151632 [==============================] - 19s 126us/step - loss: 19.5545 - mean_absolute_error: 19.5545 - val_loss: 13.3941 - val_mean_absolute_error: 13.3941

Epoch 00021: ReduceLROnPlateau reducing learning rate to 0.0002500000118743628.
Epoch 22/200
151632/151632 [==============================] - 19s 125us/step - loss: 19.2886 - mean_absolute_error: 19.2886 - val_loss: 13.2967 - val_mean_absolute_error: 13.2967
Epoch 23/200
151632/151632 [==============================] - 19s 125us/step - loss: 19.1401 - mean_absolute_error: 19.1401 - val_loss: 13.3935 - val_mean_absolute_error: 13.3935
Epoch 00023: early stopping
```

图 10.13　LSTM 模型训练过程的展示

10.5　强化学习

学无止境在本书中应该有所体现，简单地解决问题不是最终目标，能够考虑不同的优化方案、学习不一样的解题思路，并且能够在不同的赛题中做到"举一反三"才是本书的核心目标。

10.5.1　时序 stacking

这类建模方式在时间序列预测问题中虽然很少被用到，但其威力是非常明显的，这其中少不了建模方式的合理性。具体地，因为历史数据中存在一些未知的奇异值，例如某些大型活动会导致某些站点在某些时刻流量突然增加，这些数据造成的影响是很大的，又比如和当前时间相差较远的数据与当前数据的分布存在差异性。

为了减小奇异值数据带来的影响，我们采用时序 stacking 的方式进行解决。如果模型预测结果和真实结果差距较大，那么此类数据就是异常的。接下来，一起学习一下时序 stacking 的建模思路，发掘其中的价值。首先给出方案的结构，如图 10.14 所示，通过下面的操作，线下和线上都能得到稳定的提升。

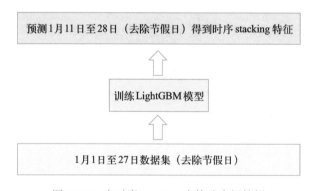

图 10.14　在时序 stacking 中构造中间特征

图 10.14 是时序 stacking 中构建中间特征的部分，为了保证验证集不存在数据穿越的问题，首先使用 1 月 28 日之前的数据进行模型训练；然后用完整数据进行预测，得到中间特征（时序 stacking 特征）；最后将中间特征与其余特征相拼接，并选择距离测试集较近的数据作为训练集（1 月 10 日至 1 月 28 日）。具体的实现代码如下：

```
# 训练集准备
y_inNums = df_data[df_data.day<28]['inNums'].values
y_outNums = df_data['outNums'].values
df_train = df_data[df_data.day<28][cols].values
df_data = df_data[cols].values
```

```
# 模型训练
params = {'num_leaves': 63,'objective': 'regression_l1','max_depth': 5,
          'feature_fraction': 0.9, 'learning_rate': 0.05,'boosting': 'gbdt','metric':
          'mae','lambda_l1': 0.1}
model = lgb.LGBMRegressor(**params, n_estimators = 1500, nthread = 4)
model.fit(df_train, y_inNums)
# 中间特征
inNums_stacking = model.predict(df_data)
```

这段代码分成两部分，分别是中间特征获取和合并中间特征并进行训练。

在不调整任何参数的情况下，合并中间特征后进站流量的平均绝对均值可以得到 12.5814 的分数。本赛题的时间区间并不算大，相信随着数据集时间区间的扩大，时序 stacking 这种优化策略最终的效果也会越来越好。

特别注意

此处构造中间特征的过程是简化版的，还可以使用 K 折交叉验证的方式得到中间特征，然后拼接其余特征确定最终训练集区间，进行最终训练。

10.5.2　Top 方案解析

本章能够详细介绍的内容毕竟是有限的，希望读者在未来能够学习到更多优秀的思路和方案，本节将对更多 Top 方案进行介绍，以扩展思路。

● Top1 方案

除了传统的 LightGBM 模型外，冠军选手还使用了 NMF 模型，其主要作用是将乘客在各个站点间流入和流出的关系也考虑进来。注意，这里如果以 10 分钟为间隔的话，那么同一时段的客流流入矩阵和客流流出矩阵是不同的。但是如果以一天作为时间间隔，则全天的客流流入矩阵和客流流出矩阵基本一样。然后对 NMF 模型进行改造，利用非负矩阵分解获取 W 和 H 两个矩阵，其中隐变量可以理解为算法学习到的各自站点的表征,同时添加了学习趋势的矩阵 A 和 B，并通过优化损失函数训练 W、H、A 和 B 的参数。

提取的特征主要分为常规特征、位置判断特征和地铁路网特征三类，其中位置判断特征是由工作时间、休息时间、上下班高峰期、周末休闲时间地铁客流变化得出的站点位置特征，比如某站点是否属于工作地、是否属于居住地等。地铁路网特征主要是参考了 SNA（social network analysis）中的一些思想，对 centrality、betweenness、closeness 等进行了改造，不但衡量地铁站点之间的位置和物理关系，还衡量乘客在各个车站间的流动关系。由于时间紧迫且对杭州地铁不甚熟悉，因此这里并没有将主办方给出的 road_map 站点对应到真实的杭州地铁站点，建议参考其他队伍的攻略，参考杭州地铁的真实站点来提取特征或引入周边 POI 数据、相关 POI 对应的事件数据等，以提高最终预测精度。

- Top2 方案

亚军队伍在模型方面仅使用了 LightGBM 模型，不过考虑到本题数据具有周期性强的特点，构造了两个模型，分别是全量数据模型和前两天数据模型，最后对结果进行融合。我还设计了时间序列加权回归模型，引入不同日期的相似度计算来确定加权时的权重。最终结果由 LightGBM 模型和时间序列加权回归模型的结果加权而得。

在特征方面，我们也进行了更加细致的尝试，主要分为原始特征、统计特征和衍生特征。在衍生特征部分构造了进出站高峰时间的时间差、前两天人流量变化趋势、通过用户 ID 得到每天固定时间范围内进出站的固定人数（该特征能够有效排除固定人数对模型的影响，让训练模型更加关注随机出行的人数，减少误差），其余特征都采取常规。

10.5.3　相关赛题推荐

时间序列预测相关的赛题还是蛮多的，存在着固定的套路，比如对时间序列的模式分析和多角度提取特征的方式，不过经常会因为业务和数据不同带来一些不一样的操作。接下来，我们就推荐几个经典的赛题，相信在深入对比和学习多个赛题后，定能轻松应对此类问题。

- 2019 腾讯广告算法大赛：广告曝光预估

本次算法大赛的题目源于腾讯广告业务中一个面向广告主服务的真实业务产品——广告曝光预估。广告曝光预估的目的是在广告主创建新广告和修改广告设置时，为广告主提供未来的广告曝光效果参考。通过这个预估的参考，广告主能避免盲目的优化尝试，有效缩短广告的优化周期，降低试错成本，使广告效果尽快达到自己的预期范围。

本次竞赛提供历史 n 天的曝光广告数据（在特定流量上采样而得），包括每次曝光对应的流量特征（用户属性和广告位等时空信息）以及曝光广告的设置和竞争力分数；测试集是新一批的广告设置（有的是全新的广告 ID，也有的是对老广告 ID 修改了设置），要求预估这批广告的日曝光。

基本思路： 此赛题的方案还是蛮多的，并且每类方案都是可以拿到前面的名次。这里给出三种，分别是传统树模型、深度学习模型和规则策略。特征方面主要围绕时间序列相关进行预测，提取思路主要从两部分来考虑：历史信息和整体信息，更细致些就是前 1 天、最近 5 天、五折交叉统计和除当天外所有天的统计特征。在具体比赛中，我们会发现测试集里出现了大量的新广告 ID。新广告是没有历史信息的，所以如何构造新广告的特征、对新广告进行历史和整体性的描述成为了提分的关键。

我们在这里进行模糊的特征构造，虽然不知道新广告的历史信息，但是知道广告账户 ID 下所包含的旧广告的历史信息。因此，对广告账户 ID 与旧广告的广告竞胜率进行组合，可以构造出广告账户 ID 下广告竞胜率的均值、中位数等。这样就得到了新广告在广告账户 ID 下广告竞胜率的统计值。

- Kaggle 赛题：Web Traffic Time Series Forecasting

本次赛题（赛题主页如图 10.15 所示）属于多步时间序列预测问题，并且时间跨度非常大，这个问题一直是时间序列领域最具挑战性的问题之一。具体来说，该题目提供了过去一年多时间内，大约 145 000 篇维基百科文章每天的访问流量情况，要求选手预测未来三个月这些文章的访问情况。

图 10.15　Web Traffic Time Series Forecasting 赛题主页

这次比赛分为两个阶段，并且将包括对未来实际事件的预测。在第一阶段，排行榜将基于历史数据进行打分；在第二阶段，将基于真实的未来事件对参赛者的提交结果进行评分。

训练集数据由约 145 000 个时间序列组成，包含从 2015 年 7 月 1 日到 2016 年 12 月 31 日的数据，每个时间序列代表不同维基百科文章的每日浏览次数。第一阶段的排行榜是基于 2017 年 1 月 1 日至 2017 年 3 月 1 日的访问流量而得。第二阶段将使用截止到 2017 年 9 月 1 日的训练数据。比赛的最终排名将基于数据集中每一篇文章在 2017 年 9 月 13 日至 2017 年 10 月 13 日期间内每日文章浏览量进行预测。

基本思路：本次比赛仅使用规则的方式就可以拿到银牌的分数，当然规则方式要考虑得非常细致（周期性、趋势性和相似性的表示）。对于大多数时间序列预测问题，规则方式都能起到一定的作用，即使不作为最终方案，也可以作为提取特征的思路之一。模型方案大致分为三类：RNN seq2seq、卷积神经网络和预测中位数法（将预测目标转为预测中位数）。

第11章

实战案例：Corporación Favorita Grocery Sales Forecasting

本章基于 2018 年 Kaggle 竞赛平台中一道经典的商品销量预测赛题展开，即如图 11.1 所示的 Corporación Favorita Grocery Sales Forecasting，这也是时间序列分析相关问题的第二个实战案例，同样内容主要包括赛题理解、数据探索、特征工程、模型训练。作为一道国际赛题，有很多内容值得深挖，本章除了给出通用的解题思路外，更重要的是引导大家进行不一样的尝试，避免思维定势，最终梳理知识点并做进一步延伸，即赛题总结。

图 11.1　Corporación Favorita Grocery Sales Forecasting 赛题主页

11.1　赛题理解

11.1.1　背景介绍

在实体杂货店里，销量预测和顾客采购量之间的关系总是很微妙。如果销量预测得多，而顾客采购得少，那么杂货店的商品就会积压过多，尤其对易腐商品的影响较大；如果销量预测较少，而顾客采购量较大，那么商品很快就会卖光，短时间内顾客的体验会变差。

随着零售商不断增加新地点、新产品，以及季节性口味的变化多样和产品营销的不可预测，问题变得更加复杂。位于厄瓜多尔的大型杂货零售商 Corporación Favorita 也非常清楚这点，其经营着数百家超市，售卖的商品超过 20 万种。

于是 Corporación Favorita 向 Kaggle 社区提出了挑战，要求其建立一个可以准确预测商品销量的模型。Corporación Favorita 目前依靠主观预测来备份数据，很少通过自动化工具执行计划，他们非常期待通过机器学习实现在正确的时间提供足够正确的商品，来更好地让顾客满意。

11.1.2　赛题数据

本竞赛要求预测厄瓜多尔 Corporación Favorita 零售商的不同商店出售的数千种商品的单位销量。赛题提供的训练数据包括日期（date）、商店（store_nbr）、商品（item_nbr）、某商品是否参与促销（onpromotion，文件中大约有 16% 的值是缺失的）以及单位销量（unit_sales）；其他文件包括补充信息，这些信息对建模可能有用。赛题包含的文件比较多，下面对各个文件进行简单介绍。

- ❏ stores.csv：商店的详细信息，比如位置和类型。
- ❏ items.csv：商品信息，比如类别、商品是否易腐等。需要特别注意，易腐商品（perishable）的评分权重高于其他商品。
- ❏ transactions.csv：各个商店在不同日期（仅包含训练数据时间范围内的日期）的交易量。
- ❏ oil.csv：每日油价。此数据与销量相关，因为厄瓜多尔是一个依赖石油的国家，其经济的健康状况极易受到油价的影响。
- ❏ holidays_events.csv：厄瓜多尔的假期数据。其中一些假期可能会转移到另一天（从周末到工作日），类似于补假。

11.1.3　评价指标

根据标准化加权均方根对数误差（NWRMSLE）对提交内容进行评价，计算方法如式 (11-1)：

$$\text{NWRMSLE} = \sqrt{\frac{\sum_{i=1}^{n} w_i(\ln(\hat{y}_i+1) - \ln(y_i+1))^2}{\sum_{i=1}^{n} w_i}} \tag{11-1}$$

对于测试集的第 i 行，$\hat{y}_i$ 是商品的预测单位销量，y_i 是真实单位销量，n 是测试集的总行数，权重 w_i 可以在文件 items.csv 中找到。易腐商品的权重为 1.25，其他物品的权重为 1.00。

这个回归评价指标和常见的平均绝对误差（MAE）、均方误差（MSE）是不一样的，式 (11-1) 对销量进行了转换，并且给不同商品赋予不一样的权重，最后计算了结果的平方根。

11.1.4 赛题 FAQ

Q 在时间序列预测问题中会遇到数据穿越的现象，对此该如何防止？

A 在与时间相关的建模问题中，最需要注意的就是数据穿越。很多时候我们稍不注意就会把未来的信息当作特征加入建模过程中，这会导致严重的过拟合，使得线上线下的分数差异变大，而且经常会出现线上和线下测评结果不一致的情况。此处列举两个最典型的穿越案例：(1) 假设我们需要预测用户是否会去观看某视频，测试集中需要预测 4 月 16 日 10 点 10 分用户观看视频 B 的概率，但是通过训练集中的数据发现该用户 4 月 16 日 10 点 09 分在观看视频 A，10 点 11 分也在观看视频 A，那么很明显 10 点 10 分该用户有很大的概率不看视频 B，通过未来的信息很容易就能判断出在 4 月 16 日 10 点 10 分，该用户并未观看视频 B；(2) 假设我们需要预测用户 8 月 17 日某银行卡的消费金额，但是训练集中已经给出了用户 8 月 16 日以及 8 月 18 日的银行卡余额，那么我们就很容易就能知道用户在 8 月 17 日的消费金额是多少。以上两例便是明显的数据穿越情况，这时我们应该过滤掉未来的数据信息，仅用历史数据训练模型。

Q 如何解决或者预判训练集与测试集中的噪声问题？

A 在时序类问题的训练集中，或多或少都会存在噪声，这些噪声会对建模造成极大的影响。此处我们将噪声细分为三类：随机噪声、局部明显噪声 / 局部奇异值、长时间带来的噪声。测试集中的噪声和训练集中的是类似的，本赛题的测试集数据涵盖的时间范围相对较大，有 10 多天，而且包含一些特殊时间，例如月末（发工资的时间）等，这些可能会给预测带来一定困难。

Q 如何理解变量 onpromotion，该变量可能会带来哪些影响？

A 我们发现该赛题中有一个奇怪的变量 onpromotion。第一，这是一个穿越变量，因为它包含未来的促销信息；第二，这个变量存在 16% 的缺失数据，而且训练集中 unit_sales 为 0 的行全部省略了，也就是说有很大一部分的 onpromotion 信息也丢失了，但是只要出现了 onpromotion 信息，很多时候我们的模型就会认为 unit_sales 不为 0，这样模型会有偏差。

11.1.5 baseline 方案

有了上面的了解，就可以开始基本的建模了，baseline 方案不需要太复杂，能给出一个正确的结果即可。其实也可以将这个过程看作先建立一个简单的框架，之后再不断填充和优化。

- 数据读取

读取数据集的相关代码如下：

```
import pandas as pd
import numpy as np
from sklearn.metrics import mean_squared_error
from sklearn.preprocessing import LabelEncoder
import lightgbm as lgb
from datetime import date, timedelta


path = './input/'
df_train = pd.read_csv(path+'train.csv',
    converters={'unit_sales':lambda u: np.log1p(float(u)) if float(u) > 0 else 0},
    parse_dates=["date"])
df_test  = pd.read_csv(path + "test.csv",parse_dates=["date"])
items = pd.read_csv(path+'items.csv')
stores = pd.read_csv(path+'stores.csv')
# 类型转换
df_train['onpromotion'] = df_train['onpromotion'].astype(bool)
df_test['onpromotion'] = df_test['onpromotion'].astype(bool)
```

在上述代码中，首先对 unit_sales 进行 log1p() 预处理，这样做的好处是可以对偏度比较大的数据进行转化，将其压缩到一个较小的区间，最后 log1p() 预处理能起到平滑数据的作用。另外在评价指标部分也是对 unit_sales 进行同样的处理，这部分操作也是预处理。

另一个操作是对 date 进行处理，将表格文件中的时间字符串转换成日期格式。提前处理不仅有便于后续操作，还能减少代码量。

● 数据准备

数据集包含从 2013 年到 2017 年的数据，时间跨度非常大，四年的发展过程中会产生很多的不确定性。在利用太久远的数据对未来进行预测时会产生一定的噪声，并且会存在分布上的差异，这一点在 11.2 节也可以发现。另外出于对性能的考虑，最终仅使用 2017 年的数据作为训练集。执行下述代码过滤 2017 年之前的数据：

```
df_2017 = df_train.loc[df_train.date>=pd.datetime(2017,1,1)]
del df_train
```

接下来进行基本的数据格式转换，并最终以店铺、商品和时间为索引，构造是否促销的数据表，以便进行与促销或者未促销相关的统计，这样的构造方式有利于之后的特征提取。相关代码如下：

```
promo_2017_train = df_2017.set_index(["store_nbr", "item_nbr",
    "date"])[["onpromotion"]].unstack(level=-1).fillna(False)
promo_2017_train.columns = promo_2017_train.columns.get_level_values(1)

promo_2017_test = df_test.set_index(["store_nbr", "item_nbr",
    "date"])[["onpromotion"]].unstack(level=-1).fillna(False)
promo_2017_test.columns = promo_2017_test.columns.get_level_values(1)

promo_2017 = pd.concat([promo_2017_train, promo_2017_test], axis=1)
```

```
df_2017 = df_2017.set_index(["store_nbr", "item_nbr",
    "date"])[["unit_sales"]].unstack(level=-1).fillna(0)
df_2017.columns = df_2017.columns.get_level_values(1)
```

- 特征提取

历史平移特征和窗口统计特征是时间序列预测问题的核心特征，这里仅简单地使用历史平移特征（一个单位）和不同窗口大小的窗口统计特征作为基础特征。下面实现的是提取特征的通用代码：

```
def get_date_range(df, dt, forward_steps, periods, freq='D'):
    return df[pd.date_range(start=dt-timedelta(days=forward_steps), periods=periods,
    freq=freq)]
```

接下来的特征提取主要围绕刚实现的 get_date_range 函数进行，该函数非常通用，其入口参数 df、dt、forward_steps、periods、freq 分别为窗口提取的数据来源方式、起始时间、历史跨度、周期和频率。特征提取的具体代码如下：

```
def prepare_dataset(t2017, is_train=True):
    X = pd.DataFrame({
        # 历史平移特征，前1、2、3天的销量
        "day_1_hist": get_date_range(df_2017, t2017, 1, 1).values.ravel(),
        "day_2_hist": get_date_range(df_2017, t2017, 2, 1).values.ravel(),
        "day_3_hist": get_date_range(df_2017, t2017, 3, 1).values.ravel(),
    })
    for i in [7, 14, 21, 30]:
        # 窗口统计特征，销量 diff/mean/meidan/max/min/std
        X['diff_{}_day_mean'.format(i)] = get_date_range(df_2017, t2017, i,
            i).diff(axis=1).mean(axis=1).values
        X['mean_{}_day'.format(i)] = get_date_range(df_2017, t2017, i,
            i).mean(axis=1).values
        X['median_{}_day'.format(i)] = get_date_range(df_2017, t2017, i,
            i).mean(axis=1).values
        X['max_{}_day'.format(i)] = get_date_range(df_2017, t2017, i,
            i).max(axis=1).values
        X['min_{}_day'.format(i)] = get_date_range(df_2017, t2017, i,
            i).min(axis=1).values
        X['std_{}_day'.format(i)] = get_date_range(df_2017, t2017, i,
            i).min(axis=1).values

    for i in range(7):
        # 前4、10周每周的平均销量
        X['mean_4_dow{}_2017'.format(i)] = get_date_range(df_2017, t2017, 28-i, 4,
            freq='7D').mean(axis=1).values
        X['mean_10_dow{}_2017'.format(i)] = get_date_range(df_2017, t2017, 70-i, 10,
            freq='7D').mean(axis=1).values

    for i in range(16):
        # 未来16天是否为促销日
        X["promo_{}".format(i)] = promo_2017[str(t2017 +
```

```
            timedelta(days=i))].values.astype(np.uint8)
    if is_train:
        y = df_2017[pd.date_range(t2017, periods=16)].values
        return X, y
    return X
```

从上述代码可以看到，baseline 方案中仅提取了历史平移、窗口统计、前 N 周统计特征、未来 16 天是否为促销日和类型特征等，整体结构非常简单。

其中需要特别注意的是前 N 周统计特征，尤其是 get_date_range 函数的参数部分，freq='7D' 表示提取距离（频率）为 7 天，periods 为 4 表示提取 4 个周期，28-i（i 的取值有 0、1、2、3、4、5、6）是历史跨度。当 i 取 1 时，表示计算日期为 2017-06-08、2017-06-15、2017-06-22 和 2017-06-29 四天的销量均值。

接下来确定提取特征的区间，以及介绍训练集、验证集和测试集分别如何提取特征：

```
# 以 7 月 5 日后的第 16 天作为最后一个训练集窗口，向前依次递推 14 周得到 14 个训练窗口的训练数据
X_l, y_l = [], []
t2017 = date(2017, 7, 5)
n_range = 14
for i in tqdm(range(n_range)):
    delta = timedelta(days=7 * i)
    X_tmp, y_tmp = prepare_dataset(t2017 - delta)
    X_l.append(X_tmp)
    y_l.append(y_tmp)

X_train = pd.concat(X_l, axis=0)
y_train = np.concatenate(y_l, axis=0)
del X_l, y_l

# 验证集取 7 月 26 日到 8 月 10 日的数据
X_val, y_val = prepare_dataset(date(2017, 7, 26))
# 测试集取 8 月 16 日到 8 月 31 日的数据
X_test = prepare_dataset(date(2017, 8, 16), is_train=False)
```

在时间序列预测问题中，如何选择验证集很重要。测试集包含的是 2017 年 8 月 16 日到 8 月 31 日的数据，起始时间是周三，因为验证集不仅要在时间上和测试集接近，并且还要符合周期性分布，所以选择 2017 年 7 月 26 日到 8 月 10 日的数据作为验证集是最合适的，即起始时间为周三，终止时间为周四。另外考虑到验证集的稳定性，还可以进行多轮滚动验证，即间隔一周或若干周选取一个验证集，比如 7 月 19 日到 8 月 3 日的数据。

还有一个值得考虑的问题是为什么选择以 7 天为一个周期来构建训练数据并提取特征呢？这样做会不会浪费很多数据？为了明确以 7 天作为一个周期的合理性，可以选择不同周期进行实验对比，比如将周期改为 1 天，就是提取 7×16 天的数据，会发现这样不仅大幅度增加了模型训练的时间，分数也没从前好。针对这个问题，合理的解释是以 7 天为一个周期可以很好地保证数据集的周期性，同时数据集与验证集、测试集具有相同的分布。

● 模型训练

这里使用 LightGBM 作为基础模型，预测未来 16 天的商品单位销量。对于多步预测的时间序列预测问题可以有多种建模方式：第一种，以单步预测为基础，将预测的值作为真实值加入到训练集中进行下一个单位的预测，但这样会导致误差累加，如果刚开始就存在很大的误差，那么效果会变得越来越差；第二种，直接预测出所有测试集的结果，即看作多输出的回归问题，这样虽然可以避免误差累加的问题，但是会增加模型学习的难度，因为需要模型学习出一个多对多的系统，这会加大训练的难度。我们暂时选择第一种建模方式来搭建 baseline 方案：

```python
params = {
    'num_leaves': 2**5 - 1,
    'objective': 'regression_l2',
    'max_depth': 8,
    'min_data_in_leaf': 50,
    'learning_rate': 0.05,
    'feature_fraction': 0.75,
    'bagging_fraction': 0.75,
    'bagging_freq': 1,
    'metric': 'l2',
    'num_threads': 4
}
MAX_ROUNDS = 500
val_pred = []
test_pred = []

for i in range(16):
    print("===== Step %d =====" % (i+1))
    dtrain = lgb.Dataset(X_train, label=y_train[:, i])
    dval = lgb.Dataset(X_val, label=y_val[:, i], reference=dtrain)
    bst = lgb.train(
        params, dtrain, num_boost_round=MAX_ROUNDS,
        valid_sets=[dtrain, dval], verbose_eval=100)

    val_pred.append(bst.predict(X_val, num_iteration=bst.best_iteration or MAX_ROUNDS))
    test_pred.append(bst.predict(X_test, num_iteration=bst.best_iteration or MAX_ROUNDS))
```

至此，基础的 baseline 方案已经搭建好了，在特征提取和模型训练方面并没有考虑太复杂的操作，最终分数 Public Score 为 0.51837（721/1624），Private Score 为 0.52798（695/1624）。在真实的业务场景中，这样的方案已经可以达到不错的预测效果了，剩下的工作就是不断地数据分析、特征提取和模型调优。

11.2 数据探索

11.2.1 数据初探

本次比赛的数据表格还是蛮多的,本节主要带大家一一了解各个表格的结构和基本情况。对基础表格进行分析是整个数据分析的初始工作,有助于厘清表格与表格之间的联系。

- train 数据表

下面的代码将展示训练集的基本信息情况,其中包括每个特征的属性个数(nunique)、缺失值占比、最大属性占比和特征类型。

```
stats = []
for col in train.columns:
    stats.append((col, train[col].nunique(),
        round(train[col].isnull().sum() * 100 / train.shape[0], 3),
        round(train[col].value_counts(normalize=True, dropna=False).
        values[0] * 100,3), train[col].dtype))

stats_df = pd.DataFrame(stats, columns=['特征', '属性个数', '缺失值占比',
    '最大属性占比', '特征类型'])
stats_df.sort_values('缺失值占比', ascending=False)[:10]
```

如图 11.2 所示,可以对 train.csv 中的基本信息有个大致的了解,其中属性个数是指特征所包含的类别个数、最大属性占比是指出现频次最高的属性占总数据量的比重。另外 train.csv 文件的大小为高于 5.6 GB,共包含 115 497 040 条数据。

特征	属性个数	缺失值占比	最大属性占比	特征类型
onpromotion	2	17.257	76.519	object
id	125497040	0.000	0.000	int64
date	1684	0.000	0.094	object
store_nbr	54	0.000	2.799	int64
item_nbr	4036	0.000	0.067	int64
unit_sales	258474	0.000	18.682	float64

图 11.2 train.csv 中的基本信息

- test.csv

如图 11.3 所示,test.csv 中不存在缺失值,其大小大于 106.1 MB,共包含 3 370 464 条数据。

特征	属性个数	缺失值占比	最大属性占比	特征类型
id	3370464	0.0	0.000	int64
date	16	0.0	6.250	object
store_nbr	54	0.0	1.852	int64
item_nbr	3901	0.0	0.026	int64
onpromotion	2	0.0	94.108	bool

图 11.3　test.csv 中的基本信息

- transactions.csv

如图 11.4 所示，transactions.csv 中不存在缺失值，其大小大于 1.9 MB，共包含 83 488 条数据。

特征	属性个数	缺失值占比	最大属性占比	特征类型
date	1682	0.0	0.065	object
store_nbr	54	0.0	2.010	int64
transactions	4993	0.0	0.108	int64

图 11.4　transactions.csv 中的基本信息

- items.csv

如图 11.5 所示，items.csv 中不存在缺失值，其大小大于 118.2 KB，共包含 4100 条数据。

特征	属性个数	缺失值占比	最大属性占比	特征类型
item_nbr	4100	0.0	0.024	int64
family	33	0.0	32.537	object
class	337	0.0	3.244	int64
perishable	2	0.0	75.951	int64

图 11.5　items.csv 中的基本信息

- stores.csv

如图 11.6 所示，stores.csv 中不存在缺失值，其大小大于 2.2 KB，共包含 54 条数据。

特征	属性个数	缺失值占比	最大属性占比	特征类型
store_nbr	54	0.0	1.852	int64
city	22	0.0	33.333	object
state	16	0.0	35.185	object
type	5	0.0	33.333	object
cluster	17	0.0	12.963	int64

图 11.6　stores.csv 中的基本信息

- oil.csv

此数据表中的信息为每日油价，包括从 2013 年 1 月 1 日到 2017 年 8 月 31 日的数据。

- holidays_events.csv

此数据表中的信息为厄瓜多尔的假期数据，共包含 350 条记录。如图 11.7 所示，其中 `locale` 表示假期涉及的地区、`description` 表示与假期相关的描述、`transferred` 表示假期是否转移。

特征	属性个数	缺失值占比	最大属性占比	特征类型
date	312	0.0	1.143	object
type	6	0.0	63.143	object
locale	3	0.0	49.714	object
locale_name	24	0.0	49.714	object
description	103	0.0	2.857	object
transferred	2	0.0	96.571	bool

图 11.7　holidays_events.csv 中的基本信息

11.2.2　单变量分析

- train.csv：`date`

图 11.8 展示的是每天的销量，具体分为三部分：总单位销量（Total unit sales）、促销的销量（On Promotion）、非促销的销量（Not On Promotion）。可以看到总单位销量每年都有明显增长，这可能是因为公司在成长。此外，可以发现基本每天都有促销和非促销的销量记录，还有部分记录为空，约在 2014 年第二季度之前。

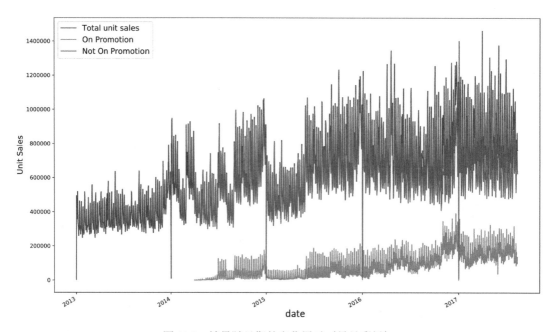

图 11.8　销量随日期的变化展示（另见彩插）

还有部分数据呈断崖式的降低或增长，这可能是受其他特殊因素的影响，比如石油价格、假期或者自然灾害等，在具体构造特征时也应该考虑这些因素。

- train.csv：`store_nbr`

接下来分析训练集文件中的 `store_nbr`（商店编号），如图 11.9 所示，交易频次最高的商店编号是 44，其频次接近 350 万，编号为 52 的商店交易频次最低，这些可能是商店类型、营业地点、营业时间或者促销力度造成的。

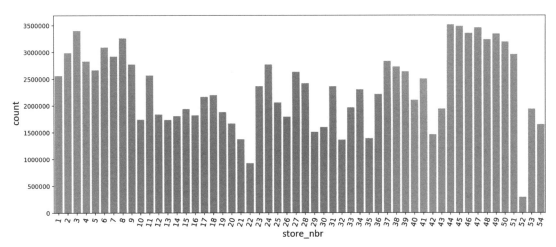

图 11.9 训练集中商店的交易频次（另见彩插）

- train.csv: `item_nbr`

图 11.10 通过折线图的方式展现不同商品的交易频次分布，可以发现商品的交易次数差距较大，最多的有 80 000 多次，少的只有几次。事实上，这也符合直觉，例如快消品的销量一般较好，而不常用且昂贵的商品则销量会差很多。

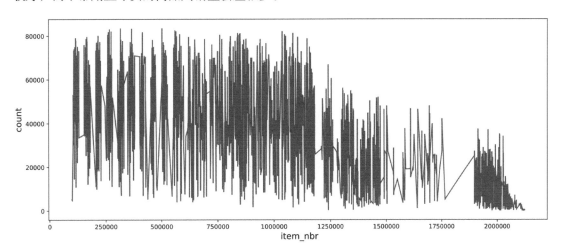

图 11.10 训练集中商品的交易频次

- items.csv: `perishable`

现在观察易腐商品（Perishable）和非易腐商品（Non Perishable）之间的平衡关系，如图 11.11 所示。目前仅是简单了解单变量的情况，之后会分析不同家庭或者不同商店的易腐商品分布情况。

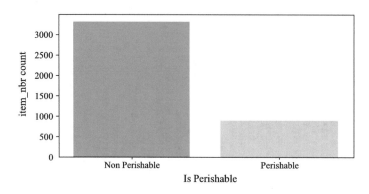

图 11.11　是否为易腐商品的分布

- oil.csv：`dcoilwtico`

这是一个非常有趣的数据集，里面包含每日石油价格。由于厄瓜多尔是一个石油依赖国，因此我们可以试图了解商品销量与石油价格之间的关系，这里蕴含的知识在很大程度上与经济学有关。

图 11.12 展示了 2013 年到 2017 年的石油价格（Oil Price）变化，除了少量日期缺少油价记录外，整体油价呈多个阶段的大幅度变化，比如 2015 年年初的低谷、2016 年年初的低谷、2013 年到 2014 年上半年的油价在 80~100 元之间、2015 年年初到 2017 年下半年油价大多在 50 元以内。另外可以清楚地看到 2017 年的石油价格变化基本稳定，因此考虑在建模阶段仅选取 2017 年的数据作为训练集。

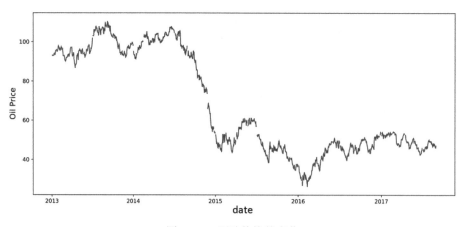

图 11.12　石油价格的变化

- stores.csv：`state`

图 11.13 通过竖状图的方式展示了每个州（State）的商店数量分布，共包含 16 个州，其中 Guayas 和 Pichincha 的商店是较多的，最多的 Pichincha 有 19 个店铺，Guayas 有 11 个店铺，其

他州的商店最多不超过 3 家。

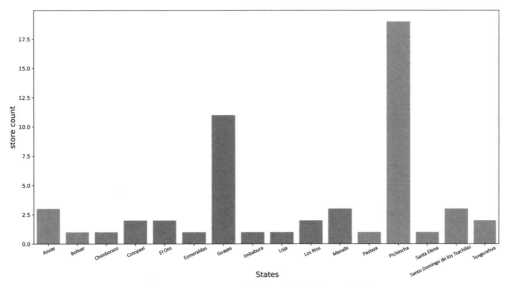

图 11.13 每个州的商店数量分布（另见彩插）

- stores.csv：`city`

city 也是非常重要的特征，其本身具有独特的实体信息。如图 11.14 所示，**stores.csv** 文件中共包含 22 个不同的城市，其中 Guayaquil 和 Quito 的商店是较多的。可以看出不同城市的商店数目（store count）差异还是蛮大的，可能是因为不同地区的经济发展水平不同。

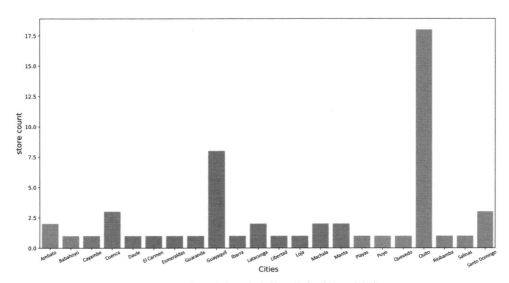

图 11.14 各个城市的商店数量分布（另见彩插）

11.2.3   多变量分析

本节主要分析变量和变量与变量和标签，一方面挖掘变量之间的分布关系，另一方面探索变量与标签是否存在区分性，或者说是否存在某种与我们的直觉有差异的特性。

- 变量和变量

首先分析 holidays_events.csv 文件，图 11.15 展示的是不同假期类型的地区分布，可以看到 Holiday 类型出现的次数最多，且多数 Holiday 都是发生在 Local。其余假期类型多发生在 National。

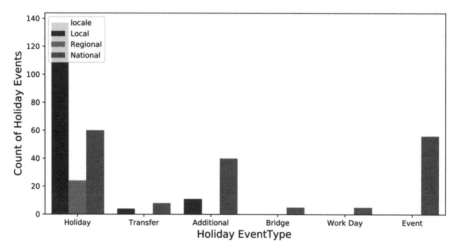

图 11.15   不同假期类型的地区分布（另见彩插）

- 变量和标签（本赛题标签为销量）

首先来看下商店（stroe_nbr）与销量的关系，由图 11.16 可以看出，不同商店对应的总销量不一样，例如商店 44 和商店 45 销量非常高，而商店 22 和商店 52 的销量就很低。参考图 11.9，可以发现大部分交易频次高的商店，其销量也是比较高的，当然还可能受商品本身价格、促销活动和经济因素的影响。

由于商品（item_nbr）的类别数过多，因此这里通过箱形图的方式展示商品与销量的关系，如图 11.17 所示。图中忽略具体的商品，仅考虑将商品销量聚合后的分布情况，不同商品的销量差异非常大，80% 以上是低于 1 000 000 的，只有少量在 1 000 000 以上。

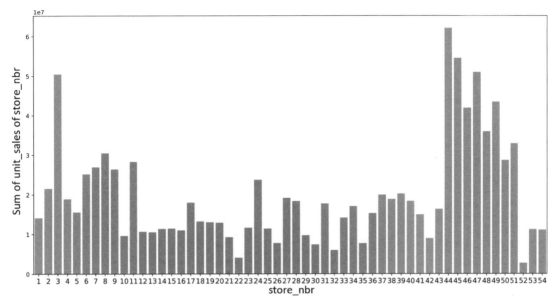

图 11.16 不同商店对应的总销量分布（另见彩插）

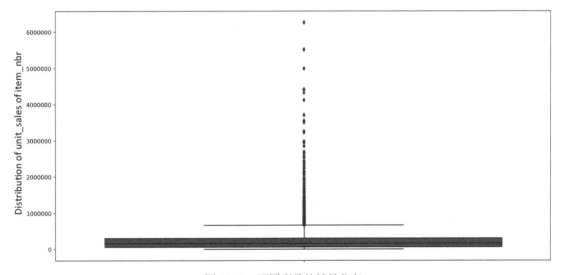

图 11.17 不同商品的销量分布

评价指标中有个重要的参数影响着商品在评分阶段的重要程度，即是否易腐（perishable）特征，其中易腐商品的权重为 1.25，其他物品的权重为 1.00。接下里看看两类商品随着时间的变化，销量会有何不同。

由图 11.18 可以看出非易腐（Non Perishable）商品的销量更高，易腐（Perishable）商品的稳定性更好、抖动程度更低，两者整体的增长或降低趋势基本一致。不过易腐商品的权重更高，因此在评价阶段单个易腐商品比单个非易腐商品对分数的影响更大，可以考虑添加易腐特征或者在模型训练阶段添加样本权重。

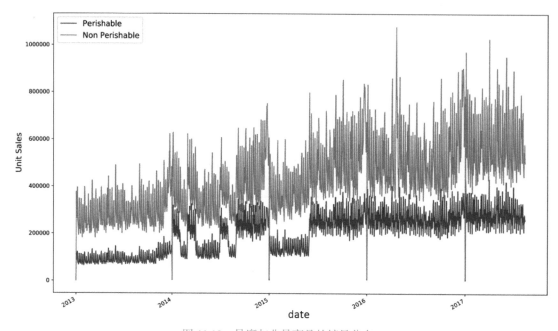

图 11.18   易腐与非易商品的销量分布

扩展学习

在数据分析这一部分并没有展示对所有变量、所有变量和变量的组合，以及变量和标签的组合的可视化分析。不过大体可以发现，很多分析还是符合我们的先验判断的，另外也存在一些只有在进行完可视化分析后才能了解到的信息。对于时间序列预测问题，最关键的是目标随时间变化的情况，所以在扩展学习部分希望大家继续探索不同变量随时间的变化、分析单位销量的变化趋势，看是否会出现难以解释的现象。

11.3   特征工程

本节内容非常重要，是本次竞赛获得高分的关键，将从特征提取的思路开始介绍，最终讲解特征的强化方法，层次清晰且便于优化。另外，还将带着读者进行高效特征选择方法的实践，以提高整体训练的性能。

图 11.19 是对 `item_nbr` 为 **502331** 的商品进行的日销量可视化展示，其中 2017 年 8 月 15 日之后是要预测的部分。从此折线图中也可以看出时间序列预测问题的三大核心模式，即周期性、趋势性和相似性。销量变化的周期是一周，这在图中的呈现还是非常明显的，所以多提取与七的倍数有关的特征是有意义的，比如上周销量、上上周销量、最近三周中第 N 天的均值销量等。当然，还要更加精准地预测以及考虑趋势性和相似性的变化，通过周期性确定此刻的大概销量，通过趋势性调整未来销量的增减程度，通过相似性确保近期的销量情况。

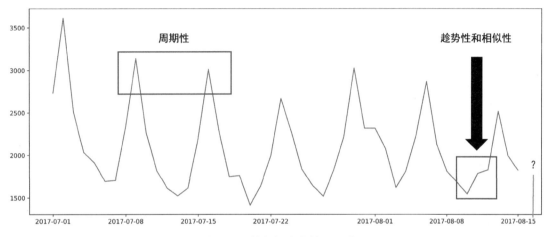

图 11.19　特征提取的核心思路

在时间序列预测问题中还应该考虑微观和宏观的变化，如果 `item_nbr` 销量是微观角度的销量描述，那么 `store_nbr`、`class` 和 `city` 对应的销量聚合就可以看作宏观角度的销量描述，如果今年一个商店整体不景气，那这和其售卖的每个商品都相关，一线城市的高销量预示着商品销量也是非常高的。宏观的销量变化并不会受到局部商品异常的影响，而且可以很好地反映整体的变化趋势。所以在具体的特征提取阶段会进行更多的扩展，从微观到宏观逐步对销量进行描述。

11.3.1　历史平移特征

历史平移特征是提取具有相似性的信息，基本的历史平移是将 $t-1$ 个时间单位的销量用作第 t 个时间单位的特征。一般而言特征提取的时间区间是一个月之内，因为在具体构造特征时，时间相隔太远的数据不仅不具有相似性，还会带来噪声。

```
for i in range(1,31):
    # 历史平移特征，前 N 天的销量
    X["day_{}_hist".format(i)] = get_date_range(df_2017, t2017, i, 1).values.ravel()
```

11.3.2　窗口统计特征

这里构造两大类窗口统计特征，第一种是构造特征日前 N 天的窗口统计，第二种是构造特征日前 N 周中每周第 i 天的窗口统计。其中第二种比较难理解，为什么以周为单位呢？为什么只选取每周的第 i 天呢？这里可以从周期性角度进行解释，完整的周期性能够保证统计具有实际意义，对每周都选取相同的第 i 天能够保证一个周期中时间单位的高度相似性。

窗口内除了统计传统的均值、中位数、最值和方差外，还可以进行窗口中序列前后的差值计算并统计均值。另外一个需要介绍的是幂函数衰减加权，这与指数加权平均类似，权重随着时间的流逝逐渐衰减，这些方法也常作为规则策略。

- 构造特征日前 N 天的窗口统计

下面给出基本代码：

```
# 向前向后差值的均值
X['before_diff_{}_day_mean'.format(i)] = get_date_range(df_2017,
    t2017-timedelta(days=d), i, i).diff(1,axis=1).mean(axis=1).values
X['after_diff_{}_day_mean'.format(i)] = get_date_range(df_2017,
    t2017-timedelta(days=d), i, i).diff(-1,axis=1).mean(axis=1).values
# 指数衰减求和
X['mean_%s_decay_1' % i] = (get_date_range(df_2017, t2017-timedelta(days=d),
    i, i) * np.power(0.9, np.arange(i)[::-1])).sum(axis=1).values
# mean/meidan/max/min/std
X['mean_{}_day'.format(i)] = get_date_range(df_2017, t2017-timedelta(days=d),
    i, i).mean(axis=1).values
X['median_{}_day'.format(i)] = get_date_range(df_2017, t2017-timedelta(days=d),
    i, i).median(axis=1).values
X['max_{}_day'.format(i)] = get_date_range(df_2017, t2017-timedelta(days=d),
    i, i).max(axis=1).values
X['min_{}_day'.format(i)] = get_date_range(df_2017, t2017-timedelta(days=d),
    i, i).min(axis=1).values
X['std_{}_day'.format(i)] = get_date_range(df_2017, t2017-timedelta(days=d),
    i, i).std(axis=1).values
```

其中需要注意 i 和 d 这两个参数，i 表示窗口大小，d 表示向历史方向跨 d 天。翻译过来是，首先向历史方向跨 d 天到达某个时间单位，然后统计这个时间单位过去第 i 天的特征值。在实际操作中为了保证周期性，d 的取值有 0、7、14，i 的取值有 3、4、5、6、7、10、14、21、30、90、110、140、356。

- 构造特征日前 N 周中每周的第 i 天的窗口统计

下面给出基本代码：

```
for i in range(7):
    # 前 N 周中每周第 i 天的销量
    for periods in [5,10,15,20]:
```

```
steps = periods * 7
X['before_diff_{}_dow{}_2017'.format(periods,i)] = get_date_range(df_2017,
    t2017, steps-i, periods, freq='7D').diff(1,axis=1).mean(axis=1).values
X['after_diff_{}_dow{}_2017'.format(periods,i)] = get_date_range(df_2017,
    t2017, steps-i, periods, freq='7D').diff(-1,axis=1).mean(axis=1).values
X['mean_{}_dow{}_2017'.format(periods,i)] = get_date_range(df_2017, t2017,
    steps-i, periods, freq='7D').mean(axis=1).values
X['median_{}_dow{}_2017'.format(periods,i)] = get_date_range(df_2017, t2017,
    steps-i, periods, freq='7D').median(axis=1).values
X['max_{}_dow{}_2017'.format(periods,i)] = get_date_range(df_2017, t2017,
    steps-i, periods, freq='7D').max(axis=1).values
X['min_{}_dow{}_2017'.format(periods,i)] = get_date_range(df_2017, t2017,
    steps-i, periods, freq='7D').min(axis=1).values
X['std_{}_dow{}_2017'.format(periods,i)] = get_date_range(df_2017, t2017,
    steps-i, periods, freq='7D').std(axis=1).values
```

其中需要注意 i、periods 和 steps 这三个参数，i 表示选取每周的第 i 天，periods 表示前 N 个周期，steps-i 表示起始日期。

11.3.3 构造粒度多样性

粒度多样性表达的是不同阶数键的组合构造，本次竞赛的目标是 store_item 下的销量预测，但在实际的特征提取中除了构造商店与商品的组合，还考虑了 item_nbr、store_nbr、city、class、store_class、city_class 等一阶和二阶特征的组合情况，这些粒度的特征构造都能对最终效果起到正向作用。

那么如何确定两个特征是否可以进行组合呢？依据的主要是稀疏程度和层级关系。如果两个特征组合后每个属性都是唯一的，那么这个特征组合就非常的稀疏，这种特征是没有构造意义的；如图 11.20 所示为 stores.csv 中各字段的层级关系图，其中 state 和 city 字段具有层级关系，并且将两者组合后的属性个数与 city 属性的个数一致，因此 state 和 city 的组合是没意义的。

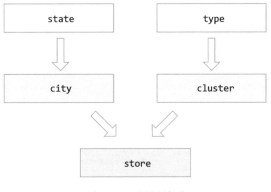

图 11.20　层级关系

11.3.4　高效特征选择

在时间序列预测问题中可以构造大量特征。对于历史平移特征，可以考虑以任意可行的单位进行平移；对于窗口统计特征，可以考虑以不同窗口大小进行统计，这样构造下来，整体的特征可能会达到上千个，这么多特征多少会导致特征冗余，而且可能会构造出含有噪声的特征。为了解决这个问题，我们选择使用树模型生成特征重要性的特征选择方法，并且进行线上和线下分数验证。

通过树模型生成特征具有一定的可解释性，这也是竞赛圈和实际工作中一种常用的方法。本部分也将通过实验探索根据特征重要性选择特征个数的效果如何。此处仅提取 6 个训练窗口的训练数据，分别对比 top500、top1000、top2000、tail2000 特征以及完整特征的线下分数对比，并且仅看验证集中第一天的线下分数。执行下述代码生成特征重要性的得分可视化图：

```python
import matplotlib.pyplot as plt
fig, ax = plt.subplots(figsize=(10,10))
lgb.plot_importance(bst, max_num_features=20, ax=ax,importance_type='gain')
plt.show()
```

生成结果如图 11.21 所示，该图有助于我们快速了解特征在模型训练中的重要性。

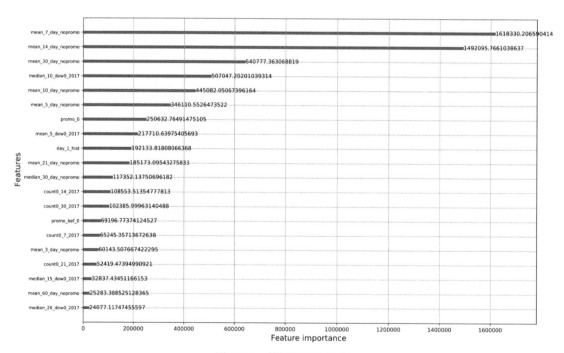

图 11.21　特征重要性得分

实验代码如下：

```
# 特征重要性排序
imps = sorted(zip(X_train.columns, bst.feature_importance("gain")),
              key=lambda x: x[1], reverse=True)
# 提取 top500 特征
top_500 = [items[0] for items in imps[:500]]
# 验证集中第一天的线下分数
dtrain = lgb.Dataset(X_train[top_500], label=y_train[:, 0], weight=train_weight)
dval = lgb.Dataset(X_val[top_500], label=y_val[:, 0], reference=dtrain,
    weight=val_weight)
bst = lgb.train(params, dtrain, num_boost_round=MAX_ROUNDS,
                valid_sets=[dtrain, dval], verbose_eval=100)
```

经过多轮实验的对比，如图 11.22 所示，可以看到提取 top2000 特征的效果最好（分数为 0.277435），提取 tail2000 特征的效果最差（分数为 0.318104），这明显说明通过树模型获取特征的重要性得分是有效果的。

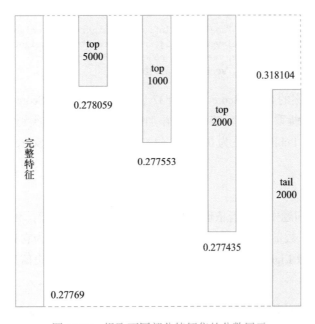

图 11.22　提取不同部分特征集的分数展示

11.4　模型训练

本节将从模型侧对方案进行优化，对于时间序列预测问题，可选择的模型还是蛮多的，比如传统的时间序列模型、树模型和深度学习模型。本节选择 LightGBM、LSTM 和 Wavenet 作为方案的最终模型，还会学习模型融合，以使最终的排名更上一层楼。

11.4.1　LightGBM

虽然这里和 baseline 方案使用的模型是一样的，但这里进行了优化，首先由于评价指标会受 perishable 的影响而为每个样本设置了权重；然后加入了 11.3 节提到的历史平移特征、窗口统计特征和粒度多样性特征，基本包含了时间序列预测问题可以提取的大部分特征。

```
# 样本权重构造部分
item_perishable_dict = dict(zip(items['item_nbr'],items['perishable'].values))
train_weight = []  # 训练集权重
val_weight = []   # 验证集权重

items_ = df_2017.reset_index()['item_nbr'].tolist() * n_range
for item in items_:
    train_weight.append(item_perishable_dict[item] * 0.25 + 1)
items_ = df_2017.reset_index()['item_nbr'].values
for item in items_:
    val_weight.append(item_perishable_dict[item] * 0.25 + 1)

# 添加样本权重和指定类别特征
dtrain = lgb.Dataset(X_train, label=y_train[:, i], weight=train_weight)
dval = lgb.Dataset(X_val, label=y_val[:, i], reference=dtrain, weight=val_weight)
bst = lgb.train(params, dtrain, num_boost_round=MAX_ROUNDS,
    valid_sets=[dtrain, dval], verbose_eval=100)
```

相对于 baseline 方案的 Public Score 为 0.51837（721/1624），Private Score 为 0.52798（695/1624），在经过更加细致的特征提取、建模策略调整、添加样本权重以及指定类别特征后，模型的分数有了很大的改进，具体讲，Public Score 为 0.51319（497/1624）和 Private Score 为 0.51571（13/1624）。

11.4.2　LSTM

在时间序列预测问题中，作者依旧选择最为流行的 LSTM 模型，和 LightGBM 模型相比，LSTM 模型提取的特征数量和粒度会有很大程度的缩减，主要是因为它具有从历史数据中提取序列信息的特性，而像 LightGBM 这样的树模型本身并不能提取历史信息，需要人工构造大量特征。

本节首先给出基础的网络结构，在训练过程中还会使用 BatchNormalization 和 Dropout 方法，有助于提高模型的泛化性。下面是构建 LSTM 模型的具体代码实现：

```
def build_model():
    model = Sequential()
    model.add(LSTM(118, input_shape=(X_train.shape[1],X_train.shape[2])))
    model.add(BatchNormalization())
    model.add(Dropout(0.2))

    model.add(Dense(64))
    model.add(Activation(activation="relu"))
```

```
model.add(BatchNormalization())
model.add(Dropout(0.2))

model.add(Dense(16))
model.add(Activation(activation="relu"))
model.add(BatchNormalization())
model.add(Dropout(0.2))
model.add(Dense(1))
model.compile(loss='mse', optimizer=optimizers.Adam(lr=0.001), metrics=['mse'])
return model
```

LSTM 的建模方式与之前的基本一样，也是进行 16 次训练得到测试集中 16 个单位的结果，在训练时仅添加了训练样本的权重。另外需要注意的是对标签进行了减去标签均值的转换，主要是为了缩放处理，减弱预测结果的抖动。下面是 16 次训练和 16 次预测的实现代码：

```
for i in range(16):
    y_mean = y_train[:, i].mean()
    # 编译部分
    model = build_model()
    # 回调函数
    reduce_lr = ReduceLROnPlateau(
        monitor='val_loss', factor=0.5, patience=3, min_lr=0.0001, verbose=1)
    earlystopping = EarlyStopping(
        monitor='val_loss', min_delta=0.0001, patience=3, verbose=1, mode='min')
    callbacks = [reduce_lr, earlystopping]
    # 训练部分
    model.fit(X_train, y_train[:, i]-y_mean, batch_size =4096, epochs = 50, verbose=1,
        sample_weight=np.array(train_weight),
        validation_data=(X_val, y_val[:, i]-y_mean),
        callbacks=callbacks, shuffle=True)

    val_pred.append(model.predict(X_val)+y_mean)
    test_pred.append(model.predict(X_test)+y_mean)
```

LSTM 模型的分数也是很不错的，Public Score 为 0.51431（557/1624），Private Score 为 0.52067（116/1624），可以用于模型融合。

在模型部分其实还有很多优化方向，最基本的就是确定深度神经网络的隐藏层数。理论上层数越深，拟合函数的能力越强，模型预测效果按理说会更好，但实际上更深的层数可能会导致过拟合，同时增加训练难度，使模型难以收敛。当然，为了更好地确定层数，接下来进行了简单的实验对比。

实验对比了 8 层和 4 层的深度神经网络结构（为了快速得到实验结果，仅对比验证集中第一天的分数），其中 8 层的线下评估分数为 0.2790，4 层的线下评估分数为 0.2795，两者基本一致，但在运行时间上，8 层是 4 层的三倍多。鉴于此，使用 4 层的深度神经网络结构不仅能使分数达到与 8 层同等的效果，运行时间也是非常高效的。

扩展学习

除了确定隐藏层数，还可以选择神经元数量。在隐藏层中使用太少的神经元会导致欠拟合。使用过多的神经元又可能会导致过拟合，当神经网络的节点数量过多（信息处理能力过高）时，训练集中包含的有限信息不足以训练隐藏层中的所有神经元，就会导致过拟合。另外，即使训练集包含足够多的信息，隐藏层中过多的神经元也会增加训练时间，从而难以达到预期的效果。显然，选择合适的隐藏层神经元数量至关重要。

11.4.3　Wavenet

Wavenet 模型虽然在本次竞赛中基本没有出现，但亚军选手使用此模型能够取得第 2 名的好名次。既然有如此大的威力，我们不妨来认识下这个模型。

2016 年，谷歌 DeepMind 在 ISCA 上发表了 "WaveNet: A generative model for raw audio"。Wavenet 模型是一种序列生成模型，最初用于语音生成建模。相较于传统的 ARIMA、Prophet、LightGBM 或者 LSTM，Wavenet 模型在解决时间序列预测问题时有着独特优势，它是基于卷积神经网络的时间序列模型，其核心是扩张的因果卷积层（Dilated Casual Convolutions），如图 11.23 所示。

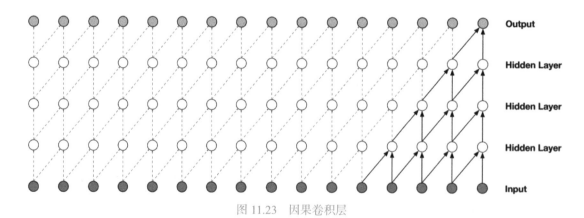

图 11.23　因果卷积层

Wavenet 模型能够正确处理时间顺序，并且可以处理长期的依赖，从而避免了模型爆炸。具体实现代码如下：

```
def build_model(shape_):

    def wave_block(x, filters, kernel_size, n):
        dilation_rates = [2**i for i in range(n)]
        x = Conv1D(filters = filters, kernel_size = 1, padding = 'same')(x)
```

```
    res_x = x
    for dilation_rate in dilation_rates:
        tanh_out = Conv1D(filters = filters,
            kernel_size = kernel_size, padding = 'same',
            activation = 'tanh', dilation_rate = dilation_rate)(x)
        sigm_out = Conv1D(filters = filters,
            kernel_size = kernel_size, padding = 'same',
            activation = 'sigmoid', dilation_rate = dilation_rate)(x)
        x = Multiply()([tanh_out, sigm_out])
        x = Conv1D(filters = filters,
            kernel_size = 1, padding = 'same')(x)
        res_x = Add()([res_x, x])
    return res_x

inp = Input(shape = (shape_))

x = wave_block(inp, 32, 3, 8)
x = wave_block(x, 64, 3, 4)
x = wave_block(x, 118, 3, 1)

out = Dense(1, name = 'out')(x)

model = models.Model(inputs = inp, outputs = out)

return model
```

模型训练部分与之前基本一致，不过需要调整标签的格式，同时为了缩短训练时间，对 batch_size 和 epochs 也进行了调整。代码如下：

```
model.fit(X_train, y_train[:, i].reshape((y_train.shape[0], 1, 1)),
    batch_size = 4096, epochs = 5, verbose=1,
    sample_weight=np.array(train_weight),
    validation_data=(X_val, y_val[:, i].reshape((y_val.shape[0], 1, 1))),
    callbacks=callbacks, shuffle=True)
```

相较于之前的 LSTM 模型，如果不使用 GPU 进行训练，则会花费非常多的时间。不过最终结果也还不错，如果想获取更好分数的话，还得继续优化。

11.4.4 模型融合

此部分使用简单的加权平均即可，这也是本次竞赛中绝大多数排名靠前的团队使用的融合方法，不仅效果明显，还简单直观。具体地，将 LightGBM 模型的最优成绩和 LSTM 模型的最优成绩进行融合，权重按线上成绩进行大致确定，即最终结果为 0.7×LightGBM 模型的最优成绩 + 0.3×LSTM 模型的最优成绩。最终，Public Score 为 0.51089（119/1624），Private Score 为 0.51456（6/1624），可见模型融合后的分数有了非常明显的提高。如果再加上 Wavenet 模型的成绩，并且完善三个模型的特征部分，分数还会有更大的提高。

11.5　赛题总结

11.5.1　更多方案

- Top1 方案

在模型方面，冠军团队使用的是 LightGBM 和 NN 模型，并且都构造了很多个，这些模型存在特征或者样本选择方面的差异。在数据方面，冠军团队仅采用 2017 年的数据来提取特征和构建样本，具体地，训练集采用 2017 年 5 月 31 日至 2017 年 7 月 19 日或 2017 年 6 月 14 日至 2017 年 7 月 19 日的数据（不同模型采用不同的数据集），验证集采用 2017 年 7 月 26 日至 2017 年 8 月 10 日的数据。

冠军团队构造的特征大体分为基本特征和统计特征，其中基本特征包含类别特征、促销特征和周期相关特征等；统计特征则作为主要提分特征，使用一些方法（均值、最值、标准差、差值等）来统计不同时间窗口中不同键（item_nbr、store_nbr、store_nbr_class 等）的某些目标值（销量、促销情况等）。

- Top2 方案

亚军团队使用的是 Wavenet 模型，并对训练集和验证集的划分方式进行了介绍，把随机采样所得的长度为 128 的序列小批量喂入模型，然后随机选择目标日期的开始，这样一来，可以说模型在每次训练迭代中都将看到不同的数据。因为总数据集约为 170 000（seq）×365 天，我们认为这种方式训练的 Wavenet 模型能够很好地处理过拟合问题。他们采取的验证方法是分步进行的，并且保留最近 16 天的验证数据。

亚军团队还发现在 2015 年 7 月 1 日、2015 年 9 月 1 日、2015 年 10 月 1 日和 2016 年 11 月 27 日，很多物品开始有 unit_sales 的记录，但难点在于不知道测试数据内的大多数新商品从哪一天开始有这个记录。通过检查促销信息，发现仅在 8 月 30 日和 8 月 31 日的数据中带有新商品的促销信息。通过查看 2015 年 10 月 1 日或 2016 年 11 月 27 日的数据，那些"旧的新商品"会在促销当天（而不是在此之前）显示。因此，亚军团队认为大多数新商品将在 8 月 30 日和 8 月 31 日开始具有 unit_sales 的记录。在此之前，可能只售出了一些新商品。对此，不使用模型来预测以防止发生过拟合，而仅使用一些规则值来对那些"旧的新商品"进行损失计算验证。

- Top3 方案

季军团队构建了三个模型，分别是 LightGBM、CNN 和 GRU 模型，在模型融合时三者的权重几乎相等。如果只看单个模型，GRU 模型的预测效果要比其他模型好一些。

在上述的方案分享中，季军团队着重提到了在时间序列预测问题中，两个重要的事情是验证（validation）和装袋（bagging）。通过正确的验证，即模拟对训练集和测试集进行拆分，从而避免数据拆分导致的未来信息泄露问题。

鉴于此，在具体的拆分方式中，对训练集只记录每个"item 和 store 对"80 个相应销售日的历史记录，并将接下来的 16 个销售日作为验证集。训练集和验证集的划分始终是从星期二到星期三，保证与原始测试集划分方式一样，旨在捕获每周动态。

在上述划分方式下，训练模型并估计模型的最佳迭代次数，然后拼接验证集对模型进行重新训练，以便使用最新信息。

关于装袋，季军团队对每个模型都会进行 10 次训练，每次都初始化不同的权重，因此结果也不同，对它们取均值有助于改善解决方案，尤其是在处理不确定的未来时。另外一种袋装方式是在每个训练时期（包括最开始的时期）之后，都预测目标，然后对这些预测结果取平均，这也会极大地改善最终结果。

11.5.2　知识点梳理

梳理知识点也是竞赛结束后一项重要的工作，大致分为梳理重点方案和梳理核心代码。本次竞赛的核心在于特征工程，如果这部分的功夫做足，那么成绩将会很不错；梳理代码部分主要是对代码进行优化，提高其可读性和使其模块化，便于之后的比赛复用。本节主要对特征工程中的特征提取方式进行梳理，尽量展现最佳、完整的时间序列特征提取思路。

- 时间特征

年、季度、月、星期、日、时等为基本的时间特征，当然还可以将日划分为上午、中午、下午、晚上、深夜和凌晨等。

还有一类时间特征是某个时间区间的记录，比如间隔某段时间、距离某天的第几天、上 N 次和下 N 次做某个行为的时间差等。

- 时序特征

时序特征可以分为历史平移和窗口统计两类，这也是时间序列预测问题中最为核心的部分。

历史平移仅需简单的平移，比如将历史第 1、2、3、7、14 天的销量作为当天的特征。

窗口统计首先是确定窗口大小，然后进行聚合统计，具体统计方式为均值、中位数、最值、分位数、偏差、偏度和峰度等。时间窗口内还可以进行一阶差分或二阶差分，然后对差分值进行聚合。

- 交叉特征

交叉特征一般分为三类，分别是类别特征和类别特征组合、类别特征和连续特征组合、连续特征和连续特征组合。类别特征和类别特征的组合相当于进行笛卡儿积，比如将天和小时组合得到具体一天的某个小时；类别特征和连续特征进行组合一般是进行聚合操作；连续特征和连续特征的组合包含同比和环比、一阶差分和二阶差分等。

- 高级特征

这类特征一般通过传统的时序模型得到，比如 AR、ARMA、ARIMA、Prophet 等，这类模型仅基于历史目标变量拟合预测结果，可以将预测结果视为高级特征与最终特征集进行合并。

11.5.3　延伸学习

本节将推荐些有关商品销量相关的竞赛作为延伸部分的学习内容，以便加深对此类型赛题的理解，并了解和发现在不同商品销量问题中有哪些坑需要注意、有哪些解题套路需要掌握。

- Kaggle 平台的 M5 Forecasting - Accuracy - Estimate the unit sales of Walmart retail goods

本次竞赛（如图 11.24 所示）是预测沃尔玛零售商品的单位销量，竞赛提供了数据的层次结构信息（state、store、dept 和 item）以及 2011 年 1 月 29 日到 2016 年 6 月 19 日商品的销售情况，目标是预测未来 28 天不同商品的销售量。

图 11.24　M5 Forecasting - Accuracy - Estimate the unit sales of Walmart retail goods 赛题主页

基本思路：赛题的建模方案基本分为递归和非递归两类，第一类是循环预测未来 28 天中每一天的销量，将已预测的销量（第 $t+1$ 天）也合并到训练集中继续预测接下来的销量（第 $t+2$ 天），也可以把已预测的销量作为特征；第二类将不会对训练集进行扩展，在预测第 $t+1$ 天的销量时，仅使用第 start 天到第 t 天的销量作为训练数据进行训练并预测。

- Kaggle 平台的 Predict Future Sales

Predict Future Sales 竞赛（如图 11.25 所示）的数据是由日常销售数据组成的时间序列数据集，该数据集由俄罗斯某公司提供。其中包括商店、商品、价格和日销量等连续 34 个月的数据，要求预测第 35 个月的各商店各商品的销量，评价指标为均方根误差。

图 11.25　Predict Future Sales 赛题主页

基本思路： 本赛题为常规的商品销量预测问题，一共涉及 60 个商店，这些商店坐落在 31 个城市。主要工作围绕数据探索和特征工程进行，在构造特征时需考虑不同细粒度的特征组合，这与本章所讲的赛题非常相似。

- IJCAI-17 口碑商家客流量预测

随着移动定位服务的流行，阿里巴巴和蚂蚁金服逐渐积累了来自用户和商家的海量线上线下交易数据。蚂蚁金服的 O2O 平台"口碑"用这些数据为商家提供了包括交易统计、销售分析和销售建议等后端商业智能服务。举例来说，口碑致力于为每个商家提供销售预测。基于预测结果，商家可以优化运营、降低成本，并改善用户体验。

在这次竞赛中，提供的数据是蚂蚁金服的支付数据，具体提供用户的浏览和支付历史，以及商家相关的信息，通过给出店铺（实体店）过去每天的客流量，预测店铺未来 14 天每天的客流量。

基本思路： 此赛题如果放在今天，就是一道比较常规的题，不过在 2017 年这是道非常新颖的赛题，没有太多类似方案作为参考，排名靠前的选手们给出的解题思路也是多种多样。冠军选手使用的是对时间序列权重模型与树模型的结果加权融合，其中时间序列权重模型是规则方法，考虑了常量因素、时间衰减因素、星期因素和天气因素的结合，即使放在今天也是非常细致的规则方法；树模型则使用 XGBoost 和随机森林。特别需要注意的是选手对双十一客流量的预测结果进行了 1.1 倍的扩增。

第四部分

精准投放，优化体验

第12章

计算广告

在中国互联网兴盛的早期，江湖流传着神秘的 BAT 三巨头，分别是百度（B）、阿里巴巴（A）和腾讯（T），它们占据着搜索引擎、电商和社交软件的山头。近来又出现了 TMDJ（今日头条、美团、滴滴、京东）。在 20 世纪八九十年代，香港娱乐圈占据着国内娱乐圈的大半江山，各种天王、天后、巨星风起云涌，这都得益于电视、广播和海报等传播媒介。从 2010 年开始，随着 4G 移动互联网、智能终端的出现和影视产业的发展，人民群众追星的方式也发生了改变，不知道从什么时候开始著名的演员、歌手被叫作明星，并且被分成了一线、二线……十八线，在这日新月异变化之中，流量逐渐成为衡量明星受欢迎程度的一个标准，并且流量明星区别于传统明星形成了一个新的群类，顶级流量更是对一线明星的赞誉。流量之所以受到如此重视，是因为可以进行商业变现，具有巨大的潜在价值。

12.1 什么是计算广告

想象一下，在一个日常准备去上班的早晨，进电梯后发现左右两侧分别贴着编程猫与年货节的海报，出门骑的共享单车上贴着某 App 的牌子，地铁走廊两边的大屏上清一色地展示着某著名品牌刚推出的旗舰机，等等。在商业文明极度发达的今天，有人活动的地方就会有广告出现，因为有人就代表有人流量。不论广告类型和广告素材是否存在某种差异，都是能够带来流量变现的。纵然市场经济下的广告花样越发繁多，然而究其本质依然是建立在流量之上，比如商家请明星代言是借助明星的流量，明星自身可以通过收取广告费实现流量变现；广告的内容与形式也是一种流量，这种流量则是基于目标消费者的大众共识或流行文化。另外，广告投放的渠道会影响流量的大小，继而影响变现效果。移动互联网催生出了许多新名词，其中区别于传统销售方式的一对名词便是线下与线上，本章介绍的大部分内容适用于线上场景，广告是借助流量实现变现，而计算广告则是让广告接触更多的流量。

计算广告是指借助大数据的分析建模，使得广告能够覆盖广泛区域和实现消费者的多跨度精准曝光，让同一份广告尽可能接触到更多有效的流量和更多对广告感兴趣的人，从而用同样的成本，让广告效果尽可能更好，使产品与服务获得更多商业上的成功。而随着大数据、人工智能与物联网在人类社会的逐渐发展，计算广告的重要性与可能性也会越来越高。

12.1.1 主要问题

计算广告的目的是在控制一定成本的基础上，找到尽可能多的流量渠道与目标消费者，从而进行商业变现，核心之处在于借助大数据与人工智能进行广告的定向投放，其中涉及计算广告的三要素（如图 12.1 所示）即广告主、平台与消费者之间的互相作用。对于广告主来说，是想依靠平台宣传自己的产品，通过投入一定的成本对产品进行推广从而提升销量与营业额；平台则收取广告主的推广费用，以便更好地建设自身，同时更好地服务于消费者；消费者则可以过滤掉自己不感兴趣的广告类型，同时享受平台的其他免费服务。其实本质上还是消费者养活了广告主与平台。

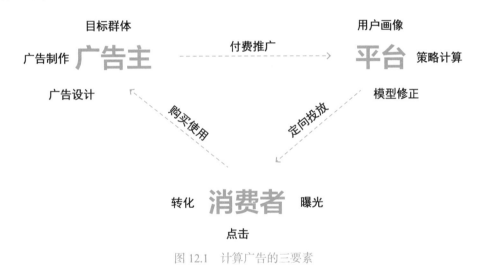

图 12.1　计算广告的三要素

因此，计算广告需主要解决的问题就是如何协调三方的利益，即广告主、平台与消费者之间的利益。针对这个问题涌现出了很多核心技术，比如广告主与广告主、广告主与平台的竞价策略；预测用户点击率或转化率的技术，以使平台投放合适的广告给用户；优化广告排期、控制预算的技术，用于支持广告主和平台的相关操作等。

12.1.2 计算广告系统架构

虽然不同公司或者不同业务的计算广告系统存在很大的细节差异，但就这些计算广告系统的架构而言，还是存在通用部分的，这里主要介绍三大部分，即在线投放引擎、分布式计算平台（离线）和流式计算平台（在线），如图 12.2 所示。在线投放引擎根据 Web 服务端的广告请求所对应的用户和上下文等相关信息进行广告检索、广告排序和收益管理，最后将相关记录转移到分布式计算平台和流式计算平台；分布式计算平台周期性地以批处理方式加工过去一段时间内的数据，得到离线用户标签和 CTR 模型与特征，然后将这些存放到数据库中，供制定在线投放决策时使用；流式计算平台负责加工处理最近一小段时间内的数据，得到实时用户标签以及模型参数，并且也把这些存放到数据库中，供制定在线投放决策时使用。

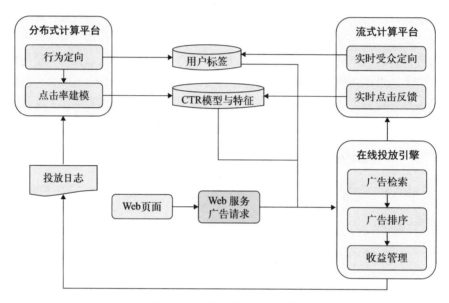

图 12.2　计算广告系统的架构

- 在线投放引擎

□ 广告检索：当 Web 服务端发来广告请求时，系统根据该广告位的页面标签或者用户标签从广告索引列表中查找符合条件的广告。广告检索阶段主要以召回率作为评价指标，高召回率意味着可以避免漏掉有可能被用户点击的广告。

□ 广告排序：当出现多个广告主抢夺一个广告位的情况时，需要对投放各个广告可能会产生的效益分别进行预估，即计算 eCPM 值，之后按该值的大小对广告主从高到低进行排序。

- 分布式计算平台

□ 行为定向：该模块用于挖掘广告投放日志中的用户行为属性，给用户赋予各式各样的标签并存放在结构化标签库中，供后续投放广告时使用。

□ 点击率建模：该模块的功能是在分布式计算平台上训练并得到点击率模型的参数和相应特征，然后加载到缓存中，用以辅助广告投放系统进行决策。

- 流式计算平台

  □ 实时受众定向：该模块的功能是将最近一段短时间内发生的用户行为和广告投放日志及时地加工成实时用户标签，用以辅助广告检索模块。对于在线计算广告系统来说，这部分对效果提升的意义更为重大。

  □ 实时点击反馈：该模块同样是实时反馈用户行为和广告投放日志的变化，主要生成实时点击率相关特征，用以辅助广告排序模块。在很多情况下，捕捉短时间内的行为记录更能反映用户的偏好信息，广告投放效果也更加显著。

12.2　广告类型

为了使利益达到最大化和不断满足种类繁多的需求，广告类型处于不断的更新和迭代中，其发展演变历程如图 12.3 所示。本节将按照广告商业模型的发展对广告类型进行介绍，包括 CPT 广告、定向广告、竞价广告和程序化交易广告。

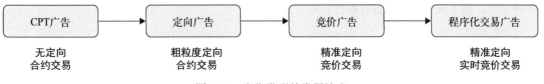

图 12.3　广告类型的发展演变

12.2.1　合约广告

可将 CPT 广告和定向广告统称为合约广告，合约广告具体又可分为无定向合约交易广告和粗粒度定向合约交易广告。CPT 广告是按时间成本计费，广告主以固定的价格买断一段时间内的广告位来展示自己的广告，比如开屏广告、富媒体广告或应用市场的下拉关键词等；定向广告是广告主选择自己要投放的兴趣标签，然后算法为其匹配相应的受众人群并进行广告投放。

12.2.2　竞价广告

定向广告产生后，市场朝着精细化的方向发展，参与的广告主越来越多，定向标签也越来越精准。媒体主为了提高收益，引入了竞价广告模式。在这种模式下，媒体主不再以合约的形式向广告主承诺展示量，而是采用"价高者得"的方案来决策每次展示哪个广告，使得媒体主可以实时对不同广告进行比价，从而最大化收益。这种模式还催生出了 ADN（广告网络）、ATD（广告交易终端）等广告产品。

12.2.3   程序化交易广告

竞价广告的进一步发展催生出了实时竞价模式（Real Time Bidding，RTB），这种模式使得广告主可以实时地在每一次广告展示中选择自己的目标受众，并且参与竞价。后来以实时竞价为核心的一系列广告交易逐渐演变为机器与机器之间依靠程序完成广告交易决策的模式，因此这类广告被称为程序化交易广告，催生出的相关广告产品有 DSP、SSP、ADX、DMP 等。

计算广告技术是支撑广告应用业务进行的关键，其主要能够协调广告主、平台和消费者之间的利益关系。计算广告中有三大核心技术，即广告召回、广告排序和广告竞价，这些技术既能保证将广告投放到合适的人群中，也能保证广告主和平台的利益。

12.3   广告召回

广告召回就是广告检索，这一阶段的主要工作是根据用户或商品属性以及页面上下文属性从广告索引（Ad index）中检索符合投放条件的候选广告，其中会用到的召回（检索）方式也是多种多样，接下来先具体看看有哪些召回方式。

12.3.1   广告召回模块

这里将广告召回的模块分成以下三个部分。

❑ 布尔表达式召回：根据广告主设置的定向标签组合成布尔表达式。如图 12.4 所示，在庞大的定向标签体系中，广告主根据用户的兴趣、年龄和性别组成的布尔表达式来对广告的定向受众人群进行召回。

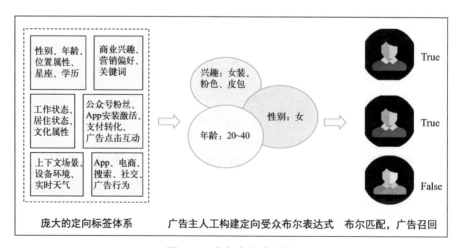

图 12.4   布尔表达式召回

❑ 向量检索召回：这种技术可以分为三种，第一种是通过传统的 Word2Vec、Item2Vec 或 Node2Vec 等方式来获取广告的向量表示，然后通过相似度计算对受众人群进行召回，其特点是实现简单、表达能力强等；第二种是通过深度学习模型获取广告的向量表示，比如 YouTube DNN 利用深度学习模型将广告、用户等信息都映射为向量，然后通过向量的最近邻检索算法对受众人群进行召回；还有一种就是经典的 DSSM 双塔模型（12.3.2 节会详细介绍）。

❑ 基于 TDM（深度树匹配模型）的召回：这是由阿里妈妈精准定向广告算法团队自主研发的基于深度学习的大规模（千万级＋）推荐系统算法框架。这种技术通过结合深度学习模型与树结构搜索，来解决召回问题中高性能需求与使用复杂模型进行全局搜索之间的平衡，可将召回问题转化为逐层分类并筛选的过程，借助树的层级检索性质可以将时间复杂度降低到对数级别。假如目标推荐个数为 K，总商品个数为 N，那么时间复杂度就是 $O(K \log N)$。

如图 12.5 所示，深度树的每一个叶节点均对应数据中的一个 item，非叶节点则表示 item 的集合。这样一种层次化的结构直观体现了粒度从粗到细的 item 架构，此时推荐任务便转换成如何从深度树中检索一系列叶节点，并且将这些叶节点作为用户最感兴趣的 item 返回的问题。值得一提的是，虽然图 12.5 中展示的树是一个二叉树，但在实际应用中并无此限制。

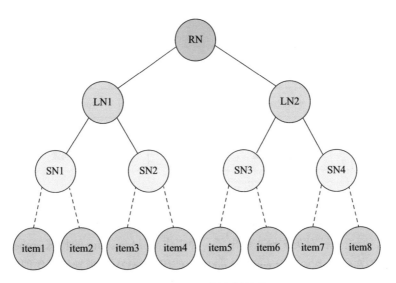

图 12.5　TDM 深度树结构

当然，除了上述三种，还有很多召回方式，比如经典的系统过滤、基于图计算的召回、基于知识图谱的召回等。另外，目前的召回策略大多是多路召回与权重检索相结合，在实际业务中常常是对十多路的召回方式进行结合。

12.3.2 DSSM 语义召回

本节将介绍一种基于深度神经网络的语义建模方式——DSSM（深度语义匹配模型），这由微软发表的一篇关于 Query 和 Doc 的相似度计算模型的论文提出。在广告召回问题中，这种多塔的结构分别为用户侧特征和广告侧特征构造不同的塔，在经过多层全连接之后，将最后一个输出层的 embedding 向量拼接在一起然后输入到 softmax 函数。而且输出向量同处一个向量空间，这就可以直接通过点积或者余弦函数计算 Query 和 Doc 的相似度并进行广告检索。接下来一起看看 DSSM 的网络结构，如图 12.6 所示。

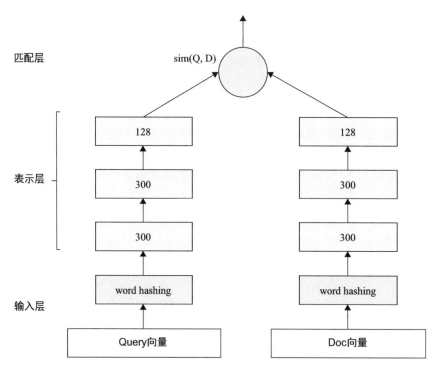

图 12.6 DSSM 的网络结构

(1) 首先输入层将 Query（或者 User）向量和 Doc（或者 Item）向量（one-hot 编码）转化为 embedding 向量，原论文针对英文输入提出了一种叫作 word hashing 的特殊 embedding 方法来降低字典规模。我们在针对中文进行 embedding 时，使用 Word2Vec 类常规操作即可。

(2) 接下来是表示层，完成 embedding 之后的词向量经过多层全连接映射得到针对 Query 和 Doc 的语义特征向量表示。

(3) 最后匹配层对 Query 向量和 Doc 向量做余弦相似度计算得到相似度，然后进行 softmax 归一化，得到最终的指标后验概率 P，训练目标针对点击的正样本拟合 P 为 1，反之拟合 P 为 0。

这种方式目前也广泛应用于搜索、推荐等领域的召回和排序问题中。双塔模型的最大特点就是用户侧和广告侧是两个独立的子网络,两个塔可以各自缓存,线上召回时只需要取出缓存中的向量做相似度计算即可。在向量检索匹配的时候,是一件非常耗时的工作,可以通过最近邻搜索的方法来提高检索效率,使用 Annoy、Faiss 等常用的 python 包可以轻松应对这类场景。

12.4　广告排序

广告排序是计算广告中的核心部分,其主要功能是对广告召回模块送来的广告候选集计算 eCPM(千次展示收益),并按照所得值的大小倒排序。对 eCPM 的计算依赖于受众定向平台离线计算好的点击率,由于最终投放的广告都是来自于排序的结果,因此这一模块至关重要,也是各种算法模型和策略大展身手的地方。

12.4.1　点击率预估

点击率(CTR)预估是帮助进行广告投放最重要的算法模块之一,同时在诸如信息检索、推荐系统、在线广告投放系统等工业级的应用中,点击率预估也是至关重要的。在一定程度上点击率代表着用户的体验效果。例如,在电商平台的推荐系统中,可以把一个主要的排序目标 GMV(商品成交总额)拆解为流量 × 点击率 × 转化率 × 客单价,可见点击率是优化排序目标的重要因子。

可以把点击率预估任务抽象成一个二分类问题,即向用户投放一个广告,然后预测用户点击广告的概率。当一个广告展示在消费者面前时,消费者对此广告的链接产生点击行为的比例,按照投放方式的不同可以体现为两种指标,一种是点击率:

$$点击率 = 点击人数(次)/ 曝光人数(次)$$

显然,点击率越高代表广告的投放效果越好。另一种是转化率(CVR),这是对点击率的进一步延伸,代表的是指消费者在点击广告链接的基础上,是否进一步完成了相应的转化行为,即转化率是付费交易或者注册使用的消费者占点击广告的消费者的比例,其定义与点击率相似:

$$转化率 = 转化人数(次)/ 曝光人数(次)$$

同样地,转化率越高代表广告的投放效果越好。

点击率相关问题也经常出现在竞赛中,比如 IJCAI 2018 阿里妈妈广告预测算法比赛、腾讯广告算法大赛、科大讯飞 AI 营销算法大赛都是围绕点击率展开的比赛,这类比赛经常面临大量离散特征和特征组合等问题。下面将针对这些问题给出常用的解决方式,并且对常用模型进行介绍。

12.4.2　特征处理

特征工程在竞赛中一直备受关注，其中当然也包括点击率预估问题的特征工程。广告业务中的数据不仅丰富、而且维度非常高，对精度有极高的要求，除了模型方面，在特征处理方面也存在诸多技巧需要学习。

- 特征交叉组合

在点击率问题中存在大量类别特征，如用户标签、广告标签等，因此提取细粒度的特征表达成为关键，如对用户职业与广告类型进行组合：程序员 _ 防脱发广告。当然还可以对三种类别特征进行组合，构造更细粒度的特征。如图 12.7 所示，是 2019 腾讯广告算法大赛中进行的特征交叉组合，同时还进行了数值统计，充分反映了广告在不同粒度下的变化情况，可以看作一种宏观变化和微观变化。

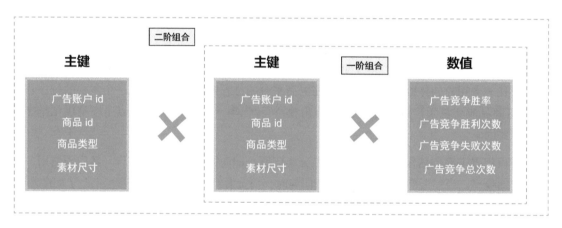

图 12.7　特征交叉组合

- 连续型特征的处理

连续型特征具有实际统计意义，如用户行为次数、广告曝光量等，虽然这些特征能直接喂入模型进行训练。但是，特征在不同区间的重要程度可能是不一样的，连续型特征默认为特征的重要程度和特征值之间是线性关系，但实际中两者往往存在非线性关系，即特征值在不同区间的重要程度是不一样的。

这里将介绍一种神经网络模型——键值对存储（Key-Value Memory），实现从浮点数到向量的映射。如图 12.8 所示，可以看到这个模型的输入是一个稠密特征 q，输出是一个特征向量 v，即实现了从一维到多维的特征空间转换。

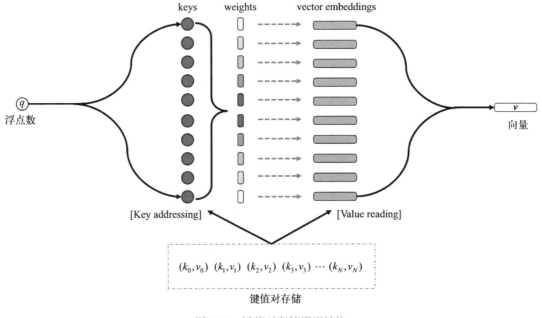

图 12.8　键值对存储模型结构

图 12.8 中的具体步骤如下。

Key addressing 部分：寻址过程，此处会用到 softmax 函数，如式 (12-1) 所示。计算上述选出的每个 memory 的概率值。

$$w_i = \text{softmax}(\frac{1}{\mid q - k_i + \text{e}^{-15} \mid}) \tag{12-1}$$

Attention 部分：不同 Key addression 部分的特征重要性不同，所以使用 Attention 给予不同的权重概率。

Value reading 部分：在上一个步骤的权重下进行加权求和，得到答案信息。（$v = \sum\limits_{i=1}^{N} w_i v_i$）

● 点击率平滑

在构造点击率相关特征时常常会因为数据稀疏导致计算出现偏差，比如一个广告投放了 100 次，有 2 次点击行为，那么点击率就是 2%，但是当这个广告的投放量达到 1000 次的时候，点击行为只有 10 次，此时点击率是 1%，这就相差了一倍了。所以会通过平滑处理的方式来修正计算结果，即把分子、分母都加上一个比较大的常数，这样能缓解曝光量低的数据、突出曝光量高的数据，如热门广告及商品，还可以填充冷启动的样本。

常使用贝叶斯平滑进行处理，基本思想是用以平滑分布选出先验分布，然后用先验分布通过某种方式求出最终的平滑分布，如式 (12-2) 所示。

$$\text{SmoothCTR} = \frac{C + \alpha}{I + \alpha + \beta} \tag{12-2}$$

其中，C 为点击次数，I 为曝光量，α 和 β 是通过贝叶斯平滑计算得到的。

- 向量化表示

很多传统的特征提取方法表征能力有限，因此这里尝试用一些嵌入表示方法（比如 Word2Vec、DeepWalk 等）或通过深度学习模型来学得嵌入向量表示，如图 12.9 所示。例如，提取用户历史点击广告序列，将所有用户的序列组合成一个文本输入到 Word2Vec 中进行广告向量的训练，最后可以得到广告向量化的表示。当然也可以通过广告曝光用户序列来得到用户的向量表示。

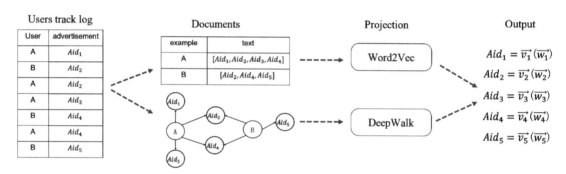

图 12.9　广告嵌入向量提取过程

12.4.3　常见模型

点击率预估在推荐系统和计算广告领域中是极其重要的一环，预估效果会直接影响到用户体验和广告收益。为了能不断提高性能，相关模型的更新迭代也是非常快速的。由于这个领域具有数据量大、特征高度稀疏等特点，因此模型的改进也大多围绕这些特点进行优化。这里将对 FM、Wide&Deep、DeepFM 和 DIN 四个较为经典且从不同方向演化的模型进行介绍。

- FM：Factorization Machines（2010）——隐向量学习提升模型表达

FM（因子分解机）可以说是推荐系统和计算广告领域内非常经典的一个算法，是在 LR 模型的基础上改进而得，其模型结构如图 12.10 所示。LR 模型是广告点击率或转化率问题在早期使用的模型，传统的 LR 模型并不能学习到特征之间的交叉信息，而只能依靠大量的人工去构造特征。面对这一困难，FM 应运而生，它不仅能够直接引入二阶特征组合，还可以计算特征组合的权重。

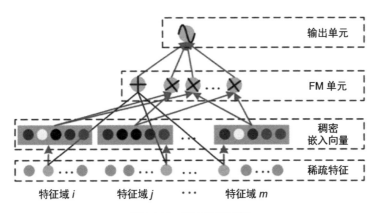

图 12.10 FM 模型结构

FM 通过学习潜在特征空间中成对的特征交互来解决上述的问题。在特征空间中每个特征都有一个与之关联的隐向量，两个特征之间的相互作用是它们各自隐向量的内积。

在 FM 中，模型可以表达为式 (12-3)：

$$\varphi(w,x) = w_0 + \sum_{i=1}^{n} w_i x_i + \sum_{i=1}^{n} \sum_{j=i+1}^{n} \langle V_i, V_j \rangle x_i x_j \tag{12-3}$$

其中

$$\langle V_i, V_j \rangle = \sum_{f=1}^{k} v_{i,f} \cdot v_{j,f}$$

由于 FM 会学习所有交叉组合特征，其中肯定会包含很多无用的组合，这些组合会引入噪声从而降低模型的表现，因此一般而言，我们不能直接将所有类别特征都放入模型，应该先进行一定的特征选择，降低引入噪声的风险。

另外，FM 在进行特征组合时学习不到特征域（Field）的信息，或者说是感知不到特征域的存在，即特征组合均使用相同的隐向量。很明显，这样会显得非常粗糙，属于同一个特征域和不同特征域下的特征在进行组合时，应该使用不同的隐向量。为了对此进行改进，FFM（Field-aware Factorization Machine）诞生了。

FFM 的思想是将原始潜在空间划分为许多较小的潜在空间，并根据特征域使用其中之一。比如"男性"和"篮球"、"男性"和"化妆品"，这两种特征组合潜在的作用是不一样的，引入特征域的概念非常有必要。在 FFM 中，模型可以表达为式 (12-4)。

$$\varphi(w,x) = w_0 + \sum_{i=1}^{n} w_i x_i + \sum_{i=1}^{n} \sum_{j=i+1}^{n} \langle V_{i,f_2}, V_{j,f_1} \rangle x_i x_j \tag{12-4}$$

其中，f_j 是第 j 个特征所属的特征域。如果隐向量的长度为 k，那么 FFM 的二次参数有 $n \times f \times k$ 个，远多于 FM 模型的 $n \times k$ 个。此外，由于隐向量与特征域相关，因此并不能化简 FFM 表达式中的二次项，其预测复杂度是 $O(kn^2)$。

- ● Wide&Deep：Wide and Deep Learning（2016）—— 记忆性与泛化性的信息互补

Wide&Deep 模型的核心思想是结合线性模型的记忆能力和深度神经网络模型的泛化能力，提升整体模型的性能。能够从历史数据中学习到高频共现的特征组合是模型的记忆能力，模型的泛化能力代表的则是模型能够利用相关性、传递性去探索历史数据中从未出现过的特征组合。Wide&Deep 模型兼备记忆能力和泛化能力，在 Google Play store 的场景中成功落地，成为一种经典模型。

如图 12.11 所示，Wide&Deep 模型结构由 Wide 部分和 Deep 部分组成。Wide 部分主要是一个广义线性模型（如 LR），线性模型通常输入 one-hot 稀疏表示特征或连续型特征进行训练，Wide 模型可以通过交叉特征高效地实现记忆能力，达到准确推荐的目的；Deep 部分简单理解就是嵌入向量结合多层感知机（MLP）这种常见的结构，可以通过学习到的低维稠密嵌入向量实现模型的泛化能力，即使是历史上没有出现过的商品，也能得到不错的推荐。

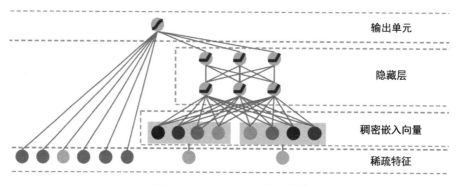

图 12.11　Wide&Deep 模型结构

Wide&Deep 模型的训练采用的是联合训练，其训练误差会同时被反馈到线性模型和深度神经网络模型中进行参数更新，所以单个模型的权重更新会受到 Wide 部分和 Deep 部分对模型训练误差的共同影响。Wide&Deep 模型的数学表示如式 (12-5)：

$$Y_{\text{wide\&deep}} = \text{sigmoid}(w_{\text{wide}}^{\text{T}} \cdot [x, \varphi(x)] + w_{\text{deep}}^{\text{T}} \cdot a^{(l)} + b) \tag{12-5}$$

其中，b 表示偏置，$a^{(l)}$ 表示 Deep 模型的最后一层输出，x 表示原始的输入特征，注意还有一个 $\varphi(x)$，这个是原始特征的特征交叉。Wide 和 Deep 部分的输出通过加权方式合并到一起，并通过 logistic 损失函数进行最终输出。

- DeepFM：Deep Factorization Machines（2017）—— 在 FM 基础上引入神经网络隐式高阶交叉信息

DeepFM 与 Wide&Deep 的相同点是都从 Wide 和 Deep 两部分同时进行考虑，不同点是为了能够更好地捕获交叉特征信息，DeepFM 使用 FM 作为 Wide 部分的模型。传统的线性模型无法提取高阶组合特征，然而通过人工挖掘特征交叉组合达到的效果又非常有限，所以使用 FM 作为 Wide 部分的模型，充分利用其提取特征交叉组合的能力。

如图 12.12 所示，FM 和 Deep 共享输入向量和稠密嵌入向量，这使得训练不但更快，而且更加准确。相比之下，Wide&Deep 模型中，输入向量非常大，里面包含大量由人工构造的且成对的组合特征，这无疑会增加模型的计算复杂度。

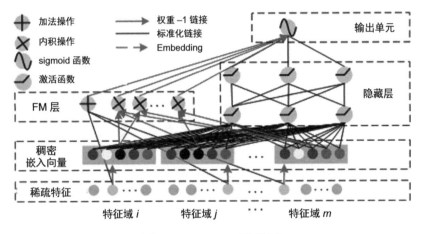

图 12.12 DeepFM 模型结构

DeepFM 论文对此模型给出的物理意义是，FM 部分负责一阶特征和二阶交叉特征，深度神经网络部分负责二阶以上的高阶交叉特征。式 (12-6) 给出了 FM 模型的输出公式，式 (12-7) 给出了 DeepFM 模型的预测结果表达式：

$$Y_{\text{FM}} = w_0 + \sum_{i=1}^{n} w_i x_i + \sum_{i=1}^{n} \sum_{j=i+1}^{n} \langle V_i, V_j \rangle x_i x_j \tag{12-6}$$

$$Y_{\text{DeepFM}} = \text{sigmoid}(Y_{\text{FM}} + Y_{\text{DNN}}) \tag{12-7}$$

- DIN：Deep Interest Network（2018）——融合 Attention 机制的深度学习模型

DIN（Deep Interest Network，深度兴趣网络）通过设计一个局部激活单元（Local activation unit）来自适应地从某一特定广告的历史行为中学习对用户兴趣的表示，这大大提高了模型的表达能力。

DIN 模型结构如图 12.13 所示，一部分为基础模型，另一部分为加入 Attention（注意力机制）后的改进模型。基础模型就是嵌入向量结合多层感知机，首先将不同的特征转换为对应的嵌入向量表示，然后将所有特征的嵌入向量拼接到一起，最后输入到多层感知机中进行计算。为了保证给多层感知机的为固定长度的输入，基础模型采用 pooling 的方式，一般为向量和或向量平均两种方法，对用户历史行为序列中商品的嵌入向量进行 sum、mean pooling 操作。

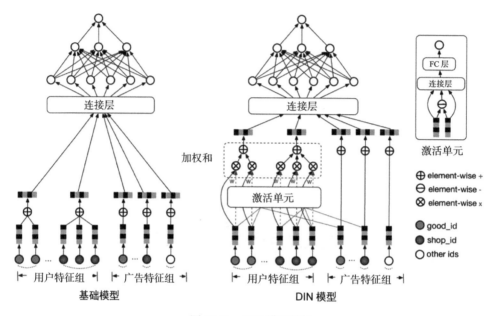

图 12.13　DIN 模型结构

但这存在很大的局限性，对于要预测的每个推荐商品来说，不管这个商品是衣服、化妆品，还是电子产品等，用户的表示向量都是确定不变的，这会造成无差别推荐。我们知道在电商场景中，用户的兴趣是多种多样的，随着时间的迁移，或者其他情况，用户兴趣的转变和不相关行为的存在都对点击率预测起不到帮助作用，所以要考虑设置不同的权重，比如根据时间的变化来改变权重，但这又不能完全解决问题。

为了解决上面提到的问题，阿里妈妈的算法团队提出了 DIN。该模型对用户点击商品序列的处理做了调整，其他部分都没有变化。核心思路是在 pooling 部分，将与推荐相关的商品的权重设置得大一些，与推荐不相关的商品的权重则设置得小一些，这是一种 Attention 的思想，使待推荐商品与点击序列中的每个商品发生交互来计算注意力机制得分。

DIN 的关键点在于局部激活单元的设计，DIN 会计算待推荐商品与用户最近历史行为序列中商品的相关性权重，并将此权重作为加权系数来对些行为序列中商品的嵌入向量做 sum pooling，用户兴趣正是由这个加权求和后的向量来表示的。用户兴趣表示的计算公式如式 (12-8)：

$$V_u = \sum_{i=1}^{n} w_i \times V_i = \sum_{i=1}^{n} G(V_i, V_a) \times V_i \tag{12-8}$$

其中 V_u 是用户的嵌入向量，V_a 是待推荐商品的嵌入向量，V_i 是用户第 i 次行为的嵌入向量，$G(V_i, V_a)$ 就是 Attention，可以看到候选嵌入向量会和用户行为序列中每个商品的嵌入向量都计算一个权重，最后的加权求和就是用户兴趣表示。

看似完美的用户兴趣表示其实还存在一些缺点。用户的兴趣是不断进化的，而 DIN 抽取的用户兴趣之间是独立无关联的，并没有捕获兴趣的动态进化性；另外，通过用户显式的行为来表达用户隐含的兴趣，其准确性无法得到保证。对此阿里妈妈的算法团队提出了 DIEN（Deep Interest Evolution Network，深度兴趣演化网络），将 DIN 中的 Attention 与 sum pooling 部分换成了 sequential model 与 attention，不过由于网络结构的复杂性，会给工程上的应用带来困难。

12.5 广告竞价

提供同一产品与服务的公司也许有成百上千，甚至更多个，此时如何确定它们之间的优先级呢？针对此，平台基于自身的利益发明了褒贬不一的竞价排名，简单来说就是谁出的钱多就优先展示谁的广告。这样将搜索与竞价捆绑起来的模式有好有坏，逻辑的简单粗暴固然有一定效率，然而效果如何则要打个问号。尤其是对所有搜索进行一刀切的做法导致有些特定的行业风险较高，比如某度上的的医院广告被曝出丑闻，对其带来的影响异常恶劣。对于广告主、平台以及消费者这三方来说，消费者是较为弱势的群体，搜索竞价的策略忽视了广告的质量与适应性，平台的搜索匹配只能达到关键词的粒度，无法千人千面地提供个性化服务，而每个人都是独一无二的个体，采用群体性策略必然会导致消费者体验不佳，同时广告主又会在竞价中拉高成本，并变相转移到消费者身上，平台纵然能够一时广告费赚得飞起，但也难长久地保持下去。

通常在广告竞拍机制中，广告的实际曝光量取决于广告的流量覆盖大小和在竞争广告中的相对竞争力水平，其中前者取决于广告的人群定向（匹配对应特征的用户数量）、广告素材尺寸（匹配的广告位）以及投放时段、预算等设置项；而影响后者的因素主要有出价、广告质量（如 pCTR/pCVR 等），以及对用户体验的控制策略等。通常来说，基本竞争力可以用 eCPM = $1000 \times cpc\_bid \times pCTR = 1000 \times cpa\_bid \times pCTR \times pCVR$（cpc、cpa 分别代表按点击付费模式和按转化付费模式）来表示。综上，广告的流量覆盖大小决定广告能参与竞争的次数以及竞争对象，相对竞争力水平决定广告在每次竞争中胜出的概率，二者共同决定广告每天的曝光量。

如图 12.14 所示，对检索到的广告通过 eCMP 计算进行排序，然后进行多样性过滤得到待投放广告。当然，eCMP 体现的仅是基本的竞争力，一般还会结合广告质量等因素进行最终计算。

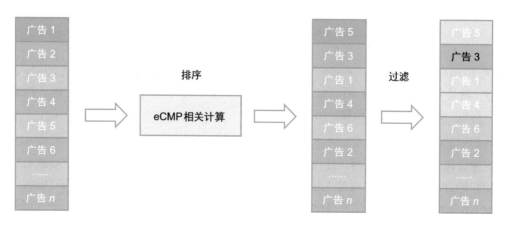

图 12.14　广告竞拍流程

广告曝光量，顾名思义就是广告在消费者面前曝光的数量，既可以按人数，也可以按人次来计算，但需注意计算的维度要与后续的点击率与转化率保持一致。曝光量与广告投放效果之间的关系并不是绝对的正比，如图 12.15 所示，通常意义上来说适度曝光的效果是最好的，过少和过多都不好。在 2019 腾讯广告算法大赛中就是以预估未来广告的日曝光量为任务，提供历史 n 天的广告曝光数据（在特定流量上采样），包括每次曝光对应的流量特征（用户属性和广告位等时空信息）以及曝光广告的设置和竞争力分数。值得一提的是，本书作者王贺所的在团队"鱼遇雨欲语与余"获得了此次比赛的冠军，在第 13 章将会对这场比赛进行深入的分析和讲解。

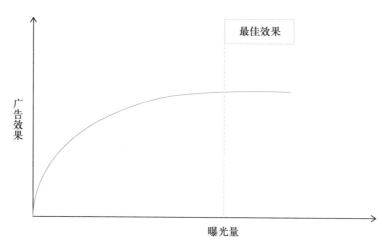

图 12.15　曝光量与广告投放效果的关系

本章以实际的计算广告领域为背景，介绍了广告系统框架、广告类型和广告核心技术。从竞赛的角度来看计算广告，可以围绕广告投放的量化指标进行深入学习，从而厘清广告主与平台的成本与收益，倒逼对模型进行改善。由于本书着重讲解机器学习竞赛相关实战，因此主要考虑计算广告在线上的投放与应用，而在这个领域有一些专属的评价指标来评估投放的效果。一项产品和服务，从概念的诞生到落地到消费者身上，这一过程相对来说较为漫长，牵涉众多。而与之相应的计算广告主要分为三个阶段，首先是要让广告展示在消费者面前，也就是所谓的曝光，让消费者看到该广告；其次对此广告感兴趣的消费者会点击它，对广告内容即相应产品与服务进行浏览；最后有购买欲望的消费者会进行相应的付费交易或者注册使用。为了便于广告主和平台对广告投放的效果进行分析统计，三个阶段分别设有曝光量、点击率和转化率这三项指标，虽然三者的定义不相同，但都根植于进行相应操作的消费者数量。除了曝光是消费者无法自主选择的之外，点击和转化都是消费者的自发行为。

12.6　思考练习

1. 计算广告与普通广告有哪些显著的异同点？
2. 请简述搜索竞价模式下，计算广告的优劣之处。
3. 请思考平台应如何通过广告投放的各项指标与广告主协商广告费定价策略？
4. 仔细观察你最常使用的 10 个 App 给你推送的广告页面，能找出它们之间的共同点吗？
5. GBDT 与 LR 的结合也是点击率预估中的经典模型，那么两者具体是如何结合的？
6. 计算广告中还有一个重要部分没有讲到，即广告检测，这部分常常伴随着作弊与反作弊的问题出现，那么具体的建模方式又是什么样的？

第 *13* 章

实战案例：2018 腾讯广告算法大赛——相似人群拓展

本章将以 2018 年第二届腾讯广告算法大赛（如图 13.1 所示）为例，对计算广告相关的实战案例进行分析，会详细地讲解完整的实战流程与注意事项。本章主要分为六个部分，分别是赛题理解、数据探索、特征工程、模型训练、模型融合和赛题总结。这不仅是本书所有实战案例章节的组织结构，也是一场竞赛的重要组成流程。相信在本书的指引下，你能够快速地熟悉竞赛流程，并且进行实战。

图 13.1　2018 腾讯广告算法大赛

13.1　赛题理解

所谓磨刀不误砍柴工，在竞赛前应该充分了解与赛题相关的信息，理解赛题背后的需求，进而达到正确审题的目的。本次赛题的题目为基于计算广告问题的相似人群拓展。参赛者的幸运之处在于竞赛主办方拥有国内最大的社交平台，无论是其提供数据的质量还是举办竞赛的专业度都是无可挑剔的，本节内容也多来自腾讯官方给出的赛题说明。

13.1.1 赛题背景

基于社交关系的广告（即社交广告）已经成为互联网广告行业中发展最为迅速的广告种类之一。腾讯社交广告平台是依托于腾讯丰富的社交产品，植根于腾讯海量的社交数据，借助强大的数据分析、机器学习和云计算能力打造出的一个服务于千万商家和亿万用户的商业广告平台。腾讯社交广告平台一直致力于提供精准高效的广告解决方案，而复杂的社交场景、多样的广告形态以及庞大的用户数据给实现这一目标带来了不小的挑战。为攻克这些挑战，腾讯社交广告平台也在不断地试图寻找更为优秀的数据挖掘和机器学习算法。

本次算法大赛的题目源自腾讯社交广告业务中一个真实的广告产品——相似人群拓展（后面称作 Lookalike）。该产品的目的是基于广告主提供的目标人群，从海量人群中找出和目标人群相似的其他人群，已达到拓展人群的作用，如图 13.2 所示。

图 13.2　相似人群拓展

在实际的广告业务应用场景中，Lookalike 能够基于广告主已有的消费者，从目标消费者中找出和这些已有消费者相似的潜在消费者，以此有效地帮助广告主挖掘新客户、拓展业务。目前，Lookalike 以广告主提供的第一方数据以及广告投放的效果数据（即后面提到的种子人群）为基础，结合腾讯丰富的数据标签，透过深度神经网络的挖掘，实现了在线实时为多个广告主同时拓展具有相似特征的高品质潜在客户的功能。如图 13.3 所示为 Lookalike 的工作机制。

图 13.3　Lookalike 的工作机制

13.1.2 赛题数据

本次竞赛的比赛数据（已脱敏处理）抽取的是某连续 30 天的数据。总体而言，数据文件可以分为训练集文件、测试集文件、用户特征文件以及种子包对应的广告特征文件四部分，下面分别对这四部分进行介绍。

- 训练集文件 train.csv：此文件中的每一行分别代表一个训练样本，且各字段之间以逗号分隔，格式为"aid,uid,label"。其中，aid 用于唯一标识一个广告；uid 用于唯一标识一个用户；label 表示样本标签，其取值为 +1 或 -1，+1 表示种子用户，-1 表示非种子用户。为了简化问题，一个种子包仅对应一个 aid，两者为一一对应的关系。

- 测试集文件 test.csv：此文件中的每一行分别代表一个测试样本，且各字段之间以逗号分隔，格式为"aid,uid"。其中两个字段的含义同训练集文件。

- 用户特征文件 userFeature.data：此文件中的每一行分别代表一个用户的特征数据，各字段之间用竖线"|"分隔，格式为"uid|features"。其中，features 由多个 feature_group 组成，每个 feature_group 分别代表一个特征组，多个特征组之间也以竖线"|"分隔，格式为"feature_group1|feature_group2|feature_group3|..."。若一个特征组包括多个值，则以空格分隔，格式为"feature_group_name fea_name1 fea_name2 ..."，里面的 fea_name 采用数据编号的格式。

- 种子包对应的广告特征文件 adFeature.csv：此文件中每一行的格式为"aid, advertiserId, campaignId, creativeId, creativeSize, adCategoryId, productId, productType"。其中，第一个字段 aid 用于唯一标识一个广告，其余字段为广告特征，这些字段之间以逗号分隔。出于对数据安全的考虑，我们对 uid、aid、用户特征、广告特征按照如下方式进行加密处理。

  - uid：对每个 uid 进行从 1 到 n 的随机化编号，生成一个不重复的加密 uid，n 为用户总数目（假设用户数目为 100 万，将所有用户随机打散排列，把排列后的序号作为用户的 uid，序号的取值范围就是 [1, 100 万)）。
  - aid：参考 uid 的加密方式，生成加密后的 aid。
  - 用户特征：参考 uid 的加密方式，生成加密后的 fea_name。
  - 广告特征：参考 uid 的加密方式，生成加密后的各字段。

接下来对用户特征和广告特征的取值进行说明。

- **用户特征的取值说明**

  - 年龄（age）：分段表示，每个序号表示一个年龄分段；
  - 性别（gender）：男、女；

- 婚姻状况（marriageStatus）：单身、已婚等（多个状态可以共存）；
- 学历（education）：博士、硕士、本科、高中、初中、小学；
- 消费能力（consumptionAbility）：高、低；
- 地理位置（LBS）：每个序号分别代表一个地理位置；
- 兴趣类目（interest）：对不同数据源进行挖掘，得到 5 个兴趣特征组，分别以 interest1、interest2、interest3、interest4、interest5 表示，每个兴趣特征组均包含若干个兴趣 ID；
- 关键词（keyword）：对不同数据源进行挖掘，得到 3 个关键词特征组，分别以 kw1、kw2、kw3 表示，每个关键词特征组均包含若干个用户感兴趣的关键词，能比兴趣类目更细粒度地表示用户喜好；
- 主题（topic）：使用 LDA 算法挖掘的用户喜好主题，具体地，对不同数据源进行挖掘，得到 3 个主题特征组，分别以 topic1、topic2、topic3 表示；
- App 近期安装行为（appIdInstall）：包括最近 63 天内安装的 App，其中每个 App 均用一个唯一的 ID 表示；
- 活跃的 App（appIdAction）：用户活跃度较高的 App 的 ID；
- 上网连接类型（ct）：Wi-Fi、2G、3G、4G；
- 操作系统（os）：Android、iOS（不区分版本号）；
- 移动运营商（carrier）：移动、联通、电信、其他；
- 有房（house）：有房、没房。

❏ **广告特征的取值说明**

- 广告 ID（aid）：广告 ID 对应的是具体广告，广告是指广告主创建的广告创意（或称广告素材）及广告展示相关的设置，包含广告的基本信息（广告名称、投放时间等）、推广目标、投放平台，投放的广告规格、投放的广告创意、广告的受众（即广告的定向设置）以及广告出价等信息；
- 广告主 ID（advertiserId）：账户结构分为账户、推广计划、广告、素材四级，广告主和账户是一一对应的关系；
- 推广计划 ID（campaignId）：推广计划是广告的集合（类似于电脑的文件夹功能），广告主可以将推广平台、预算限额、是否匀速投放等条件相同的广告放在同一个推广计划中，以便管理；
- 素材 ID（creativeId）：直接展示给用户的广告内容，一条广告下可以有多组素材；
- 素材大小（creativeSize）：素材大小 ID，用于标识广告素材的大小；
- 广告类目（adCategoryId）：广告分类 ID，使用广告分类体系；
- 商品 ID（productId）：推广的商品 ID；

　　■ 商品类型（productType）：广告投放目标对应的商品类型（比如京东对应商品、App
对应下载）。

13.1.3　赛题任务

　　Lookalike 基于广告主提供的一个种子人群（又称为种子包），自动计算出候选人群中与之
相似的人群，称为拓展人群。本赛题将为参赛选手提供几百个种子人群、海量候选人群对应的
用户特征以及种子人群对应的广告特征。出于对业务数据安全性的考虑，所有数据均经过了脱
敏处理。整个数据集分为训练集和测试集。训练集中标定了候选人群中属于种子人群的用户与
不属于种子人群的用户（即正负样本）。模型预测时将检测参赛选手的算法能否准确标定测试集
中的用户是否属于相应的种子包。训练集和测试集对应的种子人群完全一致。如图 13.4 所示，
为人群分布情况。

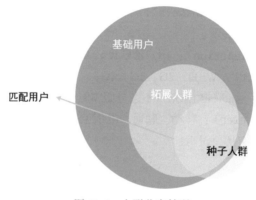

图 13.4　人群分布情况

　　为检验参赛选手的算法是否能够很好地学习用户以及种子人群，本次大赛要求参赛者提交
的结果中包含各种子人群的候选用户属于该种子人群的得分（得分越高，候选用户是这个种子
人群潜在的拓展用户的可能性就越大）。初赛和复赛提供的种子人群除了量级有所不同外，其他
设置均相同。

13.1.4　评价指标

　　如果对拓展后的相似用户进行广告投放后产生了相关的效果行为（比如点击或者转化），则
认为其是正例；如果没有产生效果行为，则认为其是负例。每个待评价的种子人群都会提供如
下信息：种子人群对应的广告 ID（aid）、广告特征以及对应的候选人群集合（包含每个候选用
户的 uid 及用户特征）。参赛选手需要为每个种子人群计算测试集中用户的得分，比赛会据此计
算每个种子人群的 AUC 指标，并以所有待评价的 m 个种子人群的平均 AUC 值作为最终评价指

标，式子如式 (13-1)：

$$\frac{1}{m}\sum_{i=1}^{m}\text{AUC}_i \qquad\qquad (13\text{-}1)$$

其中 AUC_i 表示第 i 个种子人群的 AUC 值。

13.1.5 赛题 FAQ

Q 此次赛题的本质任务是什么？

A 赛题的本质任务是通过以前的广告推送与用户点击记录，对未来的广告推送进行精准用户匹配，提高用户对所推送广告的点击率，进而提高转化率，为广告主带来商业价值，并收取广告营销费用。

Q 互联网广告方面的评价指标有几个，这些指标之间有什么关联？

A 第一个指标是曝光量，指广告在用户面前曝光的次数，即对多少用户进行了广告的推送展示；第二个指标是用户看到广告后的点击量，即点击并进入广告页面的用户有多少；第三个指标是转化量，若用户看到广告并且购买了相应的商品，则这部分用户的数量就是转化量。可以看出，曝光量、点击量与转化量呈一个倒金字塔结构，即依次递减。当然，曝光广告除了能给广告主带来直接的用户转化外，变相也是对广告主的品牌与知名度的营销。

13.2 数据探索

本节将对竞赛提供的可用信息与数据进行分析解读，探索可能的建模思路。通常来说，在内存允许的情况下，参赛者一般可以借助 jupyter notebook、pandas 和 numpy 等常见的 python 三方开源包进行数据探索，依据分析需要的不同可以借助不同的函数，其中 pandas 包常用的函数有 `read_csv()`、`head()`、`describe()`、`value_counts()`、`plot()`、`shape` 等。

13.2.1 竞赛的公开数据集

以初赛数据为例，提供的数据集文件有 train.csv（训练集）、test1.csv（测试集）、test1_truth.csv（测试集标签）、adFeature.data（广告基本属性）、userFeature.csv（用户基本信息）。

13.2.2 训练集与测试集

训练集与测试集中只给出了 ID 列与标签列，关于这部分，腾讯公开提供的数据集中也给出了测试集的真实标签，参赛者需要明确这是一个双主键的用户与广告匹配问题，因此可以适当查看训练集与测试集中 aid 与 uid 的重叠情况以判断训练集分布与测试集分布的差异。

● 分布差异

首先需要确认训练集与测试集中均无缺失值，且训练集中正样本的比例为 4.8%，这应该是经过一定采样后得到的数据，实际业务中的点击率很难达到这个水平。然后分别合并、统计训练集与测试集中 aid 和 uid 的去重唯一取值数，如表 13.1 所示。

表 13.1　uid 和 aid 的分布情况

	train_nunique	test_nunique	all_nunique	duplicates	inbag_ratio
uid	7883466	2195951	9686953	392464	18%
aid	173	173	173	173	100%

可以看出，测试集中的 uid 只有不到 18% 出现在训练集中，而测试集与训练集中的 aid 出现得全部一样。其实这也符合商业逻辑，即在广告投放种类短时间内保持一致的情况下，通过现有投放的点击效果来对未推送过的用户进行概率匹配预测，进而提升点击量，带来商业收益。

检查完单主键的取值差异之后，需要确认双主键的取值也唯一，即确认 aid 与 uid 的组合是唯一的，这里的唯一表示只有一个确定的标签取值，代码验证如下：

```
train_nunique = train[['uid', 'aid']].drop_duplicates().shape[0]
test1_nunique = test1[['uid', 'aid']].drop_duplicates().shape[0]
all_nunique = test1[['uid', 'aid']].append(train[['uid',
    'aid']]).drop_duplicates().shape[0]
assert train_nunique == train.shape[0]
assert test1_nunique == test1.shape[0]
assert train_nunique + test1_nunique == all_nunique
```

最后，根据上述分析，还缺一点逻辑闭环就是训练集与测试集中投放的广告 ID 分布是否相同，验证结果如图 13.5 所示。

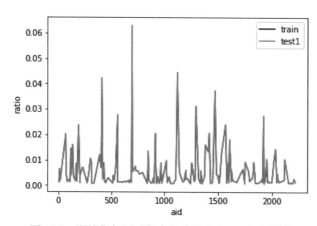

图 13.5　训练集与测试集中投放的广告 ID 分布情况

由图 13.5 可见，训练集与测试集中的广告分布基本一致。因此，重点需要考察不同用户对同一广告的感兴趣程度，或者说需要参赛者找出同一广告的用户群特点，继而通过已有的点击数据挖掘更多可能对该广告感趣的用户，这便是本次竞赛的主题——相似人群拓展。

13.2.3　广告属性

使用 pandas.DataFrame().head() 方法对基本数据进行展示，如图 13.6 所示，虽然数据全部进行了脱敏处理，但并不妨碍参赛者理解各字段的含义，13.1.2 节列出了详细的广告特征说明，参赛者可结合说明自行查看数据。

	aid	advertiserId	campaignId	creativeId	creativeSize	adCategoryId	productId	productType
0	2169	16770	38402	43877	35	89	9760	9
1	411	9106	163120	220179	79	21	0	4
2	894	452	38391	43862	35	10	12193	11
3	450	45705	352827	565415	42	67	0	4
4	313	243	531344	979528	22	27	113	9

图 13.6　广告属性数据展示

13.2.4　用户信息

由于用户特征文件的格式为 .data，不利于参赛者直接进行分析统计，因此先将其转换为 .csv 格式的文件，具体操作代码如下：

```
# 判断文件路径是否已存在
if os.path.exists('data/preliminary_contest_data/userFeature.csv'):
    user_feature=pd.read_csv('data/preliminary_contest_data/userFeature.csv')
else:
    userFeature_data = []
    with open('data/preliminary_contest_dataa/userFeature.data', 'r') as f:
        for i, line in enumerate(f):
            line = line.strip().split('|')
            userFeature_dict = {}
            for each in line:
                each_list = each.split(' ')
                userFeature_dict[each_list[0]] = ' '.join(each_list[1:])
            userFeature_data.append(userFeature_dict)
            if i % 1000000 == 0:
                print(i)
        user_feature = pd.DataFrame(userFeature_data)
        user_feature.to_csv('data/preliminary_contest_data/userFeature.csv',
            index=False)
```

将原始数据转换成 pandas.dataframe 格式后，分析就变得很方便了，由于字段过多，这里只截图展示部分字段，如图 13.7 所示。其中除了用户标识 uid 之外，其他字段均为用户属性，用户属性又分为单变量属性和多变量属性，age、gender、marriageStatus、education、consumptionAbility、LBS 是每个用户只有一个取值的单变量属性，interest2、interest5、kw2 是每个用户会有多个取值的多变量属性。对多变量属性的处理会借助自然语言处理相关的算法，这将在 13.3 节中着重讲解。

	uid	age	gender	marriageStatus	education	consumptionAbility	LBS	interest2	interest5	kw2
0	72068206	4	2	10	1	1	317.0	79 6	77 53 109 30 6 59	15215 80808 114283 71854 34525
1	44661871	5	1	11	7	1	458.0	NaN	77 52 100 72 131 37 116 4 79 71 109 8 69 41 6 ...	15571 92783 34154 33457 31671
2	3036658	3	1	11	7	1	682.0	47 22 58 24 79 73 9 46 32 70 20 6 33 50 49 30 ...	100 72 80 131 37 116 108 79 29 8 113 6 132 42 ...	11395 79112 82720 87384 56195

图 13.7　用户基本特征的展示

13.2.5　数据集特征拼接

熟悉了训练集、测试集、广告属性、用户信息之后，参赛者就可以明确了解这几个表格文件之间的关系，即以训练集和测试集的 ID 列为基础，对广告属性与用户信息进行关联，形成常规意义上的带有 ID 列与标签的特征宽表，除了多变量属性特征可能还需要额外处理之外，其余特征可以直接用于建模。

由于原始数据相对较大，对于部分刚入门的参赛者来说，可能手上还没有足够的算力资源，因此为了方便参赛者快速理解并且运行成功 demo，本书在这一环节对训练集与测试集进行了 1% 的随机采样，使得大数据问题转换为小数据问题，参赛者能够快速进行相关的数据探索、特征工程以及模型搭建。此处方案确定后，如果有足够的资源，就可以进行全量数据建模。下面是随机采样和数据拼接的代码实现：

```
train = train.sample(frac=0.01, random_state=2020).reset_index(drop=True)
test1 = test1.sample(frac=0.01, random_state=2020).reset_index(drop=True)
```

```
test1['label'] = -2
# 从中取出现有训练集与测试集的用户信息
user_feature = pd.merge(train.append(test1), user_feature,
    how='left', on='uid').reset_index(drop=True)

# 拼接广告信息
data = pd.merge(user_feature, ad, how='left', on='aid')

# 进行标签的转换，方便区分训练集与测试集
data['label'].replace(-1, 0, inplace=True)
data['label'].replace(-2, -1, inplace=True)
```

同时，为了建模方便，需要将样本标签中代表负样本的 –1 用 0 代替，同时记录测试集的真实标签，以便后续建模进行验证对比，标签分布展示见图 13.8。

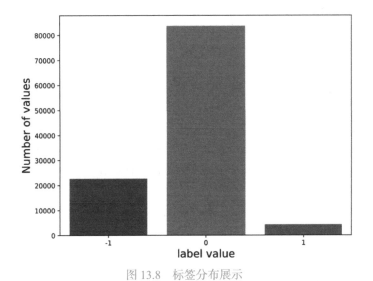

图 13.8　标签分布展示

然后根据特征的单变量、多变量属性对特征类别进行区分，区分方法如下：

```
cols = train.columns.tolist()
cols.sort()
se = train[cols].dtypes
# 多变量特征
text_features = se[se=='object'].index.tolist()
# 单变量特征
discrete_features = se[se!='object'].index.tolist()
discrete_features.remove('aid')
discrete_features.remove('uid')
discrete_features.remove('label')
```

最后可以得出，数据集的多变量特征 text_features 共有 16 个，分别为 appIdAction、appIdInstall、ct、interest1、interest2、interest3、interest4、interest5、kw1、kw2、 kw3、marriageStatus、os、topic1、topic2、topic3；单变量特征 discrete_features 则有 14 个，分别为 LBS、adCategoryId、advertiserId、age、campaignId、carrier、consumptionAbility、creativeId、creativeSize、education、gender、house、productId、productType。由于对不同类型特征的处理方式具有很大的差异，因此进行简单的区分有便于后面开展更加高效的工作。

13.2.6   基本建模思路

通过简单的数据探索以及表格文件的拼接处理，参赛者应该可以感知到这个数据结构是十分清晰的，其实就两类特征，即多变量文本特征 text_features 与单变量离散特征 discrete_features，因此本章将考虑一种新颖的建模思路，即引入可以直接支持 text_features 的 CatBoost 模型进行建模。

13.3   特征工程

本节将在数据探索的基础之上，进行一些特征提取，本次竞赛的数据极具代表性，除了 ID 列和标签列以外，其余列均为特征列，而且这里的特征列均为离散列，包含多变量特征与单变量特征两种。这种数据组织形式与第 8 章的组织形式是两种典型的场景，第 8 章的原始数据是用户的一些行为记录，在建模之前需要进行相应的特征设计与提取。当然并不是说本章的实战案例就不需要特征设计与提取了，只是在这里的特征工程会和第 8 章的有一些不同。本节将以 2018 腾讯广告算法大赛的数据为例，介绍另一套常用的特征设计与提取方案，其中经典特征与业务特征均是对单变量字段的信息进行提取处理，而文本特征则针对的是多变量字段。

13.3.1   经典特征

直观来讲，普通模型（比如 LR、RF、GDBT 等）在训练时没办法区分和处理单变量离散特征，因此需要对这类特征进行变换，使其能够被具有大小意义的连续列表征，继而采用模型进行量化区分与学习。本节将介绍三类常见统计特征的含义以及提取方式。

- count 特征

这是一种简单的计数特征，可以衡量某个单变量离散字段的出现频次，表示样本的某个属性是属于大众还是偏小众，通常使用 pandas.series 的 value_counts() 方法进行频次统计，count 编码特征与 13.3.3 节介绍的用于多变量字段的 countVectorizer 相对应，在长尾分布等数据取值分布中体现得最为明显。体现在本次竞赛中，count 编码特征被称为曝光量特征，既可以是单个字段的曝光量，也可以是多个字段的组合的高阶曝光量。下面以本次数据集中的部分单变量特征字段为例，给出原始输入数据以及输出的曝光量特征。

如图 13.9 展示的是部分输入数据：

	uid	LBS	adCategoryId	advertiserId	age	campaignId
0	10971433	108.0	21	10055	1	86429
1	7657617	431.0	81	2509	2	141893
2	39031487	72.0	142	8203	1	37818
3	3671870	312.0	27	327	5	5616
4	81984219	399.0	142	5459	1	7527

图 13.9 训练集原始输入数据

如图 13.10 展示的是部分输出数据：

	exposure_LBS	exposure_adCategoryId	exposure_advertiserId	exposure_age	exposure_campaignId
0	150	18787	455	26029	92
1	885	105	105	25245	105
2	1815	2009	3781	26029	1271
3	147	13193	2448	26179	2210
4	254	2009	798	26029	144

图 13.10 输出的曝光量特征

以 exposure_age 字段为例，年龄 age 的取值样例有 1、2、5，对应的数量分别为 26029、25245、26179，其余字段含义相似。exposure_age_and_gender 则是 age 与 gender 的组合计数。计算单变量的曝光量特征只需用到一个单变量特征字段，计算二阶以上的曝光量特征则需要用到两个单变量特征字段。这样，原本不具有大小关系的取值被映射成了数量值，在直观上就能代表用户在比如年龄这一维度是属于大众还是偏小众，参赛者应该能想到在一定程度上这可以反映用户的年龄区分度，在此基础上甚至还可以计算三阶及以上的特征，当然容易导致维度爆炸，这也是自然语言处理领域有关文本特征提取的 N-Gram 算法的精髓。

- nunique 特征

第二类特征是属性值个数特征 nunique，指的是两个单变量字段相交后属性值的个数，这两个单变量可以有包含关系，也可以相互独立。通常来说，当两个单变量具有包含关系且不同分支之间的属性值个数差异较大时，建模效果比较明显。举个例子，若用户的地理位置属性，即 LBS 中含有脱敏的城市 ID 与地铁线路信息，由于一般认为地铁线路多的城市，经济更繁华，人口可能也更多，因此就可以给用户增加额外的由地理位置属性挖掘出的信息。

输出的 nunique 特征如图 13.11 所示，观察其中的 **nunique_adCategoryId_in_LBS** 特征列，在某种程度上此列能够反映不同 LBS 的 **adCategoryId** 分布范围。这是在 **adCategoryId** 层面对 LBS 进行的表征，反过来也可以从 LBS 层面对 **adCategoryId** 进行表征。然而这部分信息同样只是一阶表达，不管是这类特征的包含项，还是被包含项都可以进行更高阶的延伸。

	nunique_adCategoryId_in_LBS	nunique_advertiserId_in_LBS	nunique_age_in_LBS	nunique_campaignId_in_LBS	nunique_carrier_in_LBS
0	25	44	5	59	4
1	36	70	5	116	4
2	36	72	6	123	4
3	18	32	5	49	4
4	27	50	5	81	4

图 13.11 输出的 nunique 特征

- ratio 特征

结合上面在 count 编码特征部分提到的构造二阶特征时两个特征之间的交互，可以构造 ratio 特征。count 编码特征与 nunique 特征的计算结果取值均为整数，和这两个不同，计算 ratio 特征得到的值为 0 和 1 之间的小数。如果说 nunique 特征能够反映特征的分布范围影响，那么 ratio 特征则可以反映占比程度，或者说偏好程度。

13.3.2 业务特征

在 13.3.1 节介绍了 count 编码、nunique 和 ratio 三种经典特征，本节将结合本次赛题介绍另一种需要用到标签的统计特征，即业务特征。这个特征在分类模型里面都有可能会用到，实际上是每个离散字段的不同取值的标签分布比例，体现到本次竞赛，便是点击率。

- 点击率特征

在介绍点击率特征之前，首先要明确过拟合以及泄露这两个概念。过拟合是指模型在训练时对训练集学习过度，导致其泛化性能较差，在训练集与测试集的分布特别是特征与标签的联合分布差异较大时，泛化性尤其差。泄露是指模型在训练时，特征里面掺杂了标签信息，导致在某种程度上标签化为了特征的一部分，因此模型在学习时效果极佳，然而问题是测试集的标签是未知的且可能存在分布差异，这同样会导致模型的泛化性能不佳甚至极差，也会导致过拟合。因此，在使用标签进行相关特征的提取和处理时要极度小心，既要加强特征对标签的表达，又不能使表达过度，这会导致标签信息的过拟合和泄露。

为了在一定程度上避免标签泄露，可以借鉴五折交叉验证的思想进行交叉点击率统计，这样得到的每个样本的点击率特征就未使用其标签的信息。具体算法步骤如下：

(1) 将训练集随机分成 *n* 等份；

(2) 第 (1) 步得到的每一份训练集对应的点击率特征都由其余 *n*–1 份训练集进行统计映射，同时得到一个测试集的点击率特征映射结果；

(3) 第 (2) 步完成后，可以得到整个训练集对应的点击率特征，同时对 *n* 次不同的 *n*–1 份训练集对测试集的点击率特征映射结果取均值，就能得到测试集对应的点击率特征。

接下来给出具体的实现代码，需特别注意此处仅给出了一阶点击率特征，即直接对原始类别特征进行构造，没有给出构造类别特征交叉组合后的点击率特征。

```python
# 步骤1
n_parts = 5
train['part'] = (pd.Series(train.index)%n_parts).values

for co in cat_features:
    col_name = 'ctr_of_'+co
    ctr_train = pd.Series(dtype=float)
    ctr_test = pd.Series(0, index=test.index.tolist())
    # 步骤2
    for i in range(n_parts):
        se = train[train['part']!=i].groupby(co)['label'].mean()
        ctr_train = ctr_train.append(train[train['part']==i][co].map(se))
        ctr_test += test[co].map(se)

    train_df[col_name] = ctr_train.sort_index().fillna(-1).values
    test_df[col_name] = (ctr_test/5).fillna(-1).values
```

13.3.3　文本特征

前面两节介绍了有关单变量离散字段的一些特征提取方式，然而本章介绍的竞赛中还有一类是多变量离散字段，如兴趣、关键词和主题等，如何对这类字段进行处理和特征工程也是非常值得探讨的一点，本节将引入自然语言处理的相关算法，将这类字段当作文本特征进行处理。图 13.12 展示了兴趣字段。

	uid	interest1
0	10971433	70 86 109 76 45 28 29 49 5 18 72 36 11
1	7657617	70 100 47 76 28 33 106 29 59 49 27 7 9 17 56 3...
2	39031487	70 109 76 48 28 106 49 122 6 119 5 17 56 116 3...
3	3671870	70 76 59 49 36 11
4	81984219	109 59 49 89 111

图 13.12　多值特征 interest1

下面给出提取文本特征前的基本准备工作，主要是导入库和初始化数据集：

```
from scipy import sparse
from sklearn.feature_extraction.text import CountVectorizer, TfidfVectorizer
from sklearn.preprocessing import OneHotEncoder,LabelEncoder
from sklearn.decomposition import TruncatedSVD
train_sp = pd.DataFrame()
test_sp = pd.DataFrame()
```

先介绍 scipy 库的稀疏矩阵结构，这是一种不同于 pandas.DataFrame() 的数据存储方式，稀疏矩阵特点在于它的总维度很高，但是每个用户只在其中一小部分存在取值，因此在保持超高维度的同时又不会占用过多的内存。接下来将从三个方面生成稀疏矩阵特征。

- OneHotEncoder

OneHotEncoder 也叫独热编码，是指对单变量离散字段进行编码处理，形成稀疏矩阵结构。简单来说，就是把一个唯一值个数为 n 的单变量离散字段变成 n 维的 0、1 向量，然后存储为稀疏矩阵结构，在这里使用 DataFrame 的格式进行代码实现：

```
ohe = OneHotEncoder()
for feature in cat_features:
    ohe.fit(train[feature].append(test[feature]).values.reshape(-1, 1))

    arr = ohe.transform(train[feature].values.reshape(-1, 1))
    train_sp = sparse.hstack((train_sp, arr))
    arr = ohe.transform(test[feature].values.reshape(-1, 1))
    test_sp = sparse.hstack((test_sp, arr))
```

在经过独热编码后，原本不具有量化大小关系的单变量离散字段就转换成了由 0、1 表示的多个连续字段，可以直接用于逻辑回归模型（LR）之类不直接支持离散字段的模型。

- CountVectorizer

同样地，既然单变量离散字段可以进行 0、1 值连续特征的转换，那么多变量离散字段同样有对应的转换方式，即 CountVectorizer。直观上理解，就是对多变量的每个字段分别进行计数，表示样本在某个取值上的出现次数。当然，本次竞赛数据由于单个用户在如 interest 特征上的多个取值并不会重复，所以转换后的取值依然只是 0 或 1，下面给出具体的实现代码：

```
cntv=CountVectorizer()
for feature in text_features:
    cntv.fit(train[feature].append(test[feature]))
    train_sp = sparse.hstack((train_sp, cntv.transform(train[feature])))
    test_sp = sparse.hstack((test_sp, cntv.transform(test[feature])))
```

- TfidfVectorizer

TfidfVectorizer 是一种和词频有关的统计向量，和 CountVectorizer 的相同之处是特征维度一致，不同之处是 CountVectorizer 计算的是某个属性在不同维度上的数量值，而 TfidfVectorizer 计算的是频率，某个属性的重要性随着它在某个样本中出现的次数成正比增加，但同时会随着它在整个数据集中出现的频率成反比下降。具体代码如下，需要特别注意 **TfidfVectorizer()** 中是包含参数的，只不过这里是默认参数，即不做设定。

```
tfd = TfidfVectorizer()
for feature in text_features:
    tfd.fit(train[feature].append(test[feature]))
    train_sp = sparse.hstack((train_sp, tfd.transform(train[feature])))
    test_sp = sparse.hstack((test_sp, tfd.transform(test[feature])))
```

看到这里，参赛者可能自然而然地会产生一个疑问，那就是本节这样的处理办法无疑会产生超高维度的特征，可能会造成性能上的问题。针对这一风险，除了采用稀疏矩阵作为数据的存储结构之外，还有一种辅助办法便是进行一定程度的降维，去除冗余的极度稀疏的维度或者通过特征变换将特征映射到低维空间，从而实现对计算速度与内存占用的优化。

13.3.4　特征降维

- TruncatedSVD

sklearn（scikit-learn）是一个强大的机器学习 Python 开源包，里面包含各种常用的模块，其中特征分解模块含有多个针对特征降维的算法，用于处理不同种类和形式的特征。本书为了方便参赛者快速熟悉算法流程和技巧，事先对比赛数据（约 10W 量级的数据）进行了采样，然而经过文本特征处理的参赛者会发现其特征维度爆炸到了 25W ＋，这会给建模带来极大的性能挑战，因此可以考虑先进行一定程度的降维。sklearn 包中的 **decomposition** 模块就有对稀疏矩阵结构进行降维的 TruncatedSVD 算子，可以指定主成分的特征数量进行矩阵输出，其用法与文本特征的处理算子类似。下面是 TruncatedSVD 使用方式的代码实现：

```
svd = TruncatedSVD(n_components=100, n_iter=50, random_state=2020)
svd.fit(sparse.vstack((train_sp, test_sp)))

cols = ['svd_'+str(k) for k in range(100)]

train_svd = pd.DataFrame(svd.transform(train_sp), columns = cols)
test_svd = pd.DataFrame(svd.transform(test_sp), columns = cols)
```

除了 SVD 以外，还有很多可以使用的降维方法，比如 PCA（Principal Components Analysis，主成分分析）、LDA（Linear Discriminant Analysis，线性判别分析）和 NMF（Non-negative Matrix Factorization，非负矩阵分解）等，这些方法在具体的降维过程中又存在很大的差异，说明不同降维方法存在共同使用的可能性。

13.3.5　特征存储

需要注意，在竞赛中为了取得更好的成绩，通常会将测试集中的字段信息加入对特征的计算处理，但在实际业务运用中，这种做法是不可能实现的，有的竞赛也会明确要求不能使用测试集的字段信息进行特征工程。经过前几节的特征处理之后，除了原始的数据特征，还生成了其他三个特征文件。如图 13.13 所示为对所有特征文件的描述。

简　　称	训　练　集	测　试　集	特征描述
sample	train_sample.csv	test_sample.csv	原始数据
feature	train_sample_feature.csv	test_sample_feature.csv	exposure+ratio+ nunique+ctr+ labelencoder
sparse	train_sample_sparse.csv	test_sample_sparse.csv	onehotencoder+ countvectorizer+ TfidfVectorizer
svd	train_sample_svd.csv	test_sample_svd.csv	sparse+TruncatedSVD

图 13.13　对特征文件的描述

13.4　模型训练

13.4.1　LightGBM

LightGBM 模型在训练时可以支持类别特征，但前提是需要先进行 LabelEncoder 编码处理。feature（特征）模块包含单变量离散字段的 LabelEncoder，SVD 是降维处理后的多变量离散字段的稀疏矩阵特征，将这两者与 LightGBM 模型结合起来，采用五折交叉验证的方式训练模型，最后模型的验证集评价分数是 0.67922（AUC 指标），测试集评价分数为 0.61864。

可以明显看到训练集有过拟合现象，即测试集评价分数远低于验证集评价分数，有可能是 feature 模块里面的特征过拟合以及 SVD 降维后，信息丢失过于严重造成的。

13.4.2　CatBoost

Catboost 也是最常用的模型之一，因为它直接支持文本特征即多变量字段特征的处理和建模，只用原始数据便可以进行训练和建模。同样是采用五折交叉验证的方式训练模型，其模型的验证集分数是 0.64900, 测试集分数为 0.66501。

13.4.3 XGBoost

CatBoost 能够直接支持文本特征 (text_features) 和类别特征 (cat_features) 的原因是其在模型内部对这些字段进行了稀疏处理。因此可先在外层利用 sklearn 包的相关算子进行处理, 之后再使用 XGBoost 进行建模, 其模型的验证集分数是 0.67905, 测试集分数为 0.67671。

13.5 模型融合

13.5.1 加权融合

按照测试集的分数进行简单的加权融合, 具体计算方式为 RandomForest 结果 $\times 0.2$ + LightGBM 结果 $\times 0.3$ + XGBoost 结果 $\times 0.5$, 其模型的验证集分数是 0.68147, 测试集分数为 0.68208。可以看到加权融合的效果还是比较明显的, 同时还不需要复杂的操作。

13.5.2 Stacking 融合

Stacking 结构可选择性是比较多的, 在本赛题中, 我们选择以 LightGBM 和 XGBoost 模型的验证结果和预测结果作为特征值, CatBoost 模型则作为最终模型, 进行训练、预测, 这是因为 CatBoost 模型即使在只利用原始特征的情况下, 也能获得不错的预测效果, 具备比较强的预测能力。Stacking 融合作为经常被用到的部分, 下面将具体展现其具备通用性的实现代码:

```
def stack_model(oof_1, oof_2, oof_3, pred_1, pred_2, pred_3, y, eval_type='regression'):
    # oof_1、oof_2、oof_3 为三个模型的验证集结果
    # pred_1、pred_2、pred_3 为三个模型的测试集结果
    # y 为训练集真实标签, eval_type 为任务类型
    train_stack = np.vstack([oof_1, oof_2, oof_3]).transpose()
    test_stack = np.vstack([pred_1, pred_2, pred_3]).transpose()

    from sklearn.model_selection import RepeatedKFold
    folds = RepeatedKFold(n_splits=5, n_repeats=2, random_state=2020)

    oof = np.zeros(train_stack.shape[0])
    predictions = np.zeros(test_stack.shape[0])

    for fold_, (trn_idx, val_idx) in enumerate(folds.split(train_stack, y)):
        print("fold n° {}".format(fold_+1))
        trn_data, trn_y = train_stack[trn_idx], y[trn_idx]
        val_data, val_y = train_stack[val_idx], y[val_idx]
        print("-" * 10 + "Stacking " + str(fold_) + "-" * 10)
        clf = BayesianRidge()
        clf.fit(trn_data, trn_y)
```

```
        oof[val_idx] = clf.predict(val_data)
        predictions += clf.predict(test_stack) / (5 * 2)

    if eval_type == 'regression':
        print('mean: ',np.sqrt(mean_squared_error(y, oof)))
    if eval_type == 'binary':
        print('mean: ',log_loss(y, oof))

    return oof, predictions
```

其中 oof_1、oof_2、oof_3 分别为三个模型的验证集结果，pred_1、pred_2、pred_3 为三个
模型的测试集结果。作为通用的 Stacking 框架，这里不对三个模型做具体约束。将这两部分分
别拼接起来得到，仅有三个特征列的训练集和测试集，然后将训练集喂入 BayesianRidge 模型中
训练，并预存最终结果。

最终模型验证集分数为 0.70788，测试集分数为 0.67445，可以看到 Stacking 融合的线下分
数通常更高，但是在测试集上往往因为过拟合等原因无法得到一致的提升结果。

13.6　赛题总结

13.6.1　更多方案

- GroupByMean

前面通过组合单变量离散字段与标签提取点击率特征，由这点可以想到，将多变量离散字
段稀疏矩阵化后得到的是类似于标签的 0、1 列，因此可以考虑统计单变量离散字段在某个多变
量离散字段中取值的均值，即 groupby(cat_features)[text_features].mean()，比如统计在
age 取值为 5 的人群中，interest1 的兴趣 ID 为 109 的人数占比。

- N-Gram

在提取 CountVectorizer 特征的时候，本书采用了默认的参数，即 ngram=(1,1)，还没有尝
试采取更高阶的 N-Gram 进行统计，高阶的 N-Gram 本质上是增加了一层特征组合，使得属于同
一个多变量离散字段的信息捆绑在了一起，比如标识出了哪些人同时喜欢跑步与骑自行车。

- 图嵌入

这类方式主要用来提取 uid 或者 aid 等类别的向量表征，可以很好地从图结构中挖掘用户
和广告信息，那些在图中具有同质性或者同构性的 uid 或者 aid 也能被嵌入向量表示出来。如
图 13.14 所示，为 DeepWalk 的两种嵌入向量提取方式。

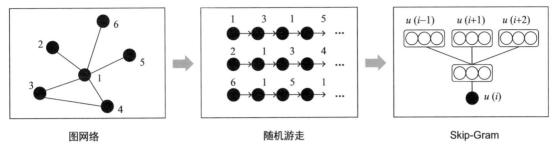

图 13.14　提取嵌入向量的流程

13.6.2　知识点梳理

- 特征工程

在特征工程方面，本章从经典特征、业务特征以及文本特征三个方面介绍了常见的特征提取办法。其中经典特征主要是单变量离散字段之间的交互统计，包括 count 编码、nunique 与 ratio 特征三种；业务特征部分介绍了行业场景与领域知识结合的点击率特征，这也是需要结合标签去构建的特征；文本特征部分介绍了几种不同的稀疏矩阵生成方式，这部分在处理大规模单变量与多变量离散字段时尤其有用。

- 建模思路

本章的赛题代表了一种典型的数据组织形式与表格数据结构，针对这类数据可以抽象出相对通用的特征工程方法，这也是本书采取这个赛题进行计算广告的案例讲解的一方面原因。另一方面，本次赛题是以用户和广告同时作为建模对象，尝试对它们进行合理地匹配，Lookalike 的原理是通过以往广告的营销结果，找到潜在的、和点击该广告的用户相似的用户，从而达到广告的持续曝光与点击，所以重点要放在寻找用户之间的相似性上面，尤其是在各个维度上的联合相似度。遗憾的是，机器学习受限于特征工程，并不能取得最好的效果，而深度学习神经网络能在文本字段上进行嵌套组合和非线性函数拟合，因此本次竞赛中，神经网络模型的表现较佳。

13.6.3　延伸学习

本次大赛要求参赛者在提交结果中提供测试集中各种子人群的候选用户属于该种子人群的得分（得分越高说明候选用户是某个种子人群潜在的拓展用户的可能性越大），那么是否可以把用户点击某个广告的概率看作点击率预估问题。这与 2017 腾讯广告算法大赛是非常相似的，基本的特征构造方式以及模型选择都是相同的，不同之处在于 2018 腾讯广告算法大赛的用户行为序列中没有时间相关的信息，这就缺少了很多时间相关的特征，当然这也是 Lookalike 的业务所致。

- 2017 腾讯广告算法大赛——移动 App 广告转化率预估

计算广告是互联网最重要的商业模式之一，广告投放效果通常通过曝光、点击和转化环节来衡量，大多数广告系统受广告效果数据回流的限制只能通过曝光或点击作为投放效果的衡量标准开展优化。腾讯社交广告（Tencent Social Ads）发挥其特有的用户识别和转化跟踪数据能力，帮助广告主跟踪广告投放后的转化效果，基于广告转化数据训练转化率预估模型（pCVR，Predicted Conversion Rate），在广告排序中引入 pCVR 因子优化广告投放效果，提升 ROI。本赛题以移动 App 广告为研究对象，预测 App 广告点击后被激活的概率：pCVR=P(conversion=1 | Ad,User,Context)，即在给定广告、用户和上下文的情况下预测广告在点击后被激活的概率。业界一直比较重视对广告点击转化（CTR）的研究，而且目前应用相对成熟，腾讯本次竞赛对广告转化率（CVR）进行预估算是独出心裁，该次比赛无论是在学术研究还是业界应用领域都有较高的研究价值。

基本思路： 2017 年的腾讯算法大赛是比较早的 CTR 比赛，很多方法都值得借鉴，其中不乏经典的操作。在模型方面，大多数选手都是选择树模型和 FFM 模型，然后结合各式各样的 Stacking 组合得到最终的结果。在那个时代，对于广告点击预测使用的模型还是比较单一的，毕竟现在的 DeepFM、xDeepFM、AFM 等都是之后才出来的。

特征构造方面，也都比较类似，比如都含有基础特征、用户类别特征、广告类特征、上下文特征、交互特征和其他特征。这里的重点是其他特征，可以称之为 trick 特征，具体包含当天用户重复点击一次转化、当天重复样本（特征变量一致）的第一条与最后一条的时间差、当天重复样本按时间排序。

$$p = f(\frac{f^{-1}(0.1) + f^{-1}(0.15) + f^{-1}(0.08)}{3}) = 0.1067 \tag{13-1}$$

冠军选手的方案在模型方面有很大的创新，除了树模型、wide&deep 和 PNN 以外还使用了改进创新的 NFFM 模型，并且单模成绩高于线上第三名的成绩。最终使用的模型融合方式是加权平均融合，不过是在进行了 logit 逆变化后融合的。具体地，首先将各个模型的结果代入到 sigmoid 反函数中，然后得到均值结果，最后对均值结果使用 sigmoid 函数。相较于普通的加权平均，这种方法更适合于结果具有较小差异的情况。

```python
# sigmoid 函数
def f(x):
    res = 1 / ( 1 + np.e ** ( -x ) )
    return res
# sigmoid 反函数
def f_ver(x):
    res = np.log( x / ( 1 - x ) )
    return res
```

第14章

实战案例: TalkingData AdTracking Fraud Detection Challenge

本章将基于 2018 年 Kaggle 竞赛平台中一道经典的广告点击流量反欺诈赛题，即 TalkingData AdTracking Fraud Detection Challenge 展开（如图 14.1 所示），这也将作为计算广告相关问题的第二道实战案例，主要内容包括赛题理解、数据探索、特征工程、模型训练和赛题总结。其实在挑选赛题的时候，几位作者讨论了很多次，因为广告领域不仅核心技术点很多，可选择的赛题也是非常之多。最终我们以数据质量、可覆盖知识点、赛题热度作为主要选择条件，确定了这道赛题。

图 14.1　TalkingData AdTracking Fraud Detection Challenge 赛题主页

14.1　赛题理解

14.1.1　背景介绍

欺诈风险无处不在，对于在网上做广告的公司而言，则可能会发生大量点击欺诈事件，从而导致大量异常点击数据并浪费金钱，能够识别欺诈点击可以大大降低成本。在中国，每个月有超过 10 亿的智能移动设备在使用。

TalkingData 是比较大的独立大数据服务平台，覆盖全国 70%以上的移动设备，每天处理 30 亿次点击事件，其中 90%可能是具有欺诈性的。当前该平台为 App 开发人员提供的防止点击欺诈的方法是衡量用户在其产品组合中的点击过程，并对那些产生大量点击事件但最终从未安装过 App 的 IP 地址进行标记。利用这些信息，开发人员已经建立了 IP 地址黑名单和设备黑名单。

TalkingData 还希望反欺诈工作能够始终领先于欺诈者的行为，于是向 Kaggle 社区发起了算法挑战赛，以进一步开发解决方案。在与 Kaggle 合作的第二场竞赛中，选手面临的挑战是要构造一种算法，该算法可以预测用户在点击 App 的广告后是否会下载该 App。为支持选手建模，主办方提供了一份涵盖 4 天，包含约 2 亿次点击事件的数据集。

14.1.2　赛题数据

本赛题提供了样本量为近 1.9 亿的训练数据，包括从 2017 年 11 月 6 日至 2017 年 11 月 9 日之间的数据，每条数据记录均为一次广告点击事件。训练集中包含的变量（特征）如下。

- ❑ ip：产生点击事件的 IP 地址；
- ❑ app：广告商提供的 App ID；
- ❑ device：用户的移动设备 ID；
- ❑ os：用户移动设备的操作系统版本 ID；
- ❑ channel：广告投放渠道 ID；
- ❑ click_time：点击时间（UTC 时间），格式为 yyyy-mm-dd hh:mm:ss；
- ❑ attributed_time：若用户点击后下载了 App，那这就是下载 App 的时间；
- ❑ is_attributed：用户点击后是否下载了 App，这是目标变量。

14.1.3　评价指标

竞赛要求参赛者提交用户最终下载 App 的概率，并以此计算 AUC 值，作为评判标准。

14.1.4　赛题 FAQ

Q 初步看到的原始数据集大小达到了 4 GB，这会给竞赛带来哪些难点呢？

A 在实际竞赛中，数据集过大往往会对操作造成限制。如果内存配置不够，不仅数据集难以全部加载成功，在构造特征时也得十分节约地使用内存；在写代码时要优化着写，不然一不小心就会爆内存，或者代码运行了好几个小时还没有结束；在训练模型的时候也会受很大限制，比如模型的参数不能再调整得那么随意了，学习率、迭代次数、早停部分的确定都得考虑时间的损耗；还有就是验证方式，五折交叉验证变得相当费事，采用留一法会更加高效。

Q 若正负样本的分布极其不平衡，该怎么办？

A 这也是推荐广告领域一个常见的问题，一般的解决办法是进行数据采样，其中最常用的是随机采样，细化到样本分布不平衡问题，则是随机负采样。具体地，随机采样一定百分比的负样本数据，然后用这部分负样本数据和完整的正样本数据来完成特征提取与最终的模型训练。需要特别注意，在模型融合阶段，先用不同比例的负样本数据训练模型并预测，再进行集成往往会得到意想不到的效果。

14.1.5　baseline 方案

有了 14.1.2 节介绍的初步属性，就可以开始基本的建模工作，初期构造的 baseline 方案不需要太复杂，只要能给出一个正确的结果即可。

- 数据读取

读取数据的相关代码如下：

```
import gc
import time
import numpy as np
import pandas as pd
from sklearn.model_selection import train_test_split
import xgboost as xgb


path = './input/'
train_columns = ['ip', 'app', 'device', 'os', 'channel', 'click_time', 'is_attributed']
test_columns  = ['ip', 'app', 'device', 'os', 'channel', 'click_time', 'click_id']
dtypes = {'ip' : 'uint32', 'app' : 'uint16', 'device' : 'uint16', 'os' : 'uint16',
    'channel' : 'uint16', 'is_attributed' : 'uint8', 'click_id' : 'uint32'}
train = pd.read_csv(path+'train.csv', usecols=train_columns, dtype=dtypes)
test = pd.read_csv(path+'test_supplement.csv', usecols=test_columns, dtype=dtypes)
```

在读取数据时有个技巧性的操作，即优化内存。如果直接读取表格数据，那么整型列默认为 int64，浮点型列默认为 float64，对那些处在 –128 和 127 之间的整型数值来说，这显然是非常浪费空间的，这里通过优化内存解决了这个问题。

- 准备数据

首先合并训练集和验证集，在这之前删除多余的变量，以保证合并的时候不会出错，具体操作代码如下：

```
# 训练集
y_train = train['is_attributed'].values
# 删除多余变量
del train['is_attributed']
sub = test[['click_id']]
```

```
del test['click_id']
# 合并训练集与测试集
nrow_train = train.shape[0]
data = pd.concat([train, test], axis=0)
del train, test
gc.collect()
```

特别需要注意的是，由于内存空间有限，在训练集和测试集合并后务必删除原始训练集和测试集，然后使用 gc.collect() 释放内存。

- 特征提取

对于本章所讲的这类问题，简单的统计特征可以发挥具大的作用，因为这些特征具有很强的业务意义，比如 count 编码特征可以反映热度或活跃程度、nunique 特征可以反映某类变量的广泛程度，以及 ratio 特征可以描述范围比例等。接下来简单构造 count 编码特征作为基本特征的一部分，还有点击时间特征 click_time，可以对此特征进行多种类型的转换，代码如下：

```
for f in ['ip','app','device','os','channel']:
data[f+'_cnts'] = data.groupby([f])['click_time'].transform('count')

data['click_time'] = pd.to_datetime(data['click_time'])
data['days'] = data['click_time'].dt.day
data['hours_in_day'] = data['click_time'].dt.hour
data['day_of_week'] = data['click_time'].dt.dayofweek

train = data[:nrow_train]
test = data[nrow_train:]
del data
gc.collect()
```

- 模型训练

训练模型的相关代码如下：

```
params = {  'eta': 0.2,
    'max_leaves': 2**9-1,
    'max_depth': 9,
    'subsample': 0.7,
    'colsample_bytree': 0.9,
    'objective': 'binary:logistic',
    'scale_pos_weight':9,
    'eval_metric': 'auc',
    'random_state': 2020,
    'silent': True }
trn_x, val_x, trn_y, val_y = train_test_split(train, y_train, test_size=0.2,
    random_state=2020)
dtrain = xgb.DMatrix(trn_x, trn_y)
dvalid = xgb.DMatrix(val_x, val_y)
del trn_x, val_x, trn_y, val_y
gc.collect()
```

```
watchlist = [(dtrain, 'train'), (dvalid, 'valid')]
model = xgb.train(params, dtrain, 200, watchlist, early_stopping_rounds = 20,
    verbose_eval=10)
```

作为 baseline 方案,这里并没有构造太多特征,在模型训练方面,为了能够快速得到结果反馈,直接将数据按照 8∶2 分为了两部分,学习率也调得比较高,同样是为了能在短时间内得到结果。图 14.2 为模型训练过程中的分数反馈,需主要关注 valid-auc 的分数,然后使用训练得到的模型预测测试集结果,最后得到线上分数。

```
[0]     train-auc:0.963463      valid-auc:0.962897
Multiple eval metrics have been passed: 'valid-auc' will be used for early stopping.

Will train until valid-auc hasn't improved in 20 rounds.
[10]    train-auc:0.969029      valid-auc:0.968335
[20]    train-auc:0.971793      valid-auc:0.970815
[30]    train-auc:0.974514      valid-auc:0.972974
[40]    train-auc:0.976252      valid-auc:0.973998
[50]    train-auc:0.977784      valid-auc:0.974714
[60]    train-auc:0.978459      valid-auc:0.975059
[70]    train-auc:0.979047      valid-auc:0.975191
[80]    train-auc:0.979595      valid-auc:0.975238
[90]    train-auc:0.980047      valid-auc:0.975299
[100]   train-auc:0.980454      valid-auc:0.975339
[110]   train-auc:0.980931      valid-auc:0.97536
[120]   train-auc:0.981351      valid-auc:0.975342
[130]   train-auc:0.981737      valid-auc:0.975344
Stopping. Best iteration:
[113]   train-auc:0.981055      valid-auc:0.975366
```

图 14.2　XGBoost 训练过程的展示

训练好模型后,需要进行测试集结果的预测,并提交最终结果,实现代码如下:

```
dtest = xgb.DMatrix(test[cols])
sub['is_attributed'] = None
sub['is_attributed'] = model.predict(dtest, ntree_limit=model.best_ntree_limit)
sub.to_csv('talkingdata_baseline.csv', index=False)
```

最终线上私榜分数(Private Score)为 0.96854,线上公榜分数(Public Score)为 0.96566。目前 baseline 方案在私榜的排名是 1995/3946,这样看来提升空间还是非常大的,因此可以定个小目标:努力拿到银牌。本章还将给出更多可以尝试的方向,我们一起往金牌区晋升。

14.2　数据探索

14.2.1　数据初探

● 基础展示

图 14.3 展示了训练集数据,便于快速了解数据集内部结构组成。

	ip	app	device	os	channel	click_time	is_attributed
0	83230	3	1	13	379	2017-11-06 14:32:21	0
1	17357	3	1	19	379	2017-11-06 14:33:34	0
2	35810	3	1	13	379	2017-11-06 14:34:12	0
3	45745	14	1	13	478	2017-11-06 14:34:52	0
4	161007	3	1	13	379	2017-11-06 14:35:08	0

图 14.3   训练集数据的展示

- 标签分布

构建标签分布的条形图可视化实现代码：

```
plt.figure()
fig, ax = plt.subplots(figsize=(6,6))
x = train['is_attributed'].value_counts().index.values
y = train["is_attributed"].value_counts().values
sns.barplot(ax=ax, x=x, y=y)
plt.ylabel('Number of values', fontsize=12)
plt.xlabel('is_attributed value', fontsize=12)
plt.show()
```

首先观察标签分布，如图 14.4 所示，能够看出训练集的标签正负样本分布极其不平衡，正样本占比约为 0.247%，甚至连百分之一都没有到。在 14.4 节会对标签分布不平衡的问题进行优化处理，通常是对负样本进行欠采样，对正样本进行过采样。在大规模的数据集中，对负样本进行欠采样是最常用的选择，能够解决性能问题。

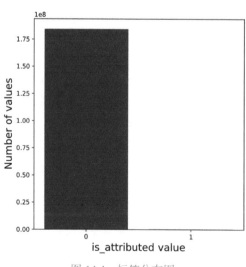

图 14.4   标签分布图

- 变量分布

接下来观察下其余特征变量的基本分布情况,如图 14.5 所示。此处主要展示特征变量 ip、app、device、os 和 channel 的唯一值个数,其余的单变量分析在 14.2.2 节。

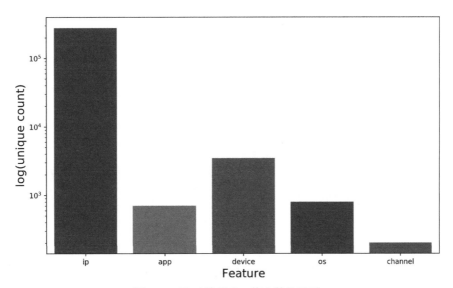

图 14.5　取对数后唯一值个数的展示

14.2.2　单变量分析

- 单变量的属性分布

了解单变量的属性分布有助于我们对特征建立基本认识。本赛题涉及的主要为类别特征,一般会观察每个属性的 count 分布。

首先分析 IP 地址,下面是生成下载量最高的 10 个 IP 地址可视化图的实现代码:

```
tmp = train.groupby('ip').is_attributed.sum()
data_plot = tmp.nlargest(10).reset_index()
data_plot.columns=('IP', 'Downloads')
data_plot.sort_values('Downloads', ascending = False)
plt.figure(figsize = (8,5))
sns.barplot(x = data_plot['IP'], y = data_plot['Downloads'])
plt.ylabel('Downloads', fontsize=16)
plt.xlabel('IP', fontsize=16)
plt.title('Top 10 bigest downloader', fontsize = 15)
```

生成结果如图 14.6 所示，可以看出下载量排前 10 的 IP 地址差距还是蛮大的。

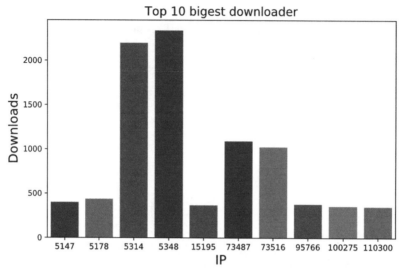

图 14.6   下载量最高的 10 个 IP 地址

另外进行了简单的统计，结果如图 14.7 所示。70% 的 IP 地址只下载了一次（once），18% 的 IP 地址多次下载（multiple times），12% 的 IP 地址一次都没有下载过（no），呈很明显的长尾分布。IP 地址对于模型预测也能起到很大的帮助。

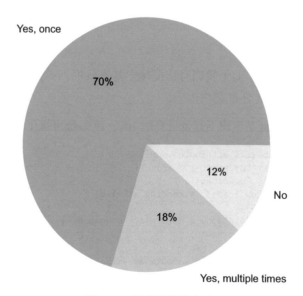

图 14.7   下载量分类占比

扩展考虑

虽然下载量有明显的差异性，可以作为一个不错的特征，但下载量和下载率（预测目标）并不一定是正相关的，比如点击 10 万次、下载 1000 次和点击 200 次、下载 100 次，虽然前者下载量很高，但下载率却远低于后者。所以下载量作为特征是存在一部分偏差的，更为全面的做法是构造点击量和下载率特征，用以辅助模型更好的训练。

同样地，也可以使用类似的方法来分析单变量的其他分布情况，并观察点击量与下载量的关系，或许存在一些 App 平时很少被点击，不过只要有用户点击此 App 基本就会下载。

- 单变量与标签的关系

对比单变量与标签的关系是最能挖掘变量价值的一个操作，变量的属性之间如果存在差异性，即如果 is_attributed 的分布不一致，那么可把此变量视为有价值的特征，否则需要继续深入进行挖掘。接下来通过一段代码分别实现特征变量 app、device、os 和 channel 与标签 is_attributed 的密度分布关系，并进行可视化展示，如图 14.8 所示。

```
cols = ['app','device','os','channel']
train1 = train[train['is_attributed'] == 1][train['day'] == 8]
train0 = train[train['is_attributed'] == 0][train['day'] == 8]

sns.set_style('whitegrid')
plt.figure()
fig, ax = plt.subplots(2, 2, figsize=(16,16))
i = 0
for col in cols:
    i += 1
    plt.subplot(2,2,i)
    sns.distplot(train1[col], label="is_attributed = 1")
    sns.distplot(train0[col], label="is_attributed = 0")
    plt.ylabel('Density plot', fontsize=12)
    plt.xlabel(col, fontsize=12)
plt.show()
```

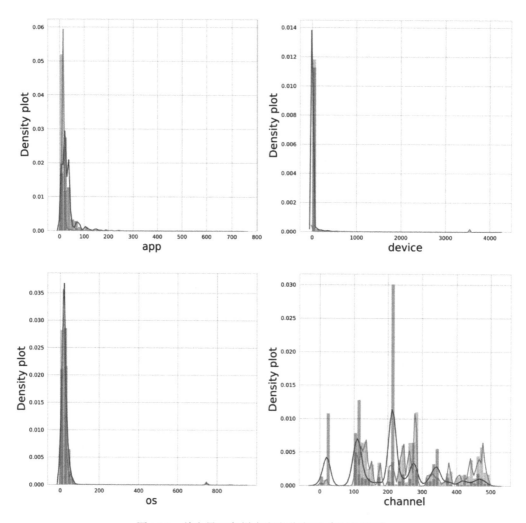

图 14.8　单变量正负样本密度分布图（另见彩插）

由图 14.8 可以看出，四个变量与标签的密度分布存在差异，变量中不同属性间正负样本的占比不同，这也说明特征变量有一定的区分性。

除了以上特征外，时间对于标签的影响往往也是非常大的，比如晚上的 App 下载率和中午的 App 下载率就可能不同。不止是在本赛题中，类似的推荐和广告场景也都会受时间的影响，导致其 CTR、CVR 存在较大的差异。所以，时间也是需要分析的重要对象。

如图 14.9 所示，首先提取天（day）和小时（hour）特征，然后对比 is_attributed 标签的密度分布差异，可以看到天单位下正负样本的密度分布完全吻合，小时单位的密度分布则存在一定差异。

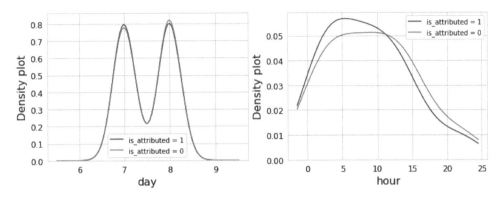

图 14.9　不同时刻正负样本的密度分布图

通过接下来的代码绘制一幅热力图，能够更加直观地展示下载概率随时间发生的变化：

```
grouped_df = train.groupby(["day",
    "hour"])["is_attributed"].aggregate("mean").reset_index()
grouped_df = grouped_df.pivot('day', 'hour', 'is_attributed')

plt.figure(figsize=(12,6))
sns.heatmap(grouped_df)
plt.show()
```

结果如图 14.10 所示，其中横坐标为小时单位，纵坐标为天单位。可以明显看到不同时刻的下载率存在差异，比如 13 点之后的下载率是比较低的（颜色越深表示下载率越低）。另外，还能发现 6 日和 9 日的数据不完整，在这种数据不完整的情况下，构造天单位的 count 等相关特征需要进行特殊处理，比如对数据量按比例修正等。

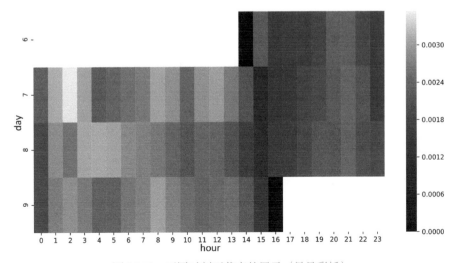

图 14.10　不同时刻下载率的展示（另见彩插）

14.2.3   多变量分析

本节将进行更加复杂的分析工作，结合多个变量探索数据中更多有价值的信息，比如对 ip 与 app 进行组合，这有助于了解不同 ip 下 app 的分布情况。在对多个变量组合之后构造的统计特征，比如 count 相关的特征，可以反映同一个 IP 对不同 App 的偏好程度，这里假设相同组合出现的频次越高，组合间的联系就越密切。如果对 ip、app 和 os 进行组合，所反映的信息也会更加细致，此时的数据粒度也是非常细的。

对多个变量进行组合并统计组合后多变量特征的 count，结果如图 14.11 所示，其中横坐标为频次（count），纵坐标为密度分布（distribution）。可以明显看出与频次相关的多变量组合特征都服从长尾分布，并且在密度分布上，正负样本存在一定的差异。

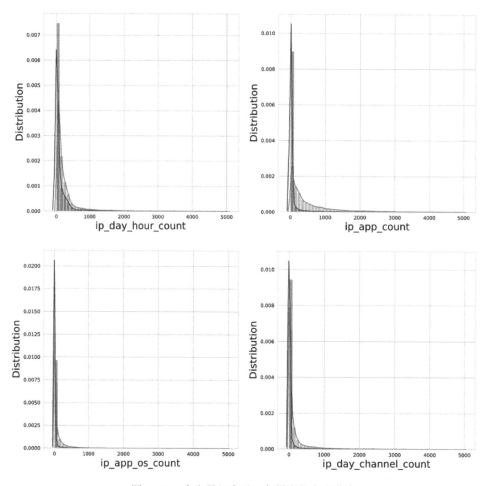

图 14.11   多变量组合后正负样本的密度分布

14.2.4 数据分布

准确了解数据的分布情况对构造特征和数据建模都有很大帮助，在竞赛中经常会碰到线上线下评估分数不一致的情况，此时首先要观察的就是数据分布是否一致，这里的数据具体是指训练集（验证集）和测试集。

先介绍一个概念——协变量偏移，协变量是指模型的输入变量（特征），协变量偏移指的是训练集和测试集中的输入变量具有不同的数据分布，即数据变量发生了偏移。然而我们所期望的是训练集和测试集的输入变量是相同分布的，这也有利于模型的预测。在真实的场景中却很难达到这一点。

比如训练集中含 30% 的 app1、40% 的 app2 和 30% 的 app3，而测试集中含 10% 的 app1、20% 的 app2 和 70% 的 app3，很明显两个数据集中 App 各类别所占的比例不同，即输入变量的分布是不同的，这就是协变量偏移。接下来通过可视化的方式具体分析，如图 14.12 所示。

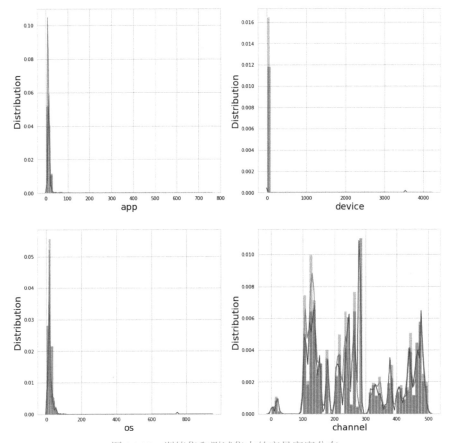

图 14.12　训练集和测试集中的变量密度分布

由图 14.12 能够看出，各变量在训练集上的比例和在测试集上的比例均存在一定差异，尤其是变量 channel。另外，观察变量的密度分布图，可以发现训练集和测试集对应的变量唯一值个数（unique count）也是存在差异的，这说明变量中有很多属性仅存在于训练集中，而测试集中并没有。

如图 14.13 所示，天和小时特征在训练集与测试集上的分布也存在很大的差异，因为两个数据集的时间区间不一致，这是导致差异的主要原因，因此在构造特征时要考虑时间单位带来的影响。

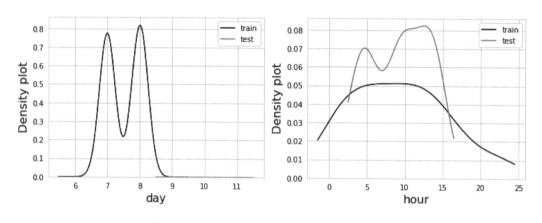

图 14.13　训练集与测试集中的天和小时密度分布

14.3　特征工程

对于 CTR、CVR 相关的问题，能联想到的特征是非常多的，比如不同粒度的统计特征（count、nunique、ratio、rank、lag 等）、目标编码、embedding 特征等，不同粒度则是一阶、二阶或多阶的特征组合。虽然这些丰富的特征各自有其存在的意义和价值，但是本赛题的数据量过于庞大，无法满足所有的特征需求。因此如何从大量特征中选择出重要性高的就显得尤为重要，本节将介绍最核心的四类特征，即统计特征、时间差特征、排序特征和目标编码特征，这些特征都能对最终分数起到巨大的正向作用，同时也是参赛者在竞赛中经常会用到的特征。

14.3.1　统计特征

此处将构造本赛题的核心特征，即统计特征 groupby。具体地，对五个原始类别特征（ip、os、app、channel、device）构造一阶和二阶的组合，然后进行聚合，获取 count、nunique 和 ratio 特征。下面是一阶和二阶特征构造代码，其中提取的一阶特征包含 count 和 ratio，二阶特征包含 count、nunique 和 ratio。

```
# 一阶特征 count、ratio
for f in tqdm(['ip','app','device','os','channel']):
    data[f+'_cnts'] = data.groupby([f])['click_time'].transform('count')
    data[f+'_cnts'] = data[f+'_cnts'].astype('uint32')
    data[f+'_ratio'] = (data[f].map(data[f].value_counts()) / len(data) *
    100).astype('uint8')
# 二阶特征 count
cols = ['ip','app','device','os','channel']
for i in tqdm(range(0, len(cols)-1)):
    for j in range(i+1, len(cols)):
        f1, f2 = cols[i], cols[j]
        data[f1+'_'+f2+'_cnts'] =
            data.groupby([f1,f2])['click_time'].transform('count')
        data[f1+'_'+f2+'_cnts'] = data[f1+'_'+f2+'_cnts'].astype('uint32')
# 二阶特征 nunique 和 ratio
for f1 in tqdm(['ip','app','device','os','channel']):
    for f2 in ['ip','app','device','os','channel']:
        if f1 != f2:
            data[f1+'_'+f2+'_nuni'] = data.groupby([f1])[f2].transform('nunique')
            data[f1+'_'+f2+'_nuni'] = data[f1+'_'+f2+'_nuni'].astype('uint32')

            data[f1+'_'+f2+'_ratio'] = (data.groupby([f1,f2])['click_time'].
                transform('count') / data.groupby([f1])
                ['click_time'].transform('count') * 100).astype('uint8')
```

当然，还可以进行多阶特征组合，以获取不同细粒度的信息，比如对 ip、app 和 device 进行三阶组合。不过这时需要特别注意，构造的特征粒度不能过细，一般太细的特征是不能直接放到模型中的，可以称这类特征为高维稀疏特征，这种特征对应的权重的置信度很低（很多这样的特征组合仅出现一次），一般需要进行转换或者压缩处理。

14.3.2 时间差特征

时间差（time-delta）特征也是本次竞赛的核心特征之一，具体地，可以抽取每个点击事件的前 n 次点击和后 n 次点击之间的时间差作为特征。时间差特征的具体实现代码如下：

```
for cols in [['ip','os','device','app'],['ip','os','device','app','day']]:
    for i in range(1,6):
        data['ct'] = (data['click_time'].astype(np.int64)//10**9).astype(np.int32)

        name = '{}_next_{}_click'.format('_'.join(cols), str(i))
        data[name] = (data.groupby(cols).ct.shift(-i)-data.ct).astype(np.float32)
        data[name] = data[name].fillna(data[name].mean())
        data[name] = data[name].astype('uint32')

        name = '{}_lag_{}_click'.format('_'.join(cols), str(i))
        data[name] = (data.groupby(cols).ct.shift(i)-data.ct).astype(np.float32)
        data[name] = data[name].fillna(data[name].mean())
        data[name] = data[name].astype('uint32')

        data.drop(['ct'],axis=1,inplace=True)
```

那么时间差特征为什么能起作用？首先这种特征可以反映用户的活动频繁程度；其次从业务方面考虑，可以用用户点击 App 的时间差来反映用户下载此 App 的可能性，如果在短时间内多次点击相同 App，那么下载的可能性会比较大。这类特征的提取非常具有技巧性，可以看作是 trick 特征，同时能在很多竞赛中起作用。

根据这种时间差特征，还能构造先后点击的标记特征。用户点击 App 无非分三种：首次点击、中间点击和末次点击。可以想象我们在浏览应用市场时，往往最后一次点击的下载可能性最大。具体实现代码如下：

```
subset = ['ip', 'os', 'device', 'app']
data['click_user_lab'] = 0
pos = data.duplicated(subset=subset, keep=False)
data.loc[pos, 'click_user_lab'] = 1
pos = (~data.duplicated(subset=subset, keep='first')) & data.duplicated(subset=subset,
    keep=False)
data.loc[pos, 'click_user_lab'] = 2
pos = (~data.duplicated(subset=subset, keep='last')) & data.duplicated(subset=subset,
    keep=False)
data.loc[pos, 'click_user_lab'] = 3
```

14.3.3 排序特征

从字面上理解，排序特征有较强的穿越性质，主要是基于用户与 App 第几次交互进行排序。构造排序特征的代码如下：

```
for cols in tqdm([['ip','os','device','app'],['ip','os','device','app','day']]):
    name = '{}_click_asc_rank'.format('_'.join(cols))
    data[name] = data.groupby(cols)['click_time'].rank(ascending=True)

    name = '{}_click_dec_rank'.format('_'.join(cols))
    data[name] = data.groupby(cols)['click_time'].rank(ascending=True)
```

14.3.4 目标编码特征

目标编码特征是直接展现实体信息的特征，即基于目标的概率分布特征。正因为与标签有直接关系，所以在构造目标编码特征时需要避免数据穿越问题。在含有直接时间序列信息的数据集中，统计历史信息作为当前特征；在不含时间序列信息的数据集中，使用常见的 K 折交叉统计即可。构造目标编码特征的代码如下：

```
for cols in tqdm([['ip'], ['app'], ['ip','app'], ['ip','hour'], ['ip','os','device'],
    ['ip','app','os','device'], ['app','os','channel']]):
    name = '_'.join(cols)
    res = pd.DataFrame()
    temp = data[cols + ['day', 'is_attributed']]
    for period in [7,8,9,10]:
```

```
    mean_ = temp[temp['day']<period].groupby(cols)['is_attributed'].mean().
        reset_index(name=name + '_mean_is_attributed')
    mean_['day'] = period
    res = res.append(mean_, ignore_index=True)

data = pd.merge(data, res, how='left', on=['day']+cols)
```

14.4 模型训练

14.4.1 LR

LR 模型一直是点击率预估问题的 benchmark 模型，凭借其简单、易于并行化实现、可解释性强等优点被广泛使用。然而由于线性模型本身的局限，不能处理特征和目标之间的非线性关系，因此模型的预测效果严重依赖于算法工程师的特征工程经验。构建 LR 模型的代码如下：

```
from sklearn.linear_model import LogisticRegression
model = LogisticRegression(C=5, solver='sag')
model.fit(trn_x, trn_y)
val_preds = model.predict_proba(val_x)[:,1]
preds = model.predict_proba(test_x)[:,1]
```

最终，线上私榜分数（Private Score）为 0.82260，线上公榜分数（Public Score）为 0.79545。可以发现在特征相同的情况下，LR 模型的效果很难达到预期要求。不过常把 LR 模型用作 Stacking 融合中的第二层学习器，能够降低过拟合的风险，同时学习特征和目标之间的线性关系。

14.4.2 CatBoost

起初，提出 CatBoost 模型主要是为了解决类别特征问题，是高质量的类别编码和特征交叉能力使其变得流行起来。由于 CatBoost 模型出现得比较晚，可以说是一个年轻的算法，在 2017年下半年才慢慢崭露头角，因此在本次竞赛中并不能看到 CatBoost 的身影。接下来对 CatBoost 进行建模，构建代码如下：

```
from catboost import CatBoostClassifier
params = {'learning_rate':0.02, 'depth':13, 'l2_leaf_reg':10,
    'bootstrap_type':'Bernoulli',
    'od_type': 'Iter','od_wait': 50,'random_seed': 11,'allow_writing_files': False}
clf = CatBoostClassifier(iterations=20000, eval_metric='AUC', **params)
clf.fit(trn_x,trn_y, eval_set=(trn_x, trn_y),
    cat_features=categorical_features,
    use_best_model=True,
    early_stopping_rounds=20,
    verbose=10)
```

最终，线下验证集分数为 0.9850，线上私榜分数（Private Score）为 0.97538，线上公榜分数（Public Score）为 0.97655。

14.4.3 LightGBM

本节选择使用非常稳定的 LightGBM 模型。另外，本赛题的正样本占比为 0.247%，标签分布极其不平衡，因此本节将尝试进行负采样处理，并从实践中判断能否在保证分数基本不变的情况下，使整体训练性能得到提升。

- 全量数据

为了能够获取更高的分数，将进行两次训练，第一次使用第 7 天和第 8 天的数据记录作为训练集，使用第 9 天的数据记录作为验证集；第二次首先从第一次训练中获取到最佳迭代次数，然后使用第 7 天、第 8 天和第 9 天的数据记录作为训练集来训练，并进行最终的预测。具体实现代码如下：

```
trn_x = data[data['day']<9][features]
trn_y = data[data['day']<9]['is_attributed']
val_x = data[data['day']==9][features]
val_y = data[data['day']==9]['is_attributed']

params = { 'min_child_weight': 25,
    'subsample': 0.7,
    'subsample_freq': 1,
    'colsample_bytree': 0.6,
    'learning_rate': 0.1,
    'max_depth': -1,
    'seed': 48,
    'min_split_gain': 0.001,
    'reg_alpha': 0.0001,
    'max_bin': 2047,
    'num_leaves': 127,
    'objective': 'binary',
    'metric': 'auc',
    'scale_pos_weight': 1,
    'n_jobs': 24,
    'verbose': -1,
    }

train_data = lgb.Dataset(trn_x.values.astype(np.float32), label=trn_y,
    categorical_feature=categorical_features, feature_name=features)
valid_data = lgb.Dataset(val_x.values.astype(np.float32), label=val_y,
    categorical_feature=categorical_features, feature_name=features)

clf = lgb.train(params, train_data, 10000,
    early_stopping_rounds=30,
    valid_sets=[test_data],
    verbose_eval=10
    )
```

接下来对训练集和测试集进行合并，因为训练集得到了扩充，所以将最佳迭代次数扩大 1.1倍，最终用训练好的模型对测试集的结果进行预测。

```
trn_x = pd.concat([trn_x, val_x], axis=0, ignore_index=True)
trn_y = np.r_[trn_y, val_y]
# 这里是按列连接两个矩阵，即把两矩阵上下相加，要求列数相等，类似于 pandas 中的 concat()
del val_x
del val_y
gc.collect()
train_data = lgb.Dataset(trn_x.values.astype(np.float32), label=trn_y,
    categorical_feature=categorical_features, feature_name=features)
trees = 400
clf = lgb.train(params,
    train_data,
    int(trees * 1.1),
    valid_sets=[train_data],
    verbose_eval=10
    )
```

- 负采样数据

负采样优化时，应注意需在对全部数据完成特征提取之后再进行负采样，如果在特征提取前就进行负采样将会影响原始数据分布的真实描述，这样构造出来的特征不具备真实意义。

下面给出随机负采样代码，经过负样本采样后，即可直接进行模型训练。

```
# 对训练集进行负采样
df_train_neg = data[(data['is_attributed'] == 0)&(data['day'] < 9)]
df_train_neg = df_train_neg.sample(n=1000000)

# 合并成新的数据集
df_rest = data[(data['is_attributed'] == 1)|(data['day'] >= 9)]
data = pd.concat([df_train_neg, df_rest]).sample(frac=1)
del df_train_neg
del df_rest
gc.collect()
```

14.4.4 DeepFM

DeepFM 也是 CTR、CVR 问题中的经典模型，其结构是 FM 和深度神经网络的组合，如图 14.14 所示。因此 DeepFM 不仅有 FM 自动学习交叉特征的能力，同时还引入了神经网络的隐式高阶交叉信息。在 DeepFM 的具体实现部分，主要分为 FM 层、DNN 层和 Liner 层三部分，最后将三部分结果拼接起来，并输入到输出层得到最终的结果。

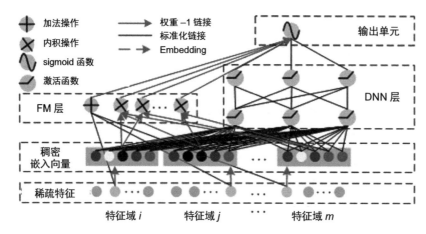

图 14.14   DeepFM 的网络结构图

接下来是 DeepFM 的具体实现代码：

```
from tensorflow.keras.layers import *
import tensorflow.keras.backend as K
import tensorflow as tf
from tensorflow.keras.models import Model
from keras.callbacks import *

def deepfm_model(sparse_columns, dense_columns, train, test):
    # 稀疏特征处理部分
    sparse_input = []
    lr_embedding = []
    fm_embedding = []
    for col in sparse_columns:
        _input = Input(shape=(1,))
        sparse_input.append(_input)
        nums = pd.concat((train[col], test[col])).nunique()
        embed = Embedding(nums, 1, embeddings_regularizer=tf.
            keras.regularizers.l2(0.5))(_input)
        embed = Flatten()(embed)
        lr_embedding.append(embed)

        embed = Embedding(nums,10,embeddings_regularizer=tf.
            keras.regularizers.l2(0.5))(_input)
        reshape = Reshape((10,))(embed)
        fm_embedding.append(reshape)

    # FM 处理层
    fm_square = Lambda(lambda x: K.square(x))(Add()(fm_embedding))
    square_fm = Add()([Lambda(lambda x:K.square(x))(embed) for embed in fm_embedding])
    snd_order_sparse_layer = subtract([fm_square, square_fm])
    snd_order_sparse_layer = Lambda(lambda x: x * 0.5)(snd_order_sparse_layer)
```

```
# 数值特征处理
dense_input = []
for col in dense_columns:
    _input = Input(shape=(1,))
    dense_input.append(_input)
concat_dense_input = concatenate(dense_input)
fst_order_dense_layer = Activation(activation="relu")
    (BatchNormalization()(Dense(4)(concat_dense_input)))

# 线性部分拼接
fst_order_sparse_layer = concatenate(lr_embedding)
linear_part = concatenate([fst_order_dense_layer, fst_order_sparse_layer])

# 把 FM 嵌入向量与数值特征拼接起来后 "喂" 入 FC 部分
concat_fm_embedding = concatenate(fm_embedding)
concat_fm_embedding_dense = concatenate([concat_fm_embedding,
    fst_order_dense_layer])
fc_layer = Dropout(0.2)(Activation(activation="relu"
        )(BatchNormalization()(Dense(128)(concat_fm_embedding_dense))))
fc_layer = Dropout(0.2)(Activation(activation="relu")
    (BatchNormalization()(Dense(64)(fc_layer))))
fc_layer = Dropout(0.2)(Activation(activation="relu")
    (BatchNormalization()(Dense(32)(fc_layer))))

# 输出层
output_layer = concatenate([linear_part, snd_order_sparse_layer, fc_layer])
output_layer = Dense(1, activation='sigmoid')(output_layer)

model = Model(inputs=sparse_input+dense_input, outputs=output_layer)

return model
```

接下来是最终训练阶段的代码，分为数据转换、编译部分、回调函数和训练部分，整体结构都很常见。

```
train_sparse_x = [trn_x[f].values for f in categorical_features]
train_dense_x = [trn_x[f].values for f in numerical_features]
train_label = [trn_y]
valid_sparse_x = [val_x[f].values for f in categorical_features]
valid_dense_x = [val_x[f].values for f in numerical_features]
valid_label = [val_y]
# 编译部分
model = deepfm_model(categorical_features, numerical_features, trn_x, val_x)
model.compile(optimizer="adam",
    loss="binary_crossentropy",
    metrics=["binary_crossentropy", tf.keras.metrics.AUC(name='auc')])
# 回调函数
file_path = "deepfm_model.h5"
checkpoint = ModelCheckpoint(
file_path, monitor='val_auc', verbose=1, save_best_only=True,
    mode='max', save_weights_only=True)
```

```
earlystopping = EarlyStopping(
    monitor='val_auc', min_delta=0.0001, patience=5, verbose=1, mode='max')

callbacks = [checkpoint, earlystopping]

hist = model.fit(train_sparse_x+train_dense_x,
    train_label,
    batch_size=8192,
    epochs=50,
    validation_data=(valid_sparse_x+valid_dense_x, valid_label),
    callbacks=callbacks,
    shuffle=True)
```

以上就是 DeepFM 模型完整且可运行的代码，整体实现还是非常简单的，并且能够得到与前两节的树模型具有很大差异性的结果。

14.5　赛题总结

在整个竞赛流程中，我们尝试了很多种特征提取方式和不一样的模型，除了这些，更重要的部分就是赛题总结。本节将介绍排名靠前的选手的方案，梳理关键知识点，并带大家一起学习、认识更多类似的竞赛。

14.5.1　更多方案

- Top1 方案

冠军选手在模型方面是采用多个 LightGBM 模型和神经网络模型，并进行加权融合。不同于大多数选手的是，冠军选手在模型训练阶段进行了负采样处理，即选取全部的正样本（is_attributed==1），和相同样本量的负样本，这意味着抛弃了 99.8% 的负样本。会发现模型的表现并没有受太大影响（特征工程部分是在全部数据上进行特征提取，而非仅在采样之后的数据上进行）。另外，先采样不同比例的负样本分别训练模型，然后进行模型融合，最终结果会有不错的提升（即训练 5 个模型，每个模型采样不同的随机种子），还能大大降低模型训练的时间。

在验证阶段，选取 11 月 7 日和 11 月 8 日的数据进行训练，用 11 月 9 日的数据进行验证，得到迭代次数等参数后重新在 11 月 7 日到 11 月 9 日的数据上训练模型。数据集中总共有 646 个特征，把 5 个 LightGBM 模型融合后的分数是线上公榜分数为 0.9833 和线上私榜分数为 0.9842。最后的提交方案为基于排序的加权平均，融合了 7 个 LightGBM 模型和 1 个神经网络模型，线上公榜分数为 0.9834。

在特征工程方面，主要是聚合统计、对 groupby 特征构造接下来 1 小时和 6 小时的点击数（count 特征）、对 groupby 特征构造计算前向和后向的点击时间差、对 groupby 特征构造历史点击时间的平均下载率。另外，对分类变量的组合（总共 20 种）尝试用 LDA、NMF、LSA 得到 embedding（嵌入）特征，将 n_component 设置为 5，这样每种方法可以得到 100 个特征，最后一共是 300 个特征（LDA、NMF、PCA）。

- Top2 方案

亚军选手在模型方面选择的也是 LightGBM 模型和神经网络模型。最佳单模为 LightGBM，其线上私榜分数为 0.9837，最佳神经网络模型的 private lb 分数为 0.9834（对分类变量采用 Dot_Product 层，将连续特征喂入 FC 层）。在模型融合方面，亚军队伍的每个人都训练了一个 LightGBM 和神经网络模型，总共有 6 个模型，对这 6 个模型的结果直接进行简单的加权平均即可。

在模型训练和验证方面，亚军选手同样进行了负采样处理，具体负采样的比例并未告知。在全部数据上进行特征抽取，然后将特征合并到采样的样本上，即先构建特征再采样，最后采用五折交叉验证进行线下模型评价。

在特征工程方面，主要是通过聚合构造统计特征，比如 count、cumcount、nunique 和时间差特征等，还有一类比较特殊的特征是将 IP 地址分别于 app、os、channel 组合并计算每个属性的点击数，然后选取高频属性直接作为类别特征。

- Top3 方案

在模型方面，季军选手选择的依然是 LightGBM 模型和神经网络模型，不同之处在于该团队构造了很多结构不同的神经网络模型来增加模型的多样性，比如通过循环神经网络来对点击的时序信息进行建模、在 FC 层上添加 res-link 等。在模型融合阶段使用的是 Stacking 融合，将模型的输出结果作为特征，结合更多新的特征继续参与训练。

在特征工程方面，主要采用了 23 个特征，其中比较重要的是时间差特征，抽取每个点击事件的前 5 次与后 5 次点击之间的时间差作为特征。除了原始数据中的 app、device、os、channel 特征外，还有 hour（小时）特征和统计特征。

14.5.2 知识点梳理

本节将对计算广告中 CTR/CVR 相关赛题的特征提取方式进行详细梳理。在提取特征时，不仅需要面对非常丰富且维度非常高的数据，对结果也有极高的精度要求。表 14.1 将对不同的特征类型进行描述。

表 14.1　描述不同特征类型

特征类型	具体特征	描　　述
用户信息	年龄、性别、职业、用户等级、兴趣偏好	提取用户侧基本的信息特征
广告信息	广告类型、广告素材、广告主、广告行业	提取广告侧基本的信息特征
上下文信息	广告位类型、运营商、广告位置	提取上下文信息的基本特征
一阶特征	count、nunique、rank、target encoding	最基础的统计特征，都存在构造的意义
二阶特征	对 count、ratio、groupby、target encoding 进行交叉组合	对一节特征进行交叉组合，获取更细粒度的特征描述，当然还可以进行三阶或者更高阶的交叉组合
时间相关	时间特征（年、月、日、小时）、时序特征（历史统计）、时间差特征	时间信息出现在很多的日志数据集中，时间相关的统计往往能挖掘很多有用的信息
embedding 特征	Word2Vec、图嵌入、TF-IDF 结合 PCA、LDA 等文本挖掘算法	提取用户或者广告的实体表征向量

14.5.3　延伸学习

本次赛题可以看作 CTR/CVR 相关的赛题，这类竞赛的重点在特征工程和模型方面。特征工程方面主要是特征提取，比如聚合统计特征、目标编码特征和 embedding 相关特征。在模型方面则有多种多样的选择，主要是与广告点击率预测相关的模型，如 FM、FFM、DeepFM、Wide&Deep 等。接下来将给出类似的经典赛题，以助进一步理解此类赛题，达到在解题中游刃有余的效果。

- IJCAI 2018 阿里妈妈搜索广告转化预测

第一个竞赛题目是"阿里妈妈搜索广告转化预测"（赛题主页如图 14.15 所示），该赛题需要通过人工智能技术构建预测模型预估用户的购买意向，即提供与历史广告点击事件相关的用户（user）、广告商品（ad）、检索词（query）、上下文信息（context）、商店（shop）等五类信息，要求预测接下来的广告产生购买行为的概率（pCVR）。

图 14.15　IJCAI 2018 阿里妈妈搜索广告转化预测赛题主页

结合淘宝平台的业务场景和不同的流量特点，官方定义了以下两类挑战：日常的转化率预估（初赛）和特殊日期的转化率预估（复赛）。

基本思路：本赛题的难点在于复赛时的特殊日期转化率预估，这不仅要求预估结果的准确性，还要求进行有效的线下验证。初赛可以将最后一天的数据作为验证集，其余数据作为训练集。复赛由于需要预估特殊日期的转化率，而特殊日期 7 号和之前差异比较大，因此用 7 号上半天的数据进行训练，将最后两小时的数据作为验证集。

具体的建模方案大致分为三类：

(1) 只用前 7 天的数据来预测，最后 1 天的数据用作线下验证，因为训练集和测试集的数据分布有差异，所以这种方案效果比较差。

(2) 只用最后半天的数据来预测，这样会损失掉前 7 天的数据信息。

(3) 冠军选手使用迁移学习的方式，首先用前 7 天的数据进行训练并预测，将得到的结果合并到最后半天，然后仅用最后半天的数据完成最终的训练和预测，这样不仅能保留前 7 天的信息，预测出来的结果也更接近于最后一天。

此赛题中构造的特征大致分为原始特征、统计特征（count、nunique、mean 等）、时间差特征（上 n 次点击和下 n 次点击之间）、分段特征（将 hour、socre、rate 等连续特征离散化）、概率特征（转化率和占比计算）等。

- **2018 科大讯飞 AI 营销算法大赛**

本次大赛提供了讯飞 AI 营销云的海量广告投放数据，需要参赛选手通过人工智能技术构造预测模型并预估用户点击广告的概率，即提供与广告点击事件相关的广告、媒体、用户、上下文信息等，要求预测用户的广告点击概率。

这也是一道关于 CTR 预估的问题，对于这类问题，广告是否被点击的主导因素是用户，其次才是广告信息。所以我们要做的是充分挖掘用户以及用户行为的信息，然后才是广告主、广告等信息。本赛题的评价指标为对数损失。

基本思路：赛题的难点在于 user_tags 多值特征的处理，因为其中包含用户的属性信息，所以能够完美地表达 user_tags（提取有效属性，减少冗余）至关重要。对多值特征的处理，最基本的是利用 CountVectorizer 进行展开，然后使用卡方检验进行特征选择。另一种更有效的方式是利用 LightGBM 特征重要性进行分析，提取 top 标签，相对卡方检验，这又有一定程度的提升。还有就是点击率特征，因为该特征包含时间信息，所以提取历史点击率作为特征可以有效避免数据过拟合和泄露。

　　另外，本次竞赛数据中缺乏用户 ID（uid）这一关键信息，难以清晰地建立用户画像，因此如何充分挖掘用户标签中包含的信息就至关重要。数据中还存在一些匿名化的数据，这时需要对数据进行充分理解和分析，甚至尝试根据业务理解进行反编码，才能够为特征工程指明方向。在建模过程中充分考虑用户标签与其他信息的交互作用，并采用 Stacking 抽取特征信息的方式减少维度与内存的使用，对广告与用户交互信息进行充分挖掘，都使得模型可以在 A、B 榜测试中保持相对稳定。

## 第五部分

听你所说，懂你所写

第 15 章

自然语言处理

随着社交平台、内容平台的不断发展，以互联网为载体进行内容传播变得更加平常。推荐系统、计算广告、用户画像分析等相关技术的应用使得对海量信息流进行个性化筛选成为了可能。在所有数据中，多模态数据（文本、图像、音频、视频和结构化数据等）的利用为更加精准的预测提供了更多可能性。文本数据作为内容平台的主要信息载体，也成为上述技术中一种不可或缺的数据类型，而如何利用文本数据就成为自然语言处理需要解决的核心问题。

15.1 自然语言处理的发展历程

技术并非一成不变，可以将自然语言处理的发展历程分为三个阶段：

(1) 1950 年到 1970 年，基于经验、规则的阶段；

(2) 1970 年到 2008 年，基于统计方法的阶段；

(3) 2008 年至今，基于深度学习技术的阶段。

在第 (1) 阶段（即早期阶段），图灵测试被视为一种评判人工智能程度的测试标准，对自然语言输入进行识别作为图灵测试的一部分，拉开了自然语言处理相关研究的序幕。这个阶段中，基于经验主义和人工规则的模板构建、语法解析等技术成为发展的主流。然而由于语言的时效性与多变性，以及定制规则对语言学家和领域知识的极端依赖，固定的规则往往并不能覆盖绝大多数通用场景的语言识别。

在第 (2) 阶段，随着计算机的普及、互联网的发展，在大量数据累积的背景下，统计方法作为一种新方案出现了。传统的方案需要大量人工操作来汇总知识，统计方法取代了这种方案，被应用于各类工业自然语言处理场景中，并获得了一定的效果。然而这一阶段能够采用的统计方法，诸如贝叶斯模型、词袋模型 /TF-IDF、N-Gram 语言模型等，仅能近似一些不是特别复杂的任务。对于包含丰富语言信息、复杂语言结构和上下文场景的任务，这种方法仍然表现得十分无力。

在第 (3) 阶段，大量深度学习算法被应用于自然语言处理中。早期的词嵌入模型以及随后发展的卷积神经网络、循环神经网络在这一阶段扮演了非常重要的角色，使原本统计方法的精准度基线大幅度上提，并在不同领域（如翻译、语音识别等任务）得到了更泛化的效果。在目前的最新环境下，以 Transformer 结构等为代表的 Self-Attention 机制模型，可以在海量数据中应用并生成训练模型，这种能力使得自然语言处理得到了进一步发展，在部分任务上甚至达到超越人类的基线评分。

15.2　自然语言处理的常见场景

自然语言处理技术的目标是通过以计算机为代表的各种电子机器识别人类语言，从而理解人类意图。自然语言处理可以更好地在部分特定领域，将人工从繁杂的任务中解放出来。以淘宝为例，对话系统通过解析识别客户的提问，定位客户需求，提供对相应问题的解答或者购买流程的具体操作，为商家节省大量重复劳动力与时间成本。在车载语音系统中，将语音识别系统与自然语言处理系统相结合，解放司机双手并提供相应服务（诸如寻路、播放音乐等）。

根据任务场景的不同，自然语言发展过程中采用的技术也会不同，本节将介绍常见的几种自然语言处理任务。

15.2.1　分类、回归任务

这类任务也是传统机器学习最为通用的任务，如何将自然语言特征向量化，采用传统或者深度学习模型训练预测是这一类任务主要关注的点。其代表任务有语义分析、情感分析、意图识别等，通常涉及文本的表征和模型的选择。

15.2.2　信息检索、文本匹配等任务

信息检索、文本匹配、问答等任务需要对大量问—问、问—答配对进行预测。这一类问题的重点在于，如何采用数据的特征构造以及选择合适的模型来实现文本与文本之间的快速检索与匹配。常见的基于关键词进行搜索的任务实际上也是这类任务的一个特殊子类。而更加复杂的基于语义甚至基于逻辑判断的匹配依然是当前工业界和学术界都为之关注的问题。

15.2.3　序列对序列、序列标注

这一类问题更加关注序列的生成与标注，常见的任务包括语音和文本互转、机器翻译、命名实体识别等。采用的方式通常是深度学习的 CNN、RNN、Transformer 结构等。另外，在适当的场景中，也会结合传统的 CRF、MRF、HMM 等模型一起使用。

15.2.4   机器阅读

机器阅读是给定问题与文本，然后根据问题从文本中找出符合要求的答案的方法。过往的传统方法常常受限于数据与技术手段，达不到理想效果。随着深度学习和预训练语言模型的不断发展，越来越多的最新技术被应用于机器阅读领域，通过挖掘上下文的语义，采用 Attention 机制来识别特定场景下的问题答案。

自然语言处理技术通常并不是被独立应用的，而是综合其他特征数据，协同其他媒体、结构化数据等实现多模态数据的预测。

15.3   自然语言处理的常见技术

针对不同的任务，自然语言处理的特征生成方案也会存在诸多不同。根据需要解决的任务的特性，首先要考虑如何选择数据处理方法、模型。深度学习虽拥有极高的预测上限，但并不意味着传统的自然语言特征处理在平时的应用中就会被抛弃。相反，在一些对响应时间、模型复杂度和大小、模型可解释性有较高要求的任务中，传统的基于统计的特征提取方式与机器学习模型会扮演极其重要的角色。接下来，我们将列出一些常见的文本特征提取方法。

15.3.1   基于词袋模型、TF-IDF 的特征提取

词袋模型（Bag-of-words）是最简单、最直接的特征提取方式，该模型常被应用于信息检索领域。词袋模型通常会忽略词在文中的上下文关系，假设词与词之间是上下文独立的。这样的假设能够在丢失一定预测精度的前提下，很好地通过词出现的频率来表征整个语句的信息。

通过构造语料的字典，可以将原本离散的词集合表征为一个具有字典大小的稀疏向量。

例如，当我们拥有下面两个语句：

```
We have noticed a new sign in to your Zoho account.
We have sent back permission.
```

那么对这两句的字典构造方式为：

```
{'We': 2, 'have': 2, 'noticed': 1, 'a': 1, 'new': 1, 'sign': 1, 'in': 1,
 'to': 1, 'your': 1, 'Zoho': 1, 'account.': 1, 'sent': 1, 'back': 1,
 'permission.': 1}
```

两个语句生成的 BOW 特征分别为：[1, 0, 1, 1, 1, 1, 0, 0, 1, 1, 1, 1, 1] 和 [0, 1, 1, 0, 0, 0, 1, 1, 0, 0, 1, 0, 0]。

通过上述方式将离散特征向量化，使得之后可以采用传统的机器学习模型（比如逻辑回归模型、神经网络模型、树模型以及 SVM 等）进行训练。

词袋模型仅考虑词在一个句子中是否出现，却没有考虑词本身在句子中的重要性，因此又提出了 TF-IDF 方法，使用 TF×IDF 的值对每一个出现的词进行加权，可使词在文本中拥有更好的表征能力。

TF 的计算方式为：词在句子中出现的次数 / 文档中词的总数。

IDF 的计算方式为：log(文档总数 / 包含词的文档的总数)。

基于上述两个式子计算出 TF 和 IDF 后，将两者相乘就可以得到 TF-IDF。在通过构建稀疏矩阵来表征语句含义的算法之中，词袋模型 BOW 和 TF-IDF 方法具有简单易用、速度快的优点，同时缺点也很明显，即当文本语料稀少、字典大小大于文本语料大小时，由于特征构建缺少足够的语料，对于词的表征能力缺乏统计信息的依据，会导致模型在训练过程中容易发生过拟合。

15.3.2　N-Gram 模型

在自然语言处理中，句子的表征是一个重要课题。早期基于统计的方法提出过这样一个方案：现有一个句子 $S(w_1, w_2, w_3, \cdots, w_n)$，其中 w_i 代表句子中的词，要求计算句子的出现概率 $p(S)$，其表达式为 $p(S) = p(w_1) \times p(w_2) \times p(w_3) \times \cdots \times p(w_n)$。在此公式的前提下加入马尔可夫假设，假设当前词的出现概率只和前 n 个词有关，则 N-Gram 模型可修改为 $p(S) = p(w_1) \times p(w_2|w_1) \times \cdots \times p(w_n | w_{n-1})$。结合 N-Gram 模型和词袋模型的理念可以更进一步提升文本特征的预测能力。

BOW、TF-IDF 模型可以与 N-Gram 模型相结合，通过构建 Bi-Gram、Tri-Gram 等生成额外的稀疏特征向量，构建出来的特征比使用 Uni-Gram 的 BOW、TF-IDF 特征更具有表征能力，且能够获取一定的上下文信息，但是依然无法较好地处理长序列依赖情况。

15.3.3　词嵌入模型

词袋模型中存在一个尚待解决的问题：假如近义词出现在不同文本中，那么在计算这一类文本的相似度或者进行预测时，如果训练数据不含大量标注，就会出现无法识别拥有相似上下文语义词的情况。

后来出现的词嵌入模型很好地解决了这一类问题，当前常用的词向量算法包括 Word2Vec、glove、fastText 等。另外，针对中文词向量的预训练，还有腾讯公开的 AI Lab 词向量。

词向量的一个先验假设是当前词的信息可以由上下文推断出来，因此对于一些罕见词、多义词，甚至常见的误拼写词等，它都具有很好的泛化能力。以 Word2Vev 为例，常见的模型训练方式分为 CBOW 和 Skip-Gram 两种算法，如图 15.1 所示。

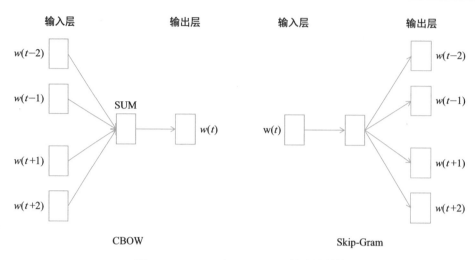

图 15.1   CBOW 和 Skip-Gram 算法的结构

训练生成的词向量矩阵将以查询表的形式记录由每一个词训练生成的向量，这些向量对应不同的任务，可以发挥不同的特征提取作用，具体如下。

- 在传统特征的提取上，可以采用加权求和的方式，对句子中所有词的向量加权求和，最终生成可以用来表征句子的句子向量。句子向量可以用来计算文本与文本之间的余弦夹角相似度等。
- 作为深度学习自然语言处理模型的词嵌入层初始化参数，可以得到比使用端对端方式训练出的模型更高的精度。
- 构造匹配任务的聚合类相似度特征，可用于词级别的相似度计算，并基于不同维度分别计算其平均值、中位数、最大值、最小值等统计数值构造特征。

15.3.4   上下文相关预训练模型

词嵌入模型虽然能够解决同意不同词的问题，但在实际的自然语言处理任务场景中，相同词汇在不同上下文场景中往往具有不同的含义。词嵌入模型的结果是词的静态向量，我们往往需要在此向量的基础上使用深度学习模型构造上下文关系，由此引申出对上下文相关的预训练模型的研究，这一类模型的发展和词向量模型高度相关。从早期的基于双向 Bi-LSTM 构建的 ELMo 模型，到后续引入 Multi-Head Attention 机制构建的 GPT、BERT 结构模型，都是通过构建 Seq2Seq 的语言模型，使用海量文本数据，采用语言模型或者自编码器模式训练词的上下文语义，从而将海量的文本语义信息编码并压缩在序列模型中。

现有的上下文相关的预训练模型包括：ELMo、GPT、BERT、BERT-wwm、ERNIE_1.0、XLNet、ERNIE_2.0、RoBERTa、ALBERT、ELECTRA。接下来，我们将列举一些常见的序列模型。

- ❑ **ELMo 模型**。ELMo 是一个采用自回归语言模型方式训练的语言模型。自回归语言模型的本质是通过输入的文本序列，对下一个词进行预测。通过不断优化预测的准确率，使模型逐步学得上下文的语义关系。ELMo 模型的结构包括正向 LSTM 层和反向 LSTM 层，通过分别优化正向下一个词和反向下一个词达到更好的预测效果。

- ❑ **GPT 模型**。GPT 在 Google 公布了 Multi-Head Attention 机制与 Transformer 结构后，将这两者应用到了语言模型的预训练上。GPT 模型采用正向 Transformer 结构，去除了其中的解码器，同 ELMo 模型一样，采用自回归语言模型的方式进行训练。相比 ELMo 预训练模型，基于海量数据训练而得的 GPT 结构在当时大幅超越了原先的基准。

- ❑ **BERT/RoBERTa 模型**。与采用自回归语言模型的 ELMo 模型和 GPT 模型不同，BERT 模型使用自编码器模式进行训练，模型结构中包含正向和反向 Transformer 结构。为了减少由双向 Transformer 结构和自编码器模式造成的信息溢出影响，BERT 在训练过程中引入了 MLM（Masked Language Model，遮蔽语言模型），预训练中 15% 的词条（token）会被遮蔽掉。对于这 15% 的词条，有 80% 的概率会使用 [MASK] 替换，10% 的概率随机替换，10% 的概率保持原样，这个替换策略在模型训练过程中起正则作用，能够防止 BERT 模型因其双向 Self-Attention 结构，在训练时学习到"未来"的词，从而引起过拟合。

- ❑ **RoBERTa 模型**。由 Facebook 提出，在 BERT 模型的基础上移除了 NSP（Next Sentence Prediction）机制，并且修改了 MLM 机制，调整了其参数，最终获得的精度超越了原始的 BERT 模型。

- ❑ **ERNIE 模型**。百度在 BERT 模型的基础上优化了对中文数据的预训练，并且在 BERT 的基础上增加了三个层次的预训练：Basic-Level Masking（第一层）、Phrase-Level Masking（第二层）和 Entity-Level Masking（第三层）。它们分别从字、短语、实体三个层次上加入先验知识，提高模型在中文语料上的预测能力。

- ❑ **BERT/RoBERTa-wwm**。该模型由哈工大讯飞联合实验室发布，严格意义上并不是一个新模型，wwm（whole word mask）是一种训练策略。在原始 BERT 论文中提到的 MLM 策略中，它具有一定的随机性，会将原始词的 word pieces 遮蔽掉。而在 wwm 策略中，相同词所属的 word pieces 被遮蔽后，其同属其他部分也会一同被遮蔽，在保证词语完整性的同时又不影响其独立性。

对于上下文相关预训练模型的应用，可以先采用海量数据预训练语言模型，之后在其下游任务上进行 finetune（精调）。与端对端的训练方式相比，选择合适的预训练模型通常能够达到更好的效果，但这并不意味着在所有任务上预训练模型都能达到相同的效果。最终效果和模型在预训练过程中采用的训练语料、训练策略和下游任务所属的领域有着密切的关系。对于所属领域具有巨大差异的上游模型和下游任务来说，其 finetune 结果并不能够达到预期的效果，在一些情况下甚至不如使用词向量 + Bi-LSTM 得出的结果。

15.3.5   常用的深度学习模型结构

预训练模型通常可以带来很高的精度收益，但其复杂的模型结构也为训练和预测带来了额外的时间成本。相比 BERT 等复杂的预训练模型，采用一般的卷积神经网络、循环神经网络训练模型的方式在实际中有着更广泛的应用，这些模型结构更加简单、参数量更少、训练与推论的时间也更短。

下面将介绍常见的深度学习模型及对应结构。

- ☐ TextCNN。该模型的特点是模型结构简单，训练和预测速度快，同时拥有比传统模型更高的精度。其设计理念来源于 N-Gram 模型，采用多尺度卷积核来模拟 N-Gram 模型在文本上的操作，最终合并后进行预测。适合短文本以及有明显短语结构的语料。其结构如图 15.2 所示。

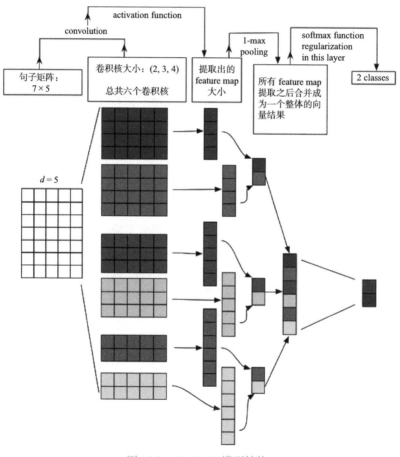

图 15.2   TextCNN 模型结构

❑ LSTM、Bi-LSTM/Bi-GRU+Attention。这些是非常典型的双向循环神经网络结构。在循环神经网络中，无论是 LSTM 层还是 GRU 层，都具有非常好的时序拟合能力，而增加了 Attention 机制后的模型对于不同时间的状态值进行加权，又能使模型的预测能力得到进一步提升，相对适合具有复杂语义上下文的文本。

LSTM 模块是一种循环神经网络结构模块，其结构图如图 15.3 所示。相比普通的循环神经网络模块，LSTM 缓解了训练过程中的梯度消失，其添加的"门"结构用于控制记忆、输出、遗忘状态，有利于模型在长序列中获得更好的效果。

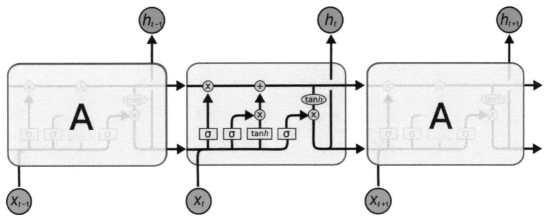

图 15.3 LSTM 结构图

通过将序列正向、反向排布，并使用 Bi-LSTM（双向 LSTM），可以得到 LSTM 无法得到的反向编码信息，增加了模型的拟合能力。Attention 机制从原理上分析，是一种对词在句子中的不同状态进行加权的操作，从最原始的加权平均，逐步发展到当前最为热门的 Self-Attention 等，其核心理念一直是通过使用词的相似度矩阵进行计算，调整词在句子中对应的权重，从而允许将词的加权求和作为输出或者下一层的输入。结合 Bi-LSTM 和 Attention 层构建的模型，能够更好地对输入文本进行训练。

❑ DPCNN。TextCNN 结构可以模拟 N-Gram 模型，具有提取词中短语的能力。但面对文本结构复杂、语义丰富或者上下文依赖性强的文本（诸如具有长序列头尾依赖的词或者词组）时，TextCNN 往往无法取得很好的效果，这是其浅层结构本身的容量造成的问题。因此，需要采用一种更深的卷积神经网络结构——DPCNN，它从 ResNet 结构中借鉴了残差块（residual block）的理念，模拟 CV 任务中对于图像特征进行逐层提取的操作，相对适合于长文本且有复杂语法结构的文本。其结构如图 15.4 所示。

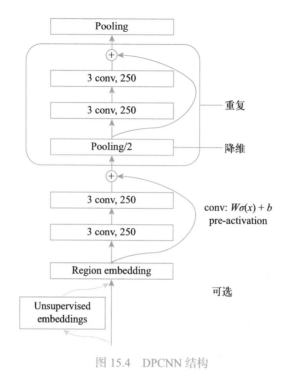

图 15.4 DPCNN 结构

15.4 思考练习

1. 如果要设计一个对话系统，应该设计成什么样，采用什么模型？
2. 自然语言处理技术核心解决的是什么任务，哪些在应用中可以考虑使用，哪些不能？
3. 如果限定任务的时效性、存储介质和推论时间，应该如何选择并设计模型？

第 *16* 章

实战案例：Quora Question Pairs

本章将以 Kaggle 竞赛平台的 **Quora Question Pairs** 竞赛（如图 16.1 所示）为例进行自然语言处理文本匹配案例的讲解。Quora 是一个问答 SNS 网站，类似于知乎，提供社交提问与回答服务。在 Quora 平台上有很多用户提出的问题，这些问题中往往包含大量的重复内容，还会出现关联提问或者同类型问题被多次提出的现象。在实际业务的处理过程中，上述现象经常会分散高质量答案的流量，因此需要在业务上对相同问题进行匹配，从而将重复问题归一化。

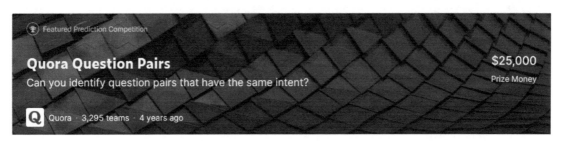

图 16.1　Quora Question Pairs 竞赛首页

16.1　赛题理解

自然语言处理文本匹配类的竞赛与传统的 ML 问题虽有相同之处，但也有自己的特点，这种竞赛的特征构造和模型选择往往与其他任务有所不同，需要额外的特征工程储备知识。

16.1.1　赛题背景

对于知乎、Quora 这一类问答平台来说，能否将高质量的答案整合起来决定了其流量是否具有集中性。对于重复的问题，很难通过人工的方式或者简单的关键词抽取与匹配等完成答案的整合；对于包含复杂语义、语法的问题，针对其特点往往有意想不到的情况发生，比如如果采用句子分词或者短语的匹配方式，那么即便句子中有 90% 以上的内容相同，只要有语义相反或者关键词不同，也无法完成匹配。

考虑到这些情况，应该对文本特征做进一步的人工处理，或者采用可以捕捉这类特点的深度学习模型来构建整个方案。

16.1.2   赛题数据

从官网下载数据压缩文件并解压后，得到的具体文件有 train.csv（训练集）、test.csv（测试集）、sample_submission.csv（正确与规范的提交示例文件，含有需要参赛者预测的所有的 card_id）、Train.csv.zip 和 Test.csv.zip。

16.1.3   赛题任务

预测 Quora 平台上的问题与问题之间是否互相重复，即预测 test.csv 文件中 question1 与 question2 重复的概率。

16.1.4   评价指标

本次竞赛采用对数损失进行计算，具体的计算代码如下：

```
import numpy as np
def log_loss(y,pred):
    return -np.mean(y * np.log(pred) + (1 - y) * np.log(1 - pred))
```

16.1.5   赛题 FAQ

Q 如何更好地掌握自然语言处理相关的任务？

A 对于自然语言处理相关的问题，可以从两方面入手，一方面是传统的 ML 手段，即人工提取特征，基于统计和自然语言处理领域相关的技术进行模型构建和训练；另一方面则可以考虑采用深度学习模型进行模型的训练与优化，自动提取特征，这可以省去大量的人工预处理环节。

Q 对于自然语言处理问题，目前深度学习正流行，是否还有必要掌握传统方法？

A 有必要，用深度学习解决自然语言处理相关的问题常常因为其高额的机器性能依赖于响应速度（模型越复杂，训练和推论的速度就越慢），而无法满足一些瞬时响应需求，而在竞赛之外常常会遇到对响应效率有严苛要求的场景，以及粗排等对效率要求大于精度要求的场景，这时候传统的 ML 加人工提取特征的手段优先级往往会更高。

16.2 数据探索

对于文本类型的数据探索，主要可以从如下几方面进行考虑：

- □ 样本的数量。训练集、验证集各自的样本数量；
- □ 文本的最大、最小长度，以及长度的分布图。这方面决定了模型训练的效率，在训练深度学习模型的过程中，并非总是需要使用最长的样本长度作为文本截断长度，适当根据文本长度分布选择截断长度有助于提升模型训练的速度，有时候还能够提升精度（减少过拟合）；
- □ 文本词典中词的个数，停用词分析，来判断使用到的词向量或者深度学习预训练模型；
- □ 文本中的关键词、词云等，可视化理解文本的热点内容。

16.2.1 字段类别含义

如图 16.2 所示，为数据集中各自字段的含义描述。

id	训练集 id
qid1, qid2	问题的唯一键，只在训练集中存在
question1, question2	问题的完整文本内容
is_duplicate	两个问题是否重复，1 为是，0 为否

图 16.2 字段含义描述

16.2.2 数据集基本量

首先分析数据的总量，以及标签是否分布均匀，这一块主要会对模型的选择、训练是否存在潜在的过拟合情况等造成影响。如果样本量太小，则需要添加更多的先验知识或者使用更好的预训练模型来弥补模型训练样本的缺失，还要选择更好的数据增强手段。具体代码如下：

```
print('Total number of question pairs for training: {}'.format(len(df_train)))
print('Total number of question pairs for tes 的 ting: {}'.format(len(df_test)))
print('Duplicate pairs: {}%'.format(round(df_train['is_duplicate'].mean()*100, 2)))
qids = pd.Series(df_train['qid1'].tolist() + df_train['qid2'].tolist())
print('Total number of questions in the training data: {}'.format(len(np.unique(qids))))
print('Number of questions that appear multiple times:
    {}'.format(np.sum(qids.value_counts() > 1)))
```

结果：

```
Total number of question pairs for training: 404290
Total number of question pairs for testing: 2345796
Duplicate pairs: 36.92%
Total number of questions in the training data: 537933
Number of questions that appear multiple times: 111680
```

从运行结果中可以看出，数据中训练集和验证集的量级都在 10 万级别以上，这对于一个自然语言处理任务来说，并不算很多。部分潜在的先验知识可能无法从样本集中自动识别出来，需要使用预训练模型或者人工构造特征来弥补。通过分析我们发现，训练集中的标签存在一定的不均衡现象，重复数据占总样本的 36.92%，这一发现是否会影响到对数损失函数的验证，有待进一步通过训练模型进行验证。

16.2.3　文本的分布

本节首先需要判断文本长度在训练集和测试集中是否保持分布一致，同时需要找出文本最长、最短的情况。如果存在空文本，则需要进行一定的处理。通过观察文本长度的分布，尝试找出有效且合理的文本截断长度。

对于英文文本来说，存在字符级别和词级别的分布，下面我们来看下着两种类型的分布分别是怎样的。

字符级别的分布代码如下：

```
train_qs = pd.Series(df_train['question1'].tolist() +
    df_train['question2'].tolist()).astype(str)
test_qs = pd.Series(df_test['question1'].tolist() +
    df_test['question2'].tolist()).astype(str)

dist_train = train_qs.apply(len)
dist_test = test_qs.apply(len)
plt.figure(figsize=(15, 10))
plt.hist(dist_train, bins=200, range=[0, 200], color=pal[2], normed=True,
    label='train')
plt.hist(dist_test, bins=200, range=[0, 200], color=pal[1], normed=True, alpha=0.5,
    label='test')
plt.title('Normalised histogram of character count in questions', fontsize=15)
plt.legend()
plt.xlabel('Number of characters', fontsize=15)
plt.ylabel('Probability', fontsize=15)
```

字符文本在训练集和测试集中的长度分布如图 16.3 所示。

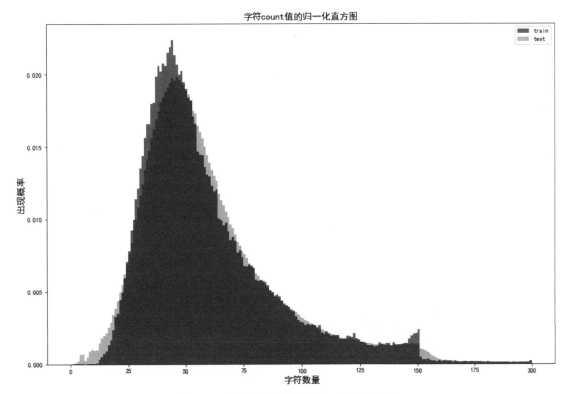

图 16.3　字符文本的长度分布（另见彩插）

词级别的分布代码如下：

```
dist_train = train_qs.apply(lambda x: len(x.split(' ')))
dist_test = test_qs.apply(lambda x: len(x.split(' ')))

plt.figure(figsize=(15, 10))
plt.hist(dist_train, bins=50, range=[0, 50], color=pal[2], normed=True, label='train')
plt.hist(dist_test, bins=50, range=[0, 50], color=pal[1], normed=True, alpha=0.5,
    label='test')
plt.title('Normalised histogram of word count in questions', fontsize=15)
plt.legend()
plt.xlabel('Number of words', fontsize=15)
plt.ylabel('Probability', fontsize=15)
```

词文本在训练集和测试集中的长度分布如图 16.4 所示。

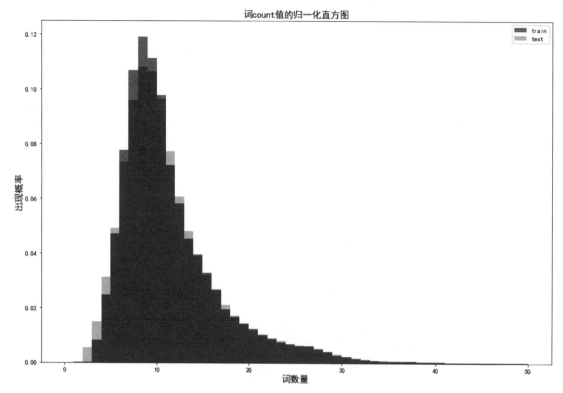

图 16.4   词文本的长度分布（另见彩插）

　　由图 16.3 和图 16.4 可以基本得出结论，文本长度在训练集与测试集上基本保持分布一致。在上述分析过程中，我们进行了最长长度截断，在字符级别使用 200 作为阈值，在词级别使用 50 作为阈值，可以看到，在分析字符文本长度分布的过程中，文本的最长长度超出了 200，但这部分样本的数量占比非常小，词文本同样如此。同时还存在文本长度接近 0 或者为 0 的样本，有兴趣的读者可以对这部分样本做进一步分析，将它们打印出来并可视化，观察这些特别短的样本是什么？是噪声，还是一种存在特殊的样本。另外，需要考虑特别短的文本如果出现，是否会对后续特征构造或者模型训练造成影响，应提早做好缺失值插值或者填充，避免代码出现错误。

16.2.4   词的数量与词云分析

　　计算词的数量有助于更好地理解文本，可以初步判断文本中的专有名词等，在 16.2.3 节中我们已经分析了词文本的分布，接下来我们将从规模和内容方面着手对词文本进行分析。代码如下：

```
txt_tmp = ' '.join(train_qs.values.tolist())+' '.join(test_qs.values.tolist())
words = set(txt_tmp.lower().split(' '))
print('max number of words is %s'%len(words))
# 得到结果
# max number of words is 327537
```

从代码结果可以看出，这个样本在训练集和测试集上词的总量为 32 万左右，相对来说处于一个比较小的量级，差不多是常用的 Word2Vec、glove、fastText 等预训练词向量量级的在十分之一，因此可能需要使用更多外部数据或者预训练词向量来丰富文本内容的语义。

生成词云的代码如下：

```
import matplotlib.pyplot as plt
from sklearn.datasets import fetch_20newsgroups # 导入 sklearn 中自带的数据集
import jieba
from wordcloud import WordCloud

newsgroups_train = fetch_20newsgroups(subset='train')
text = newsgroups_train.data
text = ' '.join(text)
wc = WordCloud(background_color='white',scale=32)
wc.generate(text)
plt.axis('off')
plt.imshow(wc)
plt.show()
```

通过词云可以简单地画出热点词的集合，了解哪些词在语料中最热门，这部分词出现比较多的样本有可能会主导模型的评价指标。生成的词云如图 16.5 所示。

图 16.5　生成的词云

我们会发现图 16.5 中出现了一个有意思的现象，best、difference、will 等词出现的频率比较高，这类词在后续模型预测中分类是否准确可能会影响最终的分值。

16.2.5　基于传统手段的文本数据预处理

对于文本数据来说，根据使用传统手段和深度学习模型方式的不同，预处理的手段也会不同，此处针对不同场景分别列举一些文本预处理手段。

针对文本的特征构建，首先需要去除停用词，比如 can、is、are，由于这类词几乎出现在所有句子中，因此往往会对特征构建造成影响，比如对构建 TF-IDF 特征或者基于 TF-IDF 特征构建其他特征就会有一定的影响，可以尝试去除停用词以获得更好的效果。针对英文停用词的问题，可以使用 nltk 包中自带的语料。代码如下：

```
from nltk.corpus import stopwords
stops = set(stopwords.words("english"))
```

接下来是可选操作，由于英文语料还存在各类时态问题等，因此也可以尝试（不是必须）使用 nltk 包中自带的词干提取器（stemer），nltk 包提供了两种不同的词干提取器，具体选用哪一种可根据使用后的效果来决定，不管使用哪种，目标都是将不同时态的英文单词转换成相同的词干。具体代码如下：

```
from nltk.stem.porter import PorterStemmer
from nltk.stem.snowball import SnowballStemmer
def stem_str(x,stemmer=SnowballStemmer('english')):
    x = text.re.sub("[^a-zA-Z0-9]"," ", x)
    x = (" ").join([stemmer.stem(z) for z in x.split(" ")])
    x = " ".join(x.split())
    return x
```

同时，针对部分单词的错误还可使用人工手段进行修正，对存在错拼、近义词的场景，可以使用编辑距离对英文单词做简单召回，然后人工重新标注或者替换单词。对于一些重要的单词，在使用传统的特征工程构造手段如 TF-IDF 时，往往无法识别字符级别的误拼，而这些单词对于预测准确度有很大的贡献，需要特殊处理。

16.2.6　基于深度学习模型的文本数据预处理

基于深度学习模型的文本数据预处理也分两块，此处和 16.2.5 节考虑的点不太一样，此处往往不需要考虑太多停用词或者词干的处理方式。

首先是使用词向量卷积神经网络或者循环神经网络的深度学习模型训练方法，这类方法在前几年获得了长足的发展，基于模型调整模型结构和选择更好的预训练词向量是这类方法获得更好结果的核心关注点，因此预处理需要针对选择的预训练模型来减小词中 oov（out of vocabulary，未登录词）所占的比例，尽可能让所有词都出现在预训练的词向量中。对于那些没有出现在预训练词向量中的单词，可以考虑使用自己训练的 Word2Vec 或者 glove 词向量，通过比对词与词的相似度，找到在词典中存在且相似的词进行替换。此类 oov 的替换使得基于预训练词向量的深度学习模型方案有了非常大的提升空间。

其次是基于预训练类序列模型的训练方法，近几年来，从 Transformer 发展开始一直到 GPT-3，基于 Transformer 的深度学习模型在海量数据集上的预训练、迁移使得自然语言处理有了很大的发展。BERT、RoBERTa、GPT 这类模型由于内部有 Word Segment 机制，在使用时很少会出现含 oov 的场景，因此不需要像基于预训练词向量的深度模型方案那样进行大量的词替换操作，这类模型更多时候被应用在模型的重新预训练、微调和制定训练策略上。

另外，对于中文 BERT 模型来说，其 Tokenizer（分词器）选用的并非英文单词中的 Word Segment 机制，而是使用单个汉字作为 token 进行训练。

16.3　特征工程

本章所讲的 Quora Question Pairs 是自然语言处理大类下的一个文本匹配任务。在文本匹配的场景下，参赛者除了要考虑提取文本本身的特征外，还要考虑构建文本与文本之间的关系，如何表达"文本与文本在语义上相似"则是围绕这一命题的最大的特征工程难点。

对传统机器学习模型需要利用到的特征工程来说，除了使用 TF-IDF\word embedding 构建 sentence embedding 等原始特征外，还需要考虑如何通过构建文本词级别的相似度、句子级别的相似度等实现语义匹配的表达。下面将介绍一些常见的针对文本匹配任务的特征构建方案。

16.3.1　通用文本特征

最简单的特征构建方式是利用 bag of word（bow）或者 TF-IDF 构建稀疏特征进行模型训练和预测。

使用 TF-IDF 构建稀疏特征的方法也可以参照本书前几章提到过的 sklearn 包，代码如下：

```
from sklearn.feature_extraction.text import TfidfVectorizer
len_train = df_train.shape[0]

data_all =pd.concat([df_train,df_test])

max_features = 200000
ngram_range = (1,2)
min_df = 3
print('Generate tfidf')
feats= ['question1','question2']
vect_orig = TfidfVectorizer(max_features=max_features,ngram_range=ngram_range,
    min_df=min_df)

corpus = []
```

```
for f in feats:
    data_all[f] = data_all[f].astype(str)
    corpus+=data_all[f].values.tolist()

vect_orig.fit(corpus)

for f in feats:
    train_tfidf = vect_orig.transform(df_train[f].astype(str).values.tolist())
    test_tfidf = vect_orig.transform(df_test[f].astype(str).values.tolist())
    pd.to_pickle(train_tfidf,path+'train_%s_tfidf_v2.pkl'%f)
    pd.to_pickle(test_tfidf,path+'test_%s_tfidf_v2.pkl'%f)
```

在上述代码中，通过调节 `max_features` 的大小来限定最大可使用的词的个数（等价于稀疏向量的维度），在一些场景下，限定维度可以起到降维并减少过拟合发生的作用，具体需要限定多少词则需要进行超参的调试，此处默认使用 `200000`；使用 `pickle` 对生成的特征进行缓存，得到 question1 和 question2 的 TF-IDF 稀疏特征。

同时，`ngram_range = (1,2)` 是一个比较关键的参数设置，对 `ngram_range` 参数的设置影响着 vectorizer 对 N-Gram 的选择，即其构建的文本 TF-IDF 特征所能使用的最大和最小 N-Gram 值。当 `ngram_range` 的上限设置为 2 时，会生成 unigram 和 bigram term 特征；当设置为 3 时，则会生成 unigram、bigram 和 trigram 特征。`ngram_range` 参数的上限值越大，生成的候选特征维度就越高。

对于自然语言处理的文本分类而言，一个稀疏 TF-IDF 特征再加上一个线性模型（LR、Linear SVM）就足够作为一个 baseline 方案了。然而对于文本匹配而言，只是简单地把 question1 与 question2 的稀疏特征拼接在一起，然后使用线性模型训练并不能得到很好的结果，原因在于线性模型无法捕捉 question1 和 question2 文本特征之间的非线性关系。

对于 XGBoost 和 LightGBM 这样的树模型而言，如果训练集与测试集都是稀疏的，那么无论对模型训练的效率还是精度，都将是一个考验，因为树模型的训练过程会涉及对叶子结点的分裂和增益的计算。当稀疏矩阵维度过高时，即便是 XGBoost 和 LightGBM 这类采用并行训练方式的模型，常常也会因为维度爆炸而导致训练效率低下。因此更好的方法是通过构造文本与文本之间的关系，生成相关的特征，再进行后续的模型训练。

总而言之，此处可以在构建 TF-IDF 特征的基础上，先将稀疏矩阵降维成稠密矩阵，这也也非常适合喂入树模型进行训练。具体的降维方法则可以使用 LSI（潜在语义索引，等价于 Truncated SVD），或者其他 Topic Model（主题模型）。读者可以考虑采用 sklearn 包中提供的 `decomposition` 模块来尝试对 TF-IDF 进行降维，并尝试自己操作一番，对比 TF-IDF 特征与降维后数据模型的验证精度。常见的 `decomposition` 模块包括使用的 Truncated SVD、NFM 和 LDA 等方法，在这里 LDA 既可以作为一种 Topic Model 提取 topic 特征，也可以被看作一种降维手段。

除了像 Topic Model 这样的文本表征方法外，另一种文本表征方法是采用预训练词向量模型来构建句子级别的特征，通过对词进行加权平均或者求和运算，得到维度固定的稠密特征矩阵，这类特征矩阵由于其固定的维度（通常在二百到三百维左右）可以直接被树模型训练和使用，具体的方案会在 16.3.2 节讲到。

16.3.2　相似度特征

无论是原始的 TF-IDF 特征，还是降维后的 LSI 特征或者 Topic Model 特征，都无法很好地解决上面提到的关联问题或者同类型问题被多次提出的现象。因此需要采用一种或多种文本相似度匹配的方法，来构建文本在不同层面上的相似度。这种相似度可以是句法层面、关键词集合层面或者语义层面的。

下面将列举一些相似度计算的方法，从不同角度出发来构建相似度特征。

- 第一种相似度特征构建方式

最简单的文本相似度特征构建方法是基于编辑距离或者集合相似度计算。通常的做法是计算 jaccard distance 和 dice distance，下面给计算代码：

```python
def get_jaccard(seq1, seq2):
    """Compute the Jaccard distance between the two sequences `seq1` and `seq2`.
    They should contain hashable items.

    The return value is a float between 0 and 1, where 0 means equal, and 1 totally
    different.
    """
    set1, set2 = set(seq1), set(seq2)
    return 1 - len(set1 & set2) / float(len(set1 | set2))


def get_dice(A,B):
    A, B = set(A), set(B)
    intersect = len(A.intersection(B))
    union = len(A) + len(B)
    d = try_divide(2*intersect, union)
    return d
```

当然还有其他很多方式。

基于集合相似度计算的最大优点是高效，并且能够很好地从句式层面表达两个文本之间的相似度。对于 jaccard distance 和 dice distance 而言，在构建相似度特征时，还需要考虑句式和停用词。当两种句式存在大量相同的停用词时，使用集合相似度构建的特征会具有偏高的相似度，造成特征的分辨能力下降。因此在使用集合相似度的过程中，建议的做法是首先对比原始文本与去除停用词后的相似度文本的特征，在一定情况下还可以同时使用这两种特征来提高准确度。

- 第二种相似度特征构建方式

第二种方法是基于 TF-IDF 特征构建向量夹角或者欧式距离。采用 TF-IDF 特征的稀疏矩阵直接计算余弦夹角或者欧式距离得到的相似度在一定程度上可以表征向量的相似程度。因为 TF-IDF 特征直接表达了词级别的重要性，因此与集合相似度相比，其中包含的语义信息更多，对重要词和不重要词的区分度也更高。可以利用我们已经生成的 TF-IDF 文件进行构建，代码如下：

```
def calc_cosine_dist(text_a,text_b,metric='cosine'):
    return pairwise_distances(text_a, text_b, metric=metric)[0][0]
```

上面这段代码可用来计算向量与向量之间的相似度，相似度类型可以是余弦夹角或者欧氏距离。在拥有了计算相似度的函数后，我们可以有如下操作：

```
train_question1_tfidf = pd.read_pickle(path+'train_question1_tfidf.pkl')
test_question1_tfidf = pd.read_pickle(path+'test_question1_tfidf.pkl')
train_question2_tfidf = pd.read_pickle(path+'train_question2_tfidf.pkl')
test_question2_tfidf = pd.read_pickle(path+'test_question2_tfidf.pkl')

train_tfidf_sim = []
for r1,r2 in zip(train_question1_tfidf,train_question2_tfidf):
    train_tfidf_sim.append(calc_cosine_dist(r1,r2))
test_tfidf_sim = []
for r1,r2 in zip(test_question1_tfidf,test_question2_tfidf):
    test_tfidf_sim.append(calc_cosine_dist(r1,r2))
train_tfidf_sim = np.array(train_tfidf_sim)
test_tfidf_sim = np.array(test_tfidf_sim)
pd.to_pickle(train_tfidf_sim,path+"train_tfidf_sim.pkl")
pd.to_pickle(test_tfidf_sim,path+"test_tfidf_sim.pkl")
```

此处基于 sklearn 包的 `pairwise_distances` 函数来构建特征，这实际上是一个速度比较慢的特征构建函数。更好的方法是直接使用 scipy 库的 `sparse` 函数进行点积操作，这样可以更快得到结果而且避免了 for 循环带来的的压力。读者们可以思考一下如何使用 scipy 库来构建自己的稀疏矩阵余弦相似度计算方式。

- 第三种相似度特征构建方式

第三种方式依赖于词向量，对于词向量来说，某种程度上会出现在向量空间内，`word_a+word_b` 近似于 `word_c+word_d` 的情况，也就是说，通过对词向量求和或者取平均值生成句子级别的向量，再用句子向量求夹角和在某种程度上也能够表征文本的相似程度。

这个方法的好处在于，基于词向量的语义信息比 TF-IDF 特征更加丰富，由于有外部数据的预训练信息，对于 TF-IDF 特征无法处理的一词多义情况，基于 embedding 向量的相似性拥有更强大的表征能力。

使用词向量时，可以有多种备选方案。首先可以使用预训练模型，诸如 Word2Vec，glove，fastText 等常用且包含丰富信息量的预训练模型；其次可以使用现有手中 Quora 平台的语料自行训练，以此捕获一些在预训练场景中可能被遗漏的上下文信息；第三种也可以考虑对多种 embedding 向量加权求和后计算相似度的方式，这样可以将多个 embedding 向量融合在一起，得到的相似度信息相对更加精准。

将生成的 embedding 矩阵转换成字典，通过词与 embedding 向量的映射关系进行维护。在计算相似度前，可以尝试用 IDF 值对词进行加权，或者如果有预定义的加权系数也可以对需要强调的词进行加权，在部分场景中是基于 IDF 值加权的。相似度拥有更强的预测能力，但并不 100% 保证预测正确，还需要尝试。

对应的计算代码如下：

```
def calc_w2v_sim(row,embedder,idf_dict=None,dim=300):
    '''
    Calc w2v similarities and diff of centers of query\title
    '''
    a2 = [x for x in row['question1'].lower().split() if x in embedder.vocab]
    b2 = [x for x in row['question2'].lower().split() if x in embedder.vocab]

    vectorA = np.zeros(dim)
    for w in a2:
        if w in idf_dict:
            coef = idf_dict[w]
        else:
            coef = idf_dict['default_idf']
        vectorA += coef*embedder[w]
    if len(a2)!=0:
        vectorA /= len(a2)

    vectorB = np.zeros(dim)
    for w in b2:
        if w in idf_dict:
            coef = idf_dict[w]
        else:
            coef = idf_dict['default_idf']
        vectorB += coef*embedder[w]
    if len(b2)!=0:
        vectorB /= len(b2)

    return (vectorA,vectorB)
```

假定我们采用的预训练词向量维度为 300。此处构建了一个函数 calc_w2v_sim，其参数 row 为包含 question1 和 question2 的原始文本；参数 idf_dict 是一个可选项，表示一个字典，可以提前算好该项，并用其存放每一个词的 IDF 系数，进行加权后输出两个句子向量。

函数返回的 vectorA 和 vectorB 可以直接作为句子级别的语义特征，拼接后参与训练，通过计算 A、B 这两个句子向量之间的余弦夹角或者欧式距离，得到具有表征句子相似能力的特征，根据经验，这类特征通常具有比较强的表征能力。是否两种距离度量都要计算取决于特征构建出来后对于模型的贡献，以及是否有助于提升评价指标。另外，存在一定的风险就是两种距离度量都使用后会有过拟合的情况。

16.3.3   词向量的进一步应用——独有词匹配

除去上述基于词向量的文本语句匹配外，词向量的另一个用途是度量文本细节语义的差异。在 16.3.2 节中我们介绍了多种使语句向量化并计算相似度的方法，以便衡量句子与句子之间的差异度。然而在通常情况下，衡量文本语句之间差异的部分恰恰是在语句中没有重复词的那部分。

例如：

Do you know apple?

Do you know banana?

Do you know machine learning?

在这三个语句中，前两句的疑问内容主体是水果，最后一句的则是一门学科。当文本段落句式相同时，如何判断剩下的词句中不相同部分的相似程度是文本匹配需要考虑的另一个因素。

去重代码如下：

```
def distinct_terms(lst1, lst2):
    lst1 = lst1.split(" ")
    lst2 = lst2.split(" ")
    common = set(lst1).intersection(set(lst2))
    new_lst1 = ' '.join([w for w in lst1 if w not in common])
    new_lst2 = ' '.join([w for w in lst2 if w not in common])

return (new_lst1,new_lst2)
```

使用 distinct_terms 函数可以将输入的文本字符串中重复的部分去除，只保留独有的词并且保持其前后顺序。然后再利用 16.3.2 节中的句子向量特征计算方法再一次计算并生成相同的特征。

16.3.4   词向量的进一步应用——词与词的两两匹配

使用词向量进行匹配的另一种进阶做法是进行词与词的两两匹配。存在这样一种可能，句子与句子之间的相似度不取决于对整句中所有词加权求和后的句向量相似度，而是从两个句子的词与词之间的相似度就可以得出。也就是说，我们可以首先计算出两个句子之间词的笛卡儿积，得到两个句子之间的词相似度，然后使用统计方式生成词相似度的最大值、最小值、平均值和中位数等一系列特征值。这一组特征通常能够更好地表征句子整体的相似度，相较于句向量相似度，它含有更多的互补信息。

16.3.5 其他相似度计算方式

除了常见的 Word2Vec 等词向量算法外，还可以使用 Doc2Vec 直接生成句子文本特征（在 gensim 包中留有 Doc2Vec 的接口），也可以使用 simhash 方法来计算文本的相似度。关于 simhash 方法的更多细节可以查看 Google 于 2007 年发布的一篇论文 "Detecting Near-duplicates for web crawling"。

总之，任何可以作为度量句子与句子之间相似度的方法，都可以尝试作为传统机器学习模型用来训练文本匹配场景的特征工程方案。

16.4 模型训练

常见的机器学习模型的训练和调参过程在前几节中已经描述过，这一节将会介绍更多的深度学习模型。在自然语言处理的发展过程中，出现过基于卷积神经网络、循环神经网络、基于 Attention（注意力机制）等多种多样的深度学习模型。如今 BERT 类模型凭借其超大的预训练数据集和权重参数，正不断地刷新着自然语言处理领域的各项 benchmark。

以文本匹配为例，使用到的深度学习模型又可以分为基于 representation 和基于 interaction 两种。这两种模型都可以使用上一章提到的自然语言处理相关深度学习模型结构作为骨干模型，通常来说基于 representation 的模型训练效率更高，但最终得到的结果比基于 interaction 的模型差。

在介绍两者的差异之前，我们先列举一些常见的自然语言处理模型，然后再向大家介绍基于 representation 和基于 interaction 的两类模型在结构上的一些差异。

16.4.1 TextCNN 模型

首先介绍的是浅层 TextCNN 模型，这是自然语言处理场景下一个最简单（也是工程化场景下使用率较高）的模型。

一个浅层 TextCNN 模型包含三个组成部分，分别是 embedding 层、shallow cnn 层和输出层。在常见的自然语言处理场景中，不考虑段落的前提下，通常使用到的卷积层为一维卷积。这里我们使用 PyTorch 来构建我们的 TextCNN 模型，代码如下：

```
import torch
import torch.nn as nn
```

```python
import torch.nn.functional as F
from torch.autograd import Variable

class TextCNN(nn.Module):
    def __init__(self, args):
        super(TextCNN, self).__init__()
        self.args = args

        self.embed = nn.Embedding(args.sequence_length, args.embed_dim)
        self.convs1 = nn.ModuleList([nn.Conv2d(1, args.kernel_num,
            (ks, args.embed_dim)) for ks in args.kernel_sizes])
        self.dropout = nn.Dropout(args.dropout)
        self.fc1 = nn.Linear(len(args.kernel_sizes) * args.kernel_num, args.class_num)

    def forward(self, x):
        x = self.embed(x)  # (batch_size, sequence_length, embedding_dim)
        if self.args.static:
            x = torch.tensor(x)
        x = x.unsqueeze(1)  # (batch_size, 1, sequence_length, embedding_dim)
        ## input size (N,Cin,H,W)  output size (N,Cout,Hout,1)
        x = [F.relu(conv(x)).squeeze(3) for conv in self.convs1]
        x = [F.max_pool1d(i, i.size(2)).squeeze(2) for i in x]
        x = torch.cat(x, 1)  # (batch_size, len(kernel_sizes)*kernel_num)
        x = self.dropout(x)
        logit = self.fc1(x)
        return logit
```

该模型的结构非常简单，用 embedding 层的输出连接多个具有不同大小卷积核的卷积层，卷积层的输出通过最大池化层后再拼接起来连接输出层。这样一个模型结构融合了深度学习中卷积层的操作，通过卷积计算来模拟一种人为提取 N-Gram 的操作，这里卷积核的大小代表卷积计算滑窗的范围，在一定程度上等价于取 N-Gram trem 生成一个新的 phrase（短语），模型将通过更新参数的方式自动学习这样一种特征提取行为。

由于只并行使用了一层卷积神经网络，因此即使采用多种不同大小的卷积核依然不会对模型的效率造成影响，同时类似 N-Gram 的卷积计算操作可以有效提取文本局部的 phrase 特征，因此 TextCNN 非常适用于需要快速响应且对预测准确度有一定要求（相比传统的 TF-IDF ＋ 线性模型更好）的场景。

16.4.2　TextLSTM 模型

这也是自然语言处理场景下使用最多、最简单的循环神经网络模型，由于诸如 LSTM、GRU 等循环神经网络层具有拟合序列的能力，而自然语言处理又是一个非常典型的序列数据场景，因此往往会把 TextLSTM（或 TextGRU）和 TextCNN 一起作为一个深度学习模型的 baseline 参照。

构建 TextLSTM 模型的代码如下：

```
class TextLSTM(nn.Module):

    def __init__(self, args):
        super(TextLSTM, self).__init__()
        self.hidden_dim = args.hidden_dim
        self.batch_size = args.batch_size

        self.embeds = nn.Embedding(args.vocab_size, args.embedding_dim)
        self.lstm = nn.LSTM(input_size=args.embedding_dim,
            hidden_size=args.hidden_dim,
            num_layers=args.num_layers,
            batch_first=True, bidirectional=True)
        self.hidden2label = nn.Linear(args.hidden_dim, args.num_classes)
        self.hidden = self.init_hidden()

    def init_hidden(self):
        h0 = Variable(torch.zeros(1, self.batch_size, self.hidden_dim))
        c0 = Variable(torch.zeros(1, self.batch_size, self.hidden_dim))
        return h0, c0

    def forward(self, sentence):
        embeds = self.embeds(sentence)
        # x = embeds.view(len(sentence), self.batch_size, -1)
        lstm_out, self.hidden = self.lstm(embeds, self.hidden)
        y = self.hidden2label(lstm_out[-1])
        return y
```

在这个 TextLSTM 中，embedding 层接入 LSTM 层，这里我们使用的 LSTM 层为一层双向 LSTM，该层的具体代码如下：

```
nn.LSTM(input_size=args.embedding_dim,
hidden_size=args.hidden_dim,
num_layers=args.num_layers,
    batch_first=True, bidirectional=True)
```

其中 bidirectional=True 意味着 LSTM 包含正向和反向两种方向。双向 LSTM 相比单向 LSTM 拥有更强的序列拟合能力，通常反向序列中含有在正向序列中捕获不到的额外信息。TextLSTM 模型的决策层只使用双向 LSTM 的最后一个 state（状态）输出作为输入。在后面几节讲的模型中针对如何让决策层获得更好的输入表征，会有其他对 TextLSTM 优化的方案。

16.4.3 TextLSTM with Attention 模型

无论是取 LSTM 最后一层输出，还是对 LSTM 的所有 state 输出做 pooling 操作都无法很好地捕获不同时间态上特征的重要程度，Attention（注意力机制）应运而生。Attention 希望达到的目标是模型在训练过程中能对句子的每一个词给予不同的关注度，然后通过加权的方式增加或者减少每个词的重要性，以此来提升模型的总体精度。相比 pooling 操作或者取 LSTM 的最后一个 state 输出，Attention 能够在不丢失长期信息的前提下（使用最后一个 state 会有丢失的情况），更加突出重要词在模型训练和预测过程中的作用。这里将会采用最简单的加权求和 Attention 为例来介绍一个简单的 Attention 层以及其对 TextLSTM 模型进行的改造，代码如下：

```python
class SimpleAttention(nn.Module):
    def __init__(self,input_size):
        super(SimpleAttention,self).__init__()
        self.input_size = input_size
        self.word_weight = nn.Parameter(torch.Tensor(self.input_size))
        self.word_bias = nn.Parameter(torch.Tensor(1))
        self._create_weights()

    def _create_weights(self, mean=0.0, std=0.05):
        self.word_weight.data.normal_(mean, std)
        self.word_bias.data.normal_(mean, std)

    def forward(self,inputs):
        att = torch.einsum('abc,c->ab',(inputs,self.word_weight))
        att = att+self.word_bias
        att = torch.tanh(att)

        att = torch.exp(att)
        s = torch.sum(att,1,keepdim=True)+1e-6
        att = att / s

        att = torch.einsum('abc,ab->ac',(inputs,att))

        return att
```

上述代码中，构建了一个权重矩阵，并将输出的每个 state 维度都归一化到 (0, 1) 区间内，让每一个时间态（词的位置）上都拥有一个对应的权重。在 PyTorch 程序中，我们可以采用爱因斯坦求和的方式来实现对任意维度张量的计算，简化我们代码的复杂程度。

对应的 TextLSTM 模型则可以改造为：

```python
class TextLSTMAtt(nn.Module):

    def __init__(self, args):
        super(TextLSTMAtt, self).__init__()
        self.hidden_dim = args.hidden_dim
        self.batch_size = args.batch_size

        self.embeds = nn.Embedding(args.vocab_size, args.embedding_dim)
        self.lstm = nn.LSTM(input_size=args.embedding_dim,
            hidden_size=args.hidden_dim, num_layers=1,
            batch_first=True, bidirectional=True)

        self.simple_att = SimpleAttention(args.hidden_dim*2)

        self.hidden2label = nn.Linear(args.hidden_dim*2, args.num_classes)
        self.hidden = self.init_hidden()
```

```
    def init_hidden(self):
        h0 = Variable(torch.zeros(1, self.batch_size, self.hidden_dim))
        c0 = Variable(torch.zeros(1, self.batch_size, self.hidden_dim))
        return h0, c0

    def forward(self, sentence):
        embeds = self.embeds(sentence)
        # x = embeds.view(len(sentence), self.batch_size, -1)
        lstm_out, self.hidden = self.lstm(embeds, self.hidden)
        x = self.simple_att(lstm_out)
        y = self.hidden2label(x)
        return y
```

在通常情况下，结合 Attention 能够使模型产生更好的效果。

16.4.4 Self-Attention 层

Transformer 结构或者使用到 multi-head-attention 的模型大多使用了 Self-Attention 层，并通过 Self-Attention 层构建的 block 堆叠来获取拟合更长文本的能力。Self-Attention 层本身也可以单独拿出来构建深度 CNN/RNN 模型中的加权操作。从本质上讲，Self-Attention 层先计算输入 query 的词相似度矩阵，然后使用此矩阵生成加权系数对输入 query 重新加权，以此来提升自己捕捉词级别交互信息的能力。在不使用任何卷积神经网络或者循环神经网络的前提下，一层 Self-Attention 通常只能捕获任意两个词之间的交互信息，计算复杂度为 $O(n^2)$，与 16.4.3 节中的加权求和 Attention 相比，其计算效率较低。Transformer 等模型通过不断堆叠 Self-Attention 层的 block 来获取词组之间的相似度矩阵，以提升复杂度。

下面将列举一些更为复杂的 Self-Attention 层结构：

```
class MatchTensor(torch.nn.Module):
    def __init__(self,size_a,size_b,channel_size=8,max_len=10):
        super(MatchTensor,self).__init__()
        self.size_a=size_a
        self.size_b=size_b
        self.channel_size=channel_size
        self.max_len = max_len

        self.M = nn.Parameter(torch.Tensor(channel_size,size_a,size_b).to(device))
        self.W = nn.Parameter(
            torch.Tensor(channel_size,size_a+size_b,max_len).to(device))
        self.b = nn.Parameter(torch.Tensor(channel_size).to(device))

        self._create_weights()

    def _create_weights(self, mean=0.0, std=0.05):
        self.M.data.normal_(mean, std)
        self.W.data.normal_(mean, std)
        self.b.data.normal_(mean, std)
```

```python
    def forward(self, x1,x2):

        matching_matrix = torch.einsum('abd,fde,ace->afbc',[x1, self.M, x2])
        tmp = torch.cat([x1,x2],2)
        linear_part = torch.einsum('abc,fcd->afbd',[tmp,self.W])
        matching_matrix = matching_matrix+linear_part+self.b.view(
            self.channel_size,1,1)
        matching_matrix = F.relu(matching_matrix)

        return matching_matrix

class SelfMMAttention(nn.Module):
    def __init__(self,input_size,max_len=100,channel_size=3):
        super(SelfMMAttention,self).__init__()
        self.input_size = input_size
        self.channel_size = channel_size
        self.max_len = max_len
        self.match_tensor = MatchTensor(input_size,input_size,channel_size,max_len)
        self.V = nn.Parameter(torch.Tensor(max_len,channel_size).to(device))
        self._create_weights()

    def _create_weights(self, mean=0.0, std=0.05):
        self.V.data.normal_(mean, std)

    def forward(self,inputs,mask=None,output_score=False):

        batch_size,len_seq,embedding_dim = inputs.size()
        x = self.match_tensor(inputs,inputs)

        att_softmax = torch.tanh(x)

        att_softmax = torch.softmax(att_softmax,dim=1)

        x = torch.einsum('abc,adbe->adc',[inputs,att_softmax])

        if output_score:
            return x,att_softmax
        return x
```

在上述代码中，MatchTensor 结构构造了一个计算层，用于计算任意两个输入序列之间的相似度矩阵，并且在后续的 Self-Attention 层中使用计算层来加权重。对于相似度矩阵的计算，通常可以有多种复杂的方式，比如矩阵点积、concat、欧氏距离和余弦夹角等。

使用 Self-Attention 通常能够比使用加权求和 Attention 获得更好的效果，但也更花时间。

16.4.5 Transformer 和 BERT 类模型

在 Transformer 结构出现之前，ELMo 等序列预训练模型被当作当时的 SOTA 结构，通过半监督方式预训练 LSTM 层级结构而非只预训练词向量，使得得到的预训练模型能够捕获不同输入的上下文关系，这是只预训练词向量无法获得的效果。而 BERT、GPT、RoBERTa 等模型是通过堆叠 Transformer block 层作为 encoder 实现的大规模海量语料预训练模型。通过使用大量的预训练数据，将语义和语法信息压缩表征在模型的超大规模参数中。

对 BERT 模型的使用相对还是比较方便的，PyTorch 的第三方包提供了完整的 BERT 模型实现，代码如下：

```python
# coding: UTF-8
import torch
import torch.nn as nn
from pytorch_pretrained import BertModel, BertTokenizer

class Config(object):

    """ 配置参数 """
    def __init__(self, dataset):
        self.model_name = 'bert'
        self.train_path = dataset + '/data/train.txt'                   # 训练集
        self.dev_path = dataset + '/data/dev.txt'                       # 验证集
        self.test_path = dataset + '/data/test.txt'                     # 测试集
        self.class_list = [x.strip() for x in open(
            dataset + '/data/class.txt').readlines()]                   # 类别名单
        self.save_path = dataset + '/saved_dict/' + self.model_name + '.ckpt'
                                                                        # 模型训练结果
        self.device = torch.device('cuda' if torch.cuda.is_available() else 'cpu')
                                                                        # 设备
        print('device',self.device)
        self.require_improvement = 1000    # 若超过 1000batch 效果还没提升，则提前结束训练
        self.num_classes = len(self.class_list)
        print('num_classes',self.num_classes)                          # 类别数
        self.num_epochs = 10                                           # epoch 数
        self.batch_size = 32                                          # mini-batch 的大小
        self.pad_size = 100                                          # 把每句话处理成的长度（短填长切）
        self.learning_rate = 5e-5                                      # 学习率
        self.bert_path = './bert_pretrain'
        self.tokenizer = BertTokenizer.from_pretrained(self.bert_path)
        self.hidden_size = 768

class Model(nn.Module):

    def __init__(self, config):
        super(Model, self).__init__()
        self.bert = BertModel.from_pretrained(config.bert_path)
        for param in self.bert.parameters():
            param.requires_grad = True
        self.fc = nn.Linear(config.hidden_size, config.num_classes)

    def forward(self, x):
        context = x[0]  # 输入的句子
        mask = x[2]
        # 对 padding 部分进行 mask, 和句子一个 size, padding 部分用 0 表示
        # 如：[1, 1, 1, 1, 0, 0]
        _, pooled = self.bert(context, attention_mask=mask,
```

```
        output_all_encoded_layers=False)
    out = self.fc(pooled)
    return out
```

上述代码就是一个最简单的基于 BERT 完成分类或者回归任务的模型。通过调用 pytorch_
pretrained 库中的 BertModel 包来加载预训练完成的 BERT 模型参数。BertModel 不仅能够加
载原生谷歌 BERT 模型，也能够使用基于 RoBERTa、ERNIE 和 RoBERTa-wwm-ext 等多种虽使
用 BERT 结构但训练方案不同的其他预训练模型。

16.4.6　基于 representation 和基于 interaction 的深度学习模型的差异

前几节介绍的模型皆可用作训练文本匹配模型的骨干模型，对于本节将介绍的这两种模型
的差异可以用图 16.6 中的两张小图来解释。

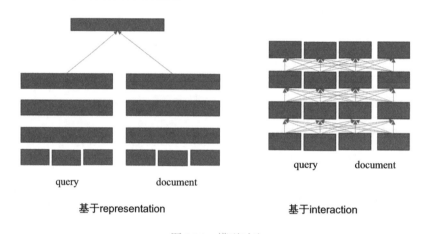

图 16.6　模型对比

基于 representation 的深度学习模型通常是先将输入文本接入循环神经网络层或者卷积神经
网络层，然后通过 pooling 或者 flatten 操作得到一维文本表征，再通过表征匹配层计算得到最终
的输出结果。通常情况下用作一维特征向量抽取的卷积神经网络层或者循环神经网络层的权重
参数可被复用，输入文本 1 和输入文本 2 同时通过表征层得到表征向量结果。

以下是一个简单的基于 LSTM 与 Attention 相结合构建的 Siamese Network（孪生网络，基于
representation 的深度学习模型的一种）。代码如下：

```
class SpatialDropout1D(nn.Module):
    def __init__(self,p=0.5):
        super(SpatialDropout1D,self).__init__()
        self.p = p
        self.dropout2d = nn.Dropout2d(p=p)
```

```python
    def forward(self,x):
        # b,h,c
        x = x.permute(0,2,1)
        # b,c,h
        x = torch.unsqueeze(x,3)
        # b,c,h,w
        x = self.dropout2d(x)
        x = torch.squeeze(x,3)
        x = x.permute(0,2,1)

        return x

class LSTM_ATT(torch.nn.Module):
    def __init__(self,embedding_dim=200,hidden_dim=128,
                 voacb_size=10000,target_size=66,embedding_matrix=None,
                 layer_num = 1,num_heads=40):
        super(LSTM_ATT,self).__init__()
        self.hidden_dim=hidden_dim
        self.voacb_size=voacb_size
        self.target_size=target_size
        self.embedding_dim = embedding_dim
        self.layer_num = layer_num
        self.num_heads = num_heads
        self.embed_scale = np.sqrt(embedding_dim)

        if embedding_matrix is not None:
            self.emb = nn.Embedding.from_pretrained(
                torch.FloatTensor(embedding_matrix),freeze=True)
            print('use pretrained embedding')
            else:
                self.emb = nn.Embedding(voacb_size,embedding_dim)

        self.dropout = SpatialDropout1D(0.15)

        embedding_dim = int(embedding_dim/2)
        self.embedding_dim = embedding_dim

        self.lstm=nn.LSTM(input_size=embedding_dim,
            hidden_size=hidden_dim,batch_first=True,
            bidirectional=True,num_layers=1)
        self.simple_att = SimpleAttention(hidden_dim*2)

        self.out = nn.Sequential(
            nn.LayerNorm(hidden_dim*2),
            nn.Linear(hidden_dim*2, target_size),
            )

        self.log_softmax=torch.nn.LogSoftmax(dim=1)

    def init_hidden(self,batch_size=None):

        h0 = torch.zeros((2*self.layer_num,batch_size,
            self.hidden_dim),dtype=torch.float32).to(device)
        h0 = Variable(h0)
```

```
        c0 = torch.zeros((2*self.layer_num,batch_size,
            self.hidden_dim),dtype=torch.float32).to(device)
        c0 = Variable(c0)

        return (h0, c0)

    def forward(self,x,mask=None):

        x = self.emb(x)
        x = self.dropout(x)
        x, _ = self.lstm(x)
        x = self.simple_att(x)
        x = self.out(x)

        return x
```

我们首先构建了一个 LSTM_ATT 模型，这是一个标准的单文本输入模型，有一个输入和输出，可用作回归或者分类任务。为了将其改造、适配成一个孪生神经网络（Siamese Network），我们需要继承其并复用其中的部分属性。代码如下：

```
class LSTM_ATT_SIA(LSTM_ATT_AM):

    def forward(self,x,x1,mask=None):

        x = self.emb(x)
        x = self.dropout(x)
        x, _ = self.lstm(x)
        x = self.simple_att(x)

        x1 = self.emb(x1)
        x1 = self.dropout(x1)
        x1, _ = self.lstm(x1)
        x1 = self.simple_att(x1)

        x = F.cosine_similarity(x, x1)

        return x
```

通过复用 LSTM_ATT 类，实现了同时输入 x 和 x1，然后通过同一个 LSTM_ATT 模型作为骨干模型（框架）并将其映射成一维的文本向量，最终计算余弦相似度并输出。

使用孪生神经网络有其特有优势，比如构建模型简单、可对文本分类模型进行复用、训练效率高等。和基于 interaction 的深度学习模型相比，孪生神经网络由于不需要在序列级别进行交互，因此可以非常简单地让 GPU 进行并行训练，适合在一些文本比较简单、对匹配有时效要求且对精度没有太高要求的场景下使用。

基于 interaction 的深度学习模型拥有更复杂的先验假设，对基于 representation 的深度学习模型而言，由于计算相似度的操作发生在最终的输出层，文本在进行计算前会先被压缩成向量，在这个过程中，输入文本 1 和输入文本 2 的词级别序列之间是互相毫无感知的，对于部分文本而言，词与词对位之间的交互可能存在有用的信息，基于 representation 的深度学习模型将无法构建这类信息的特征。对于词级别相似度或者交互信息的捕获，是基于 interaction 的深度学习模型所关注的点，其核心思想是通过 Attention 机制，使输入文本 1 和输入文本 2 提前进行交互，所生成的相似度矩阵可用于后续的分类任务判断文本是否匹配。

以深度相关性匹配模型 DRMM 为例，DRMM 是一种典型的基于 interaction 的深度学习模型，下面通过观察代码仔细分解其中 Attention 机制的构成逻辑，代码如下：

```python
"""An implementation of DRMM Model."""
import typing

import keras
import keras.backend as K
import tensorflow as tf

from matchzoo.engine.base_model import BaseModel
from matchzoo.engine.param import Param
from matchzoo.engine.param_table import ParamTable

class DRMM(BaseModel):
    """
    DRMM Model.
    Examples:
        >>> model = DRMM()
        >>> model.params['mlp_num_layers'] = 1
        >>> model.params['mlp_num_units'] = 5
        >>> model.params['mlp_num_fan_out'] = 1
        >>> model.params['mlp_activation_func'] = 'tanh'
        >>> model.guess_and_fill_missing_params(verbose=0)
        >>> model.build()
        >>> model.compile()
    """

    @classmethod
    def get_default_params(cls) -> ParamTable:
        """:return: model default parameters."""
        params = super().get_default_params(with_embedding=True,
            with_multi_layer_perceptron=True)
        params.add(Param(name='mask_value', value=-1,
            desc="The value to be masked from inputs."))
        params['optimizer'] = 'adam'
        params['input_shapes'] = [(5,), (5, 30,)]
        return params

    def build(self):
        """Build model structure."""

        # Scalar dimensions referenced here:
        #   B = batch size (number of sequences)
        #   D = embedding size
```

```python
#   L = `input_left` sequence length
#   R = `input_right` sequence length
#   H = histogram size
#   K = size of top-k

# Left input and right input.
# query: shape = [B, L]
# doc: shape = [B, L, H]
# Note here, the doc is the matching histogram between original query
# and original document.
query = keras.layers.Input(
    name='text_left',
    shape=self._params['input_shapes'][0]
)
match_hist = keras.layers.Input(
    name='match_histogram',
    shape=self._params['input_shapes'][1]
)
embedding = self._make_embedding_layer()
# Process left input.
# shape = [B, L, D]
embed_query = embedding(query)
# shape = [B, L]
atten_mask = tf.not_equal(query, self._params['mask_value'])
# shape = [B, L]
atten_mask = tf.cast(atten_mask, K.floatx())
# shape = [B, L, D]
atten_mask = tf.expand_dims(atten_mask, axis=2)
# shape = [B, L, D]
attention_probs = self.attention_layer(embed_query, atten_mask)

# Process right input.
# shape = [B, L, 1]
dense_output = self._make_multi_layer_perceptron_layer()(match_hist)

# shape = [B, 1, 1]
dot_score = keras.layers.Dot(axes=[1, 1])(
    [attention_probs, dense_output])

flatten_score = keras.layers.Flatten()(dot_score)

x_out = self._make_output_layer()(flatten_score)
self._backend = keras.Model(inputs=[query, match_hist], outputs=x_out)

@classmethod
def attention_layer(cls, attention_input: typing.Any,
    attention_mask: typing.Any = None
    ) -> keras.layers.Layer:
    """
    生成 Attentioon 的输入        .
    :param attention_input: 输入张量      .
    :param attention_mask: 输入张量的 mask      .
    :返回：被 mask 掉的张量结果 .
    """
```

```
# shape = [B, L, 1]
dense_input = keras.layers.Dense(1, use_bias=False)(attention_input)
if attention_mask is not None:
    # Since attention_mask is 1.0 for positions we want to attend and
    # 0.0 for masked positions, this operation will create a tensor
    # which is 0.0 for positions we want to attend and -10000.0 for
    # masked positions.

    # shape = [B, L, 1]
    dense_input = keras.layers.Lambda(
        lambda x: x + (1.0 - attention_mask) * -10000.0,
        name="attention_mask"
        )(dense_input)
# shape = [B, L, 1]
attention_probs = keras.layers.Lambda(
    lambda x: tf.nn.softmax(x, axis=1),
    output_shape=lambda s: (s[0], s[1], s[2]),
    name="attention_probs"
    )(dense_input)
return attention_probs
```

　　基于 interaction 的深度学习模型通常比基于 representation 的深度学习模型精度更高，但是效率更低，在使用过程中如何取舍还需要根据实际情况进行判断，不过对于模型融合来说，这两个都是可以尝试的候选模型。

16.4.7　一种特殊的基于 interaction 的深度学习模型

　　在训练 BERT 类模型或者所有将 Self-Attention 作为核心层的模型时，有一种特殊操作可以极大地简化模型构建方法。具体地，在训练过程中，可以简单将输入文本 1 和输入文本 2 拼接成一个新的长文本 3，直接将长文本 3 作为输入文本放到模型中，这样整个任务就从文本匹配转换为了文本二分类。只需要对一个 BERT 类模型进行微调即可达到文本匹配的效果。

　　能够进行上述特殊操作的原因是基于 interaction 的深度学习模型从本质上讲是对输入文本做相互的 Attention 操作。而 BERT 类模型由于其自身的 block 层中以 multi-head attention 这种 Self-Attention 作为基础，对文本自身词与词级别做相似度矩阵的计算，因此可以将这一特殊的模型使用技巧近似地看作一种基于 interaction 的深度学习模型操作。且通常使用这种操作训练模型与采用 BERT 模型作为骨干模型的孪生神经网络相比，拥有更好的精度和更高的效率。

16.4.8　深度学习文本数据的翻译增强

　　通常来说对于图像任务，既能通过各种旋转、偏移和缩放等对图像进行增强，也能通过 mixup 技巧等在训练过程中实现数据增强。增强背后的意义在于增加模型的健壮性，通过加入更多似是而非的图像使模型获得更好的泛化能力。

对于文本数据来说，通常可以进行截断、平移和抽取等操作，但是由于文本内容的长度的不确定性，截断、平移和抽取的阈值往往难以设定，很可能无法达到预期的增强效果。对此，一种比较取巧的方法是，通过使用开源的机器翻译模型或者公开接口，对需要训练的语料进行翻译和回翻。这样获取到的文本可以在满足一定语义信息不变的基础上增加文本的多样性。注意在这个过程中要尽可能使用热门的语言和常用外语进行翻译，使用冷门语言的增强效果较差，甚至会起反作用。

16.4.9　深度学习文本数据的预处理

为了使用深度学习模型，需要将文本数据转化为对应的词编码值，这样才能在 embedding 层获得其映射关系的词向量。此处我们以 BERT 模型的训练为例，展示对其文本进行预处理的代码：

```python
def build_dataset(config):

    def load_dataset(path, pad_size=32):
        contents = []
        with open(path, 'r', encoding='UTF-8') as f:
            for line in tqdm(f):
                lin = line.strip()
                if not lin:
                    continue
                try:
                    content, label = lin.split('\t')
                    label = int(label)
                    label = config.le.transform([label])[0]
                except Exception as e:
                    continue
                token = config.tokenizer.tokenize(content)
                token = [CLS] + token
                seq_len = len(token)
                mask = []
                token_ids = config.tokenizer.convert_tokens_to_ids(token)

                if pad_size:
                    if len(token) < pad_size:
                        mask = [1] * len(token_ids) + [0] * (pad_size - len(token))
                        token_ids += ([0] * (pad_size - len(token)))
                    else:
                        mask = [1] * pad_size
                        token_ids = token_ids[:pad_size]
                        seq_len = pad_size
                contents.append((token_ids, int(label), seq_len, mask))
        return contents
    train = load_dataset(config.train_path, config.pad_size)
    dev = load_dataset(config.dev_path, config.pad_size)
    test = load_dataset(config.test_path, config.pad_size)
    return train, dev, test
```

```python
class DatasetIterater(object):
    def __init__(self, batches, batch_size, device,shuffle=False):
        self.batch_size = batch_size
        self.batches = batches
        self.n_batches = len(batches) // batch_size
        self.residue = False   # 记录batch数量是否为整数
        self.shuffle=shuffle
        if len(batches) % self.n_batches != 0:
            self.residue = True
        self.index = 0
        self.device = device

    def _to_tensor(self, datas):
        x = torch.LongTensor([_[0] for _ in datas]).to(self.device)
        y = torch.LongTensor([_[1] for _ in datas]).to(self.device)

        # pad前的长度（若长度超过pad_size，则设为pad_size）
        seq_len = torch.LongTensor([_[2] for _ in datas]).to(self.device)
        mask = torch.LongTensor([_[3] for _ in datas]).to(self.device)
        return (x, seq_len, mask), y

    def __next__(self):
        if self.residue and self.index == self.n_batches:
            batches = self.batches[self.index * self.batch_size: len(self.batches)]
            self.index += 1
            batches = self._to_tensor(batches)
            return batches

        elif self.index > self.n_batches:
            self.index = 0
            raise StopIteration
        else:
            batches = self.batches[self.index * self.batch_size: (self.index + 1) *
                self.batch_size]
            self.index += 1
            batches = self._to_tensor(batches)
            return batches

    def __iter__(self):
        if self.shuffle:
            np.random.shuffle(self.batches)
        return self

    def __len__(self):
        if self.residue:
            return self.n_batches + 1
        else:
            return self.n_batches

def build_iterator(dataset, config,shuffle=False):
    iter = DatasetIterater(dataset, config.batch_size, config.device,shuffle)
    return iter
```

在上述代码中构建了数据迭代类 DataIterator，其作用是进行数据的迭代加载。在实际训练过程中，我们首先将文本 1 和文本 2 拼接起来，两者的拼接关系需要使用一个特殊的符号 [sep] 分割开。数据量可能非常大，无法一次性完全加载到内存中，此时可以构建数据迭代器 **DataIterator**，进行小批次数据加载的迭代训练。

16.4.10　BERT 模型的训练

在模型训练中，还有一个关于数据增强的技巧。我们可以使用预训练词向量模型，通过设定阈值的方式，在模型的训练过程中设定一个随机比例，在满足相似度阈值的前提下，随机将利用词向量相似度计算得到的最相似的词作为近义词，进行句子级别的文本替换，以此增加文本的多变性。代码如下：

```
def synonyms_augmentation(texts,tokenizer,aug_rate=0.2,sample_size=3):
    candidate_texts = texts[:int(len(texts)*aug_rate)]
    raw_texts = texts[int(len(texts)*aug_rate):]
    new_texts = []
    for idx,text in enumerate(candidate_texts):

        words = text.split(' ')
        indices = np.random.choice(len(words), size=sample_size)
        flag=0
        for idx in indices:
            word = words[idx]

            res = word_syn_dict.get(word,[])
            if len(res)>0:
                res_idx = np.random.choice(len(res), size=1)[0]
                syn_word,syn_score = res[res_idx]

                if syn_score>0.75 and syn_word in tokenizer.word_index:
                    words[idx] = syn_word
                    flag+=1

        text = ' '.join(jieba.cut(''.join(words)))
        new_texts.append(text)
    texts = list(new_texts)+list(raw_texts)
return texts
```

然而这种方法存在一定的误差，即可能会因为选取的近义词存在相反的语义而使得模型学到错误的关系（把替换后不应该匹配上的文本当作匹配的标签进行训练），所以要严格把控增强率和阈值的取值。另外，在训练过程中的增加权重等手段可以作为进一步的优化方案。

由于我们无法直接在 word token 级别对模型进行语义增强，因此可以对 BERT 预训练模型的参数进行对抗学习，通过在训练过程中加入一定的扰动、噪声误差使得模型的泛化能力得到进一步提升。早在 2016 年，Goodfellow 就提出了 FGM，其增加的扰动为：

$$r_{adv} = \varepsilon \cdot / \parallel g \parallel_2$$
$$g = \nabla_x L(\theta, x, y)$$

新增的对抗样本为：

$$x_{adv} = x + r_{adv}$$

通过增加对抗样本，可以与 CV 任务训练类中对图像进行变换操作进行类比，从而实现数据增强的效果。对应代码为：

```
class FGM():
    def __init__(self, model):
        self.model = model
        self.backup = {}

    def attack(self, epsilon=0.9, emb_name=["word_embeddings"]):
        # emb_name 参数要换成你模型中 embedding 的参数名
        for name, param in self.model.named_parameters():
            if param.requires_grad and any([p in name for p in emb_name]):
                self.backup[name] = param.data.clone()
                norm = torch.norm(param.grad)
                if norm != 0:
                    r_at = epsilon * param.grad / norm
                    param.data.add_(r_at)

    def restore(self, emb_name=["word_embeddings"]):
        # emb_name 参数要换成你模型中 embedding 的参数名
        for name, param in self.model.named_parameters():
            if param.requires_grad and any([p in name for p in emb_name]):
                assert name in self.backup
                param.data = self.backup[name]
        self.backup = {}
```

模型的训练函数代码如下：

```
def train(config, model, train_iter, dev_iter, test_iter):
    if hasattr(config,'loss_type'):
        loss_type = config.loss_type
    else:
        loss_type='cce'

    if loss_type=='bce':
        loss_function = nn.BCEWithLogitsLoss()
    else:
        loss_function = nn.CrossEntropyLoss()

    start_time = time.time()
    model.train()
    param_optimizer = list(model.named_parameters())
    no_decay = ['bias', 'LayerNorm.bias', 'LayerNorm.weight']
    optimizer_grouped_parameters = [
```

```
                {'params': [p for n, p in param_optimizer if not any(nd in n for nd in no_decay)],
                    'weight_decay': 0.05},
                {'params': [p for n, p in param_optimizer if any(nd in n for nd in no_decay)],
                    'weight_decay': 0.0}]

optimizer = BertAdam(optimizer_grouped_parameters,
        lr=config.learning_rate,
        warmup=0.05,
        t_total=len(train_iter) * config.num_epochs)
total_batch = 0   # 记录进行到多少 batch
dev_best_loss = float('inf')
last_improve = 0   # 记录上次验证集损失下降的 batch 数
flag = False   # 记录是否很久没有得到效果提升
model.train()
fgm = FGM(model)
for epoch in range(config.num_epochs):
    print('Epoch [{}/{}]'.format(epoch + 1, config.num_epochs))
    for i, (trains, labels) in enumerate(train_iter):
        outputs = model(trains)

        model.zero_grad()

        if loss_type=='bce':
            bs = labels.size()[0]
            labels_one_hot = torch.zeros(bs, config.num_classes).
                to(config.device).scatter_(1, labels.view(-1,1), 1)
            loss = loss_function(outputs,labels_one_hot)
        else:
            loss = loss_function(outputs,labels)

        loss.backward()
        fgm.attack()
        outputs_adv = model(trains)
        loss_adv = loss_function(outputs_adv,labels)
        loss_adv.backward()
        fgm.restore()

        optimizer.step()
        if total_batch % 100 == 0:
            # 每经过多少轮，输出一次在训练集和验证集上的效果，用来展示当前的效果并缓存
            # 模型权重
            true = labels.detach().cpu()
            predic = torch.max(outputs.data, 1)[1].cpu()
            train_acc = metrics.accuracy_score(true, predic)
            dev_acc, dev_loss = evaluate(config, model, dev_iter)
            if dev_loss < dev_best_loss:
                dev_best_loss = dev_loss
                torch.save(model.state_dict(), config.save_path)
                improve = '*'
                last_improve = total_batch
            else:
                improve = ''
            time_dif = get_time_dif(start_time)
            msg = 'Iter: {0:>6},  Train Loss: {1:>5.2},  Train Acc: {2:>6.2%},  Val
```

```
                Loss: {3:>5.2},  Val Acc: {4:>6.2%},  Time: {5} {6}'
            print(msg.format(total_batch, loss.item(), train_acc, dev_loss,
                dev_acc, time_dif, improve))
            model.train()
        total_batch += 1
        if total_batch - last_improve > config.require_improvement:
            # 若超过1000batch, 验证集损失还没下降, 就结束训练
            print("No optimization for a long time, auto-stopping...")
            flag = True
            break
    if flag:
        break
test(config, model, test_iter)
```

在训练过程中，使用 FGM 对词向量部分进行对抗攻击的代码如下：

```
gm.attack()
outputs_adv = model(trains)
loss_adv = loss_function(outputs_adv,labels)
loss_adv.backward()
fgm.restore()
```

在整个训练过程中要尽可能关注如下内容：

```
no_decay = ['bias', 'LayerNorm.bias', 'LayerNorm.weight']
optimizer_grouped_parameters = [
    {'params': [p for n, p in param_optimizer if not any(nd in n for nd in no_decay)],
        'weight_decay': 0.05},
    {'params': [p for n, p in param_optimizer if any(nd in n for nd in no_decay)],
        'weight_decay': 0.0}]
optimizer = BertAdam(optimizer_grouped_parameters,
    lr=config.learning_rate,
    warmup=0.05,
    t_total=len(train_iter) * config.num_epochs)
```

这一部分代码主要是为了调整模型的 finetune 学习速率（learning rate）、warmup 的百分比和训练的轮次等。

BERT 模型的参数在一定程度上会影响模型的收敛效果，因此需要进行一定的调参，找出合适的配置之后再进行模型训练。主要涉及的参数包括 weight_decay、learning_rate 和 warmup 这三个，当 warmup 的百分比设置得不到位时，甚至有可能导致 BERT 模型在训练过程中无法收敛。

此外，在 BERT 类模型的训练过程中，必须注意训练所使用的 batch_size 的大小，要根据不同的场景和文本长度，适当减少或者增加 batch_size 的值，使得最大限度地利用显存容量。

一般而言，对于 BERT 类 Medium 模型，使用 2080ti 级别的单卡就可以满足大部分训练场景，但如果需要使用 large sale 的 BERT 类模型，则需要考虑增加显卡的数量，通过多卡训练满足其对显存的依赖。

16.5　模型融合

在通常情况下，自然语言处理的传统模型训练方案可以采用前几章提到的融合策略，使用加权平均、bagging 或者 Stacking 等方案进行模型融合，训练多个模型进行元特征的构建并训练二层模型输出最终结果。

对于深度学习模型而言，由于其本身的模型复杂程度和时间消耗，并不建议采用 Stacking 方案进行模型的多折交叉训练。此时加权平均是一种常见的对深度学习模型结果进行融合的方案。

16.6　赛题总结

16.6.1　更多方案

- 预训练模型的其他方案

对于采用的深度学习模型而言，不必局限于 BERT 类模型，可以考虑包括但不限于 RoBERTa-wwm-ext，GPT，GPT3 等最的新模型。

- 人工特征提取的其他方案

针对人工提取的传统文本特征，还可以考虑采用 simhash、wordnet 等方案来计算句子或者词之间的相似程度，同时判断文本的长短差距，统计文本中的标点符号，提前对文本构造 N-Gram term。在进行 TF-IDF 特征相似度计算等方案也可以增加模型的泛化能力。

- 问题的 pattern 挖掘

可以使用 Python 代码进行问题的句式挖掘，并且构造 one-hot 特征加入模型中进行训练。

- 传统机器学习的其他模型

由于 XGBoost、LightGBM 等树模型并不适合用来训练稀疏特征，且用传统线性模型无法捕获特征交互，因此可以考虑使用 FM 模型（Factorization Machine）进行训练，其既有效结合了 polynomial degree 2 的特征交互，又在一定程度上保证了自己计算的线性时间复杂度 $O(kn)$，其中 k 为 FM 模型的 `hidden_dim`。

16.6.2　知识点梳理

- 特征工程

本章用到的特征主要有三类，即文本的原始特征、文本的统计特征和文本的相似度特征。

● 深度学习

本章列举了多种常见的自然语言处理深度学习模型的搭建、基于 PyTorch 框架构建模型以及预训练 BERT 模型等。

● 建模思路

整体来讲，本章所讲的赛题是一个比较标准的数据挖掘与机器学习建模问题，其训练集与测试集的分布高度耦合，使得参赛者只需要专注于刻画用户自身的消费行为即可，然后通过机器学习算法进行模型的训练与预测。

16.6.3 延伸学习

对于自然语言处理模型，除了 Kaggle 平台的 Quora Question Pairs 这个竞赛中遇到的问题之外，其实实际面临还有诸多的问题。其中最常摆在业界数据工程师眼前的问题是如何搭建一个既满足上线时效要求，又满足精度要求的模型。此时，类似于 BERT 这样的大规模，且具有超大参数的预训练模型往往无法在给定的硬件条件下完成毫秒级别的响应，而能够实现这一时效要求的 TextCnn 模型由于其本身的复杂度无法在训练过程中捕获文本背后更为深层的语义关系和信息，达不到精度要求。

如何在模型的预测能力和运行效率之间选择一个合适的中间值，是构建模型时常需考虑的问题。在不考虑堆硬件的前提下，业界对如何提升模型效率提出了很多常用的解决方案，比如对模型进行剪裁，或者使用一个相对更小的模型进行模型蒸馏。

此处额外对模型蒸馏的相关问题进行展开。常见的模型蒸馏手段有基于输出结果的蒸馏和逐层蒸馏。对于一些对线上效率有要求，又需要尽可能提高精度的任务，可以考虑先利用 BERT 模型进行训练，得到一个 teacher 模型，然后构建一个卷积神经网络或者循环神经网络模型作为 student 模型进行蒸馏。对于标签的蒸馏，往往由于无法选择合适的评价指标——使用何种损失函数来评价 teacher 模型和 student 模型是"相似"的，而导致蒸馏效果不尽如人意。

因此存在另一种基于 GAN 的蒸馏训练方案，在这种方案中，不需要定义用来评价相似程度的损失函数，而是让鉴别器（discriminator）自行学得。以下是一段基于 LSTM 模型，对 BERT 预训练结果进行蒸馏的代码，其中利用了 DRAGAN（Deep Regret Analytic GAN），改造了 GAN 的损失函数，获得了更好的蒸馏效果：

```
if config.do_train:
    early_stop_rounds = 20
    best_loss = 999
    patient_count = 0
    for epoch in trange(int(200), desc="Epoch"):
        tr_loss = 0
        tr_loss_D = 0
```

```python
        nb_tr_examples, nb_tr_steps = 0, 0
        lr_scheduler.step()

    model.train()
    tr_gen = test_batch_generator(data_tr,batch_size=batch_size,
        shuffle=True,maxlen=config.MAX_SEQUENCE_LENGTH,
        tokenizer=tokenizer,bert_pred = bert_prediction_tr,
        use_mlm=config.use_mlm,
        use_synonym_aug=config.use_synonym_aug)
    step = 0
    fgm = FGM(model)
    for batch in tr_gen:
        input_ids,label_ids,bert_pred_tr = batch[0],batch[1],batch[2]
        input_ids = torch.LongTensor(input_ids).to(device)
        label_ids = torch.LongTensor(label_ids).to(device)
        if bert_pred_tr is not None:
            bert_pred_tr = torch.FloatTensor(bert_pred_tr).to(device)

        bs = input_ids.size()[0]

        if config.use_distill:
            def train_discriminator(model,model_discriminator,
                input_ids,label_ids,bert_pred_tr,
                lambda_=0.25,K=5.0):
                logits = model(input_ids)

                real_teacher_label = np.ones(bert_pred_tr.size()[0])
                fake_student_label = np.zeros(logits.size()[0])

                bin_label = np.concatenate([real_teacher_label,
                    fake_student_label])
                bin_label = torch.FloatTensor(bin_label).to(device)

                label_ids_class = torch.cat([label_ids,label_ids])

                x = torch.cat([bert_pred_tr,logits])

                D_real,real_classification = model_discriminator(bert_pred_tr)
                D_real_loss = loss_function_discriminator(D_real,
                    torch.FloatTensor(real_teacher_label).to(device))

                D_fake,fake_classification = model_discriminator(logits)
                D_fake_loss = loss_function_discriminator(D_fake,
                    torch.FloatTensor(fake_student_label).to(device))

                out_classification = torch.cat([real_classification,
                    fake_classification])
                loss_clf = loss_function_classification(out_classification,
                    label_ids_class)

                """ DRAGAN Loss（梯度惩罚项）"""
                alpha = torch.rand((bs, 1))
                alpha = alpha.to(device)
                x_p = bert_pred_tr + 0.5 * bert_pred_tr.std() *
                    torch.rand(bert_pred_tr.size()).to(device)

                differences = x_p - bert_pred_tr
                interpolates = bert_pred_tr + (alpha * differences)
```

```
        interpolates.requires_grad = True
        pred_hat,_ = model_discriminator(interpolates)

        gradients = grad(outputs=pred_hat,
            inputs=interpolates,
        grad_outputs=torch.ones(pred_hat.size()).to(device),
            create_graph=True, retain_graph=True, only_inputs=True)[0]

        gradient_penalty = lambda_ * ((gradients.view(gradients.size()[0],
            -1).norm(2, 1) - 1) ** 2).mean()

        loss_bin = (D_real_loss + D_fake_loss) + gradient_penalty

        return loss_bin,loss_clf

loss_bin,loss_clf = train_discriminator(model,model_discriminator,
    input_ids,label_ids,bert_pred_tr)
loss_discriminator = loss_bin*0.5+loss_clf*0.5
loss_discriminator.backward()
optimizer_D.step()

tr_loss_D += loss_discriminator.item()

def train_student(model,model_discriminator,
    input_ids,label_ids,bert_pred_tr,K=5.0):

    logits = model(input_ids)
    out_bin,out_classification = model_discriminator(logits)

    real_student_label = Variable(torch.ones(
        bert_pred_tr.size()[0]).to(device))
    if config.multi_bin:
        label_ids_one_hot = torch.zeros(bs, target_size).to(device).
            scatter_(1, label_ids.view(-1,1), 1)
        loss = loss_function(logits,label_ids_one_hot)
    else:
        loss = loss_function(logits,label_ids)

    loss2 = loss_function_distil(logits,bert_pred_tr)

    loss_clf = loss_function_classification(
        out_classification,label_ids)
    loss_bin = loss_function_discriminator(out_bin,real_student_label)

    return loss,loss2,loss_bin,loss_clf

loss,loss2,loss_bin,loss_clf = train_student(model,
    model_discriminator,input_ids,label_ids,bert_pred_tr,)

loss = loss+loss2+loss_bin*0.5-loss_clf*0.5

loss.backward()

if config.use_adv:
    fgm.attack()
    loss,loss2,loss_bin,loss_clf = train_student(model,
        model_discriminator,input_ids,label_ids,bert_pred_tr)
```

```
                    loss_adv = loss+loss2+loss_bin*0.5-loss_clf*0.5
                    loss_adv.backward()
                    fgm.restore()
            else:

                logits = model(input_ids)

                if config.multi_bin:
                    label_ids_one_hot = torch.zeros(bs, target_size).to(device).
                        scatter_(1, label_ids.view(-1,1), 1)
                    loss = loss_function(logits,label_ids_one_hot)
                    loss.backward()
                else:
                    loss = loss_function(logits,label_ids)
                    loss.backward()

                    if config.use_adv:
                        fgm.attack()
                        logits_adv = model(input_ids)

                        loss_adv = loss_function(logits_adv,label_ids)
                        loss_adv.backward()

                        fgm.restore()

            tr_loss += loss.item()

            torch.nn.utils.clip_grad_norm(model.parameters(),2)
            optimizer.step()

            nb_tr_examples += input_ids.size(0)
            nb_tr_steps += 1

            model.zero_grad()
            if config.use_distill:
                model_discriminator.zero_grad()

            step+=1

    tr_loss /= nb_tr_steps
    tr_loss_D /= nb_tr_steps

    model.eval()
    eval_loss,eval_acc = evaluation(data_te,model)

    if best_loss>eval_loss:
        best_loss = eval_loss
        torch.save(model.state_dict(), dump_path+generator_file_name)
        if use_distill:
            torch.save(model_discriminator.state_dict(),
                dump_path+discriminator_file_name )
        patient_count = 0
    else:
        if patient_count>=early_stop_rounds:
            break
        else:
            patient_count+=1
```